Tilman Eichstädt

Einsatz von Auktionen im Beschaffungsmanagement

Erfahrungen aus der Einkaufspraxis und die Verbreitung auktionstheoretischer Konzepte

Mit einem Geleitwort von Prof. Dr. Wilfried Siebe

GABLER EDITION WISSENSCHAFT

Bibliografische Information Der Deutschen Nationalbibliothek
Die Deutsche Nationalbibliothek verzeichnet diese Publikation in der
Deutschen Nationalbibliografie; detaillierte bibliografische Daten sind im Internet über
<http://dnb.d-nb.de> abrufbar.

Dissertation Universität Rostock, 2008

1. Auflage 2008

Lektorat: Frauke Schindler / Stefanie Loyal

Der Gabler Verlag ist ein Unternehmen von Springer Science+Business Media.
www.gabler.de

Umschlaggestaltung: Regine Zimmer, Dipl.-Designerin, Frankfurt/Main
Gedruckt auf säurefreiem und chlorfrei gebleichtem Papier

ISBN 978-3-8349-1092-9

Tilman Eichstädt

Einsatz von Auktionen im Beschaffungsmanagement

GABLER EDITION WISSENSCHAFT

Geleitwort

Viele Industrieunternehmen der westlichen Hemisphäre sahen sich in den vergangenen Jahren einem wachsenden Druck zur Senkung der Herstellungskosten ausgesetzt. Die Gründe hierfür sind vielfältig: Vielfach sind die Renditeanforderungen der Unternehmenseigentümer gestiegen, ohne dass dem ein entsprechender Preiserhöhungsspielraum an den relevanten Märkten gegenüberstand. Auch gestiegene Rohstoffkosten konnten häufig nur begrenzt an die Abnehmer weitergereicht werden, weshalb Kostensenkungen in anderen Bereichen angestrebt wurden. Schließlich sind in vielen Branchen neue Anbieter aus Schwellenländern in die Märkte eingetreten und haben den Wettbewerbs- und damit den Kostendruck bei den „Platzhirsch"-Unternehmen der Industrieländer erhöht. Hinsichtlich des Kostenbewusstseins hat deshalb in den vergangenen Jahren in vielen Unternehmen ein Prozess des Umdenkens eingesetzt. Unter dem wachsenden Druck zur Senkung der Herstellungskosten stellt sich die Frage, wie Marktbeziehungen im B2B-Segment so organisiert werden können, dass Einkaufspreise nah bei den Grenzkosten des Zulieferers liegen. Die Lösung wird zunehmend in der Anwendung des Auktionsmechanismus als Alternative zu traditionellen bilateralen „Face-to-face"-Verhandlungen gesehen. Trotz der offensichtlichen Kostenvorteile, die der Einsatz des Auktionsmechanismus für das Beschaffungswesen generiert, konkurriert dieses Instrument der Preisfindung nach wie vor mit der traditionellen bilateralen „Face-to-face"-Verhandlung zwischen Unternehmen und Zulieferfirma. Es stellt sich somit die Frage nach der unternehmensinternen Akzeptanz von Auktionen als Instrument zur Gestaltung der Zulieferbeziehungen.

Beschaffungsvorgänge sind mehrdimensional. Sie unterscheiden sich hinsichtlich Volumen und Charakteristika des Beschaffungsgutes oder Liefertermin. Auf der anderen Seite sind verschiedene basale Auktionsformen bekannt. Jeder basale Auktionstyp kann in verschiedenen Dimensionen, zum Beispiel hinsichtlich der Beschränkung der Anzahl der Bieter oder das Setzen von Anfangspreisen, eine weitere Differenzierung erfahren. Es stellt sich somit die Frage, welche basale Auktionsform in welcher spezifischen Differenzierung zu dem fraglichen Beschaffungsvorgang unter dem Ziel zu minimierender Einkaufskosten bestmöglich korrespondiert.

Diese aktuellen und anspruchsvollen Fragestellungen aufgreifend, ist der vorliegenden Studie ein beachtenswerter Beitrag sowohl für die Wissenschaft als auch für die Praxis gelungen. Es handelt sich um eine theoriegeleitete empirische Studie. Ausgangspunkt ist die existierende normative Auktionstheorie. Sie ist Basis für einen Katalog von Forschungsfragen, zu deren Beantwortung ein mehrstufiges Befragungsverfahren verhilft, in welchem auf der ersten Stufe Experten für Einkaufsauktionen im Rahmen strukturierter Experteninterviews konsultiert wurden; diese Experten kamen aus Unternehmen, die Software für Einkaufsauktionen entwickeln oder Beratungsleistungen beim Einsatz von Auktionen anbieten. Auf der zweiten Stufe wurden 100 in Deutschland börsennotierte Unternehmen zum grundsätzlichen Einsatz von Einkaufsauktionen befragt. Auf der dritten Stufe wurden nochmals strukturierte Experteninterviews durchgeführt, diesmal mit Experten für Einkaufsauktionen aus Unternehmen, die Auktionen in der Beschaffungspraxis einsetzen. Die auf diesen Stufen gewonnenen Einsichten wurden schließlich auf einer vierten Stufe mit Führungskräften diskutiert, die über langjährige Erfahrungen im Bereich Einkaufsauktionen verfügen und der höheren Leitungsebene in ihren Unternehmen angehören.

Die vorliegende Studie vermittelt den aktuellen Stand des Einsatzes von Auktionen im Beschaffungsmanagement in Deutschland. Sie bleibt keineswegs bei reiner Deskription stehen, sondern erschließt mit der Frage nach dem Warum einer bestimmten Wahl einer Auktionsform und deren spezifischer Ausgestaltung in der Praxis des Beschaffungsmanagements grundlegende Einsichten. Die Untersuchung gewinnt ausgeprägt analytischen Charakter, indem der Befragungsbefund in das Spannungsfeld von normativer Auktionstheorie und experimenteller Auktionsforschung gesetzt wird. Dieser Abgleich führt zu überraschenden Einsichten, etwa den Stellenwert von Risikoaversion betreffend, aber auch zur Entdeckung von Gestaltungsvarianten von Auktionen in der Einkaufspraxis, die im Rahmen der normativen Auktionstheorie bislang nicht untersucht worden sind. Es ist ein besonderes Verdienst, dass die vorliegende Studie mit der gewählten Methode, die Befragungsergebnisse stets im Wechselspiel mit normativer Theorie und experimenteller Verhaltensforschung zu sehen, auch zu Impulsen in Form interessanter Forschungsfragen für jene Bereiche führt. Darüber hinaus kann die Studie mit der Identifizierung der Ursachen von unternehmensinternen Widerständen gegen den Einsatz des Auktionsinstruments auch Wege zu deren Überwindung aufzeigen.

Der Arbeit liegt ein beeindruckend umfassendes Studium der existierenden normativen Auktionstheorie zugrunde. Diese Theorie bedient sich der mathematischen Sprache. Ihre Wiedergabe erfolgt aber in aufgearbeiteter, nicht-mathematischer, dennoch stets präziser Form. Damit wird auch dem Praktiker die Entwicklung der sich auf die normative Auktionstheorie stützenden Forschungsfragen leicht nachvollziehbar gemacht. Sie lassen sich in die Kategorien, in welchem Umfang Beschaffung über einen Auktionsmechanismus erfolgt, welcher Auktionstyp dabei zur Anwendung gelangt und wie dessen Auswahl unter konkurrierenden Auktionstypen begründet wird, einordnen.

Die Arbeit überzeugt durch ihre außerordentlich interessanten Ergebnisse. Ich wünsche ihr eine weite Verbreitung und interessierte Aufnahme sowohl in der wissenschaftlichen Fachwelt als auch gerade in der Praxis.

Prof. Dr. Wilfried Siebe

Vorwort

Die Wissenschaft hat in den letzten 250 Jahren unglaubliche Fortschritte gemacht, und mittlerweile überschreiten diese Fortschritte bei weitem das, was ein einzelner Mensch in seinem Leben erfassen kann. Entsprechend schwieriger ist es geworden, die bestehenden Horizonte in einzelnen Wissenschaftsdisziplinen zu erweitern. Neben der reinen Verschiebung der Wissensgrenzen nach außen gibt es aber viele Schnittstellen zwischen einzelnen Wissenschaftsdisziplinen, die häufig vernachlässigt werden. Erst der gleichzeitige Blick aus verschiedenen Perspektiven führt hier zu neuen Erkenntnissen. Die von Psychologen entwickelten ökonomischen Erklärungsansätze der „Behavioural Economics“ sind ein eindrucksvolles Beispiel dafür, wie viel Wissenswertes es zwischen einzelnen Forschungszweigen geben kann. In diesem Sinne einer Vertiefung der interdisziplinären Forschung versucht die vorliegende Arbeit, volkswirtschaftliche Denkmuster der Auktionstheorie für die betriebswirtschaftliche Forschung zum Beschaffungswesen und die entsprechende Praxis greifbar und nutzbar zu machen.

Möglich geworden ist dieser Ansatz nur durch die ausgeprägte wissenschaftliche Offenheit des betreuenden Gutachters Herrn Prof. Dr. Wilfried Siebe. Ihm gebührt besonderer Dank für seine großartige Unterstützung und zuverlässige Förderung und für die Geduld und Gründlichkeit, mit der er sich dieser Arbeit gewidmet hat. Für die hervorragende Unterstützung bei der Vorbereitung und Durchführung der empirischen Untersuchung möchte ich insbesondere dem Zweitgutachter Herrn Prof. Dr. Friedemann Nerdinger danken. Dank gebührt auch Herrn Jan-Hendrik Klumb, der mir mit seiner langjährigen Erfahrung und seiner tiefgehenden Kenntnis des Wissenschaftsbetriebes die Fertigstellung dieser Arbeit sehr erleichtert hat. Weiterhin möchte ich allen Lehrern, Professoren und Arbeitskollegen danken, die mich auf dem Weg seit der Schule bis zur Promotion begleitet haben und mich mit ihrem Wissen, ihrer Geduld und ihrer konstruktiven Kritik in die Lage versetzt haben, diese Arbeit anfertigen zu können.

Einen weiteren wichtigen Beitrag zu dieser Arbeit haben meine Gesprächspartner aus der wirtschaftlichen Praxis geleistet, die sich Zeit für eines der vielen Forschungsinterviews genommen haben. Ohne die Bereitschaft, ihren reichhaltigen Erfahrungsschatz mit mir zu teilen, wäre die Arbeit nicht zustande gekommen. Daher sei auch ihnen allen ausdrücklich gedankt.

Bedanken muss ich mich aber nicht nur für die intellektuelle Förderung, sondern auch für die persönliche Unterstützung von Freunden und Familie, die mich stets begleitet hat und die eine notwendige Vorraussetzung für das Erarbeitete darstellt. Besonderer Dank gilt meinen Eltern, die wesentlich dazu beigetragen haben, mich zur selbständigen geistigen Arbeit zu befähigen, und mir stets den Rücken bei entsprechenden Vorhaben gestärkt haben. Der größte Dank aber gilt meiner unbeschreiblich wunderbaren Familie: Nora, Anton und Ella. Nora dafür, dass Du mir häufig den Rücken freigehalten und mich zur Arbeit motiviert hast und dafür, dass Du einfach wundervoll bist. Anton dafür, dass Du so ein erstaunlich tolles Kind bist und dafür, dass Du Deinen Eltern keine 20 Stunden Betreuung am Tag abverlangst. Ella, Dir dafür, dass Du offensichtlich ein genauso tolles Kind wie Dein Bruder Anton werden willst. Euch dreien ist dieses Buch gewidmet!

Tilman Eichstädt

Inhaltsverzeichnis

Übersicht der Abbildungen, Tabellen und Abkürzungen

Abbildungen

Tabellen

Abkürzungen

AV – Affiliated Values (abhängige Wertschätzungen)
BME – Bundesverband für Materialwirtschaft, Einkauf und Logistik
CAPS – Global Research Center for Strategic Supply Management
CV – Common Values (einheitliche Wertschätzungen)
EKV – Einkaufsvolumen
IPV – Independent Private Values (unabhängige private Wertschätzungen)
RET – Revenue Equivalence Theorem
RFI – Request for Information (Anfrage)
RFQ – Request for Quotation (Ausschreibung)

1 Einleitung

1.1 Problemstellung

Das Beschaffungswesen der Unternehmen ist in den letzten Jahren verstärkt in den Fokus der betriebswirtschaftlichen Forschung geraten. Vor allem die übergreifenden Trends hin zur zeitgerechten (just-in-time) Produktion und zur Verringerung der Wertschöpfungstiefe haben zu steigenden Anforderungen an das Beschaffungsmanagement geführt. Darüber hinaus haben viele Unternehmen realisiert, dass das Beschaffungsmanagement durch die Senkung der Einstandspreise für Vorprodukte zu erheblichen Kosteneinsparungen im Unternehmen beitragen kann. Um solche Preissenkungen im Einkauf realisieren zu können, müssen vor allem die Preisfindung und die Vertragsgestaltung mit den Lieferanten optimal ausgestaltet werden. Dabei spielen die Lieferantenverhandlungen eine entscheidende Rolle, da hierbei Preise und Vertragselemente endgültig festgelegt werden. In Folge des technischen Fortschritts im Bereich der Kommunikationstechnologie werden seit einigen Jahren „Reverse Auktionen" beziehungsweise Einkaufsauktionen als Alternative zu Lieferantenverhandlungen propagiert. Bei diesen Einkaufsauktionen müssen sich die Lieferanten gegenseitig für einen Beschaffungsauftrag unterbieten ähnlich wie in einem Bieterwettbewerb bei öffentlichen Ausschreibungen. Durch dieses neue Format kann erstens der Wettbewerb zwischen den Lieferanten intensiviert werden, und zweitens lassen sich langwierige und aufwendige Verhandlungen mit mehreren Lieferanten deutlich verkürzen.

Auch wenn Auktionen bereits umfassend in der wirtschaftswissenschaftlichen Forschung untersucht worden sind, so ist eine wissenschaftliche Analyse von Einkaufsauktionen im Kontext des Beschaffungsmanagements bislang nur sehr begrenzt erfolgt. In den wenigen existierenden Arbeiten wird meist davon ausgegangen, dass Einkaufsauktionen auf einfach spezifizierbare Standardteile oder -leistungen beschränkt sind, die durch ein geringes Versorgungsrisiko und einen geringen Wertbeitrag gekennzeichnet sind. Teile mit einem hohen Wertbeitrag gelten als zu komplex und hoch spezifiziert, da die Preisfindung nur ein Aspekt unter vielen anderen Aspekten wie Qualitätsstufen, Zuschüsse zu Entwicklungskosten, Lieferkonditionen etc. ist. Daher wird hier häufig auf die Notwendigkeit von Verhandlungen zur Identifikation optimaler Vertragslösungen verwiesen. Für solche komplexeren Beschaffungsvorgänge sind aber in den letzten Jahren alternative Auktionsformen entwickelt worden, deren Durchsetzung im Beschaffungswesen im Rahmen dieser Arbeit ebenfalls untersucht wird. Für Teile mit Versorgungsrisiko oder großer Marktmacht auf Seite der Lieferanten sind Auktionen sicherlich nicht geeignet, da sie grundsätzlich nur bei hinreichendem Wettbewerb zwischen verschiedenen Anbietern funktionieren. Somit stellt sich erstens die Frage, welchen Stellenwert Auktionen im Beschaffungsmanagement einnehmen, und inwiefern sie traditionelle Lieferantenverhandlungen ersetzen können.

1. Forschungsfrage: In welchem Ausmaß werden Einkaufsauktionen traditionelle Lieferantenverhandlungen ersetzen?

Seit den Arbeiten von W. Vickrey zu Beginn der 1960er Jahre sind Auktionen ein wichtiger Bestandteil der ökonomischen und vor allem der spieltheoretischen Forschung. Zentrales Ergebnis ist das Revenue Equivalence Theorem, welches beschreibt, unter welchen Annahmen verschiedene Auktionsformen wie z. B. die Englische oder die Holländische Auktion zu identischen Auktionsergebnissen führen. Auf Basis der Erkenntnisse Vickreys und der daraus entstandenen Auktionstheorie lässt sich schließen, welche Faktoren bei der Auswahl der Auktionsform und beim Design einzelner Gestaltungsparameter berücksichtigt werden müssen. Wichtige Faktoren sind dabei z. B. die Anzahl der Bieter, ihre Bewertung des Auktionsobjektes oder das Ausmaß des Wettbewerbs zwischen den Bietern. Für das Beschaffungsmanagement stellt sich daher zweitens die Frage, wie Einkaufsauktionen im einzelnen gestaltet werden sollen, und inwiefern sie an den spezifischen Kontext von Einkaufsobjekt und Marktsituation angepasst werden müssen.

2. Forschungsfrage: Wie müssen Einkaufsauktionen vor einem spezifischen Beschaffungskontext ausgestaltet werden?

Zur Beantwortung dieser beiden grundlegenden Forschungsfragen werden die Anforderungen aus dem Beschaffungsmanagement und die Ergebnisse der Auktionstheorie zuerst umfassend analysiert. Auf Basis dieser Analyse werden dann spezifische Forschungshypothesen abgeleitet, die die Grundlage für die empirische Untersuchung und die abgeleiteten Handlungsempfehlungen darstellen. Im Rahmen der empirischen Untersuchung wurde in verschiedenen Untersuchungsphasen eine Vielzahl von Experten kontaktiert, die entweder Auktionslösungen für die Beschaffung anbieten oder die Auktionen in der Beschaffung im eigenen Unternehmen einsetzen. Zusätzlich wurden die Ergebnisse der eigenen Untersuchung zu allen einzelnen

Forschungshypothesen mit Ergebnissen anderer empirischer und experimenteller Studien zu Einsatz und Gestaltung von Auktionen abgeglichen.

Die Ergebnisse zeigen, dass Auktionen vor allem von großen Unternehmen für die Beschaffung eingesetzt werden, aber nur von wenigen kleineren Unternehmen. Außerdem spielen sie bei allen Unternehmen bislang nur begrenzt eine Rolle; keines der befragten Unternehmen wickelt deutlich mehr als 10% seines Einkaufsvolumens über Auktionen ab. Bei der Wahl der Auktionsform setzen alle Unternehmen vorrangig auf Englische Auktionen, obwohl andere Auktionsformen vor allem bei wenigen Bietern oder starken Unterschieden zwischen den Bietern Vorteile bieten. Die zuvor angesprochenen neuen komplexeren Auktionsformen, die im Rahmen der Arbeit ausführlich vorgestellt werden, werden bislang nur begrenzt eingesetzt.

1.2 Methodik

1.2.1 Wissenschaftliche Einordnung

Die vorliegende Arbeit untersucht den Einsatz von Auktionen im Rahmen des betrieblichen Beschaffungsprozesses. Dabei werden die relevanten Aspekte von Auktionen für den einzelnen Betrieb analysiert, so dass die Arbeit eine grundsätzlich **betriebswirtschaftliche Zielsetzung** hat (siehe Hahn 1997, S. 5). Die im theoretischen Teil der Arbeit entwickelten und später empirisch überprüften Hypothesen sind dementsprechend stets aus Sicht der einzelbetrieblichen Perspektive formuliert. Auch im Ergebnis werden vornehmlich praxisrelevante Handlungsempfehlungen statt eines allgemeingültigen Modells abgeleitet, um der anwendungsorientierten Natur der Betriebswirtschaft gerecht zu werden. Da die Empfehlungen bei der Entscheidung über Auktionseinsatz und einzelne Auktionsmodelle in der Praxis genutzt werden können, wird auch der Anspruch erfüllt, dass betriebswirtschaftliche Forschung immer entscheidungsrelevant sein muss (Berndt et al. 1998, S. 6).

Die theoretischen Grundlagen der Arbeit basieren allerdings nicht auf betriebswirtschaftlichen Ansätzen, sondern im Wesentlichen auf der **ökonomischen und spieltheoretischen Auktionstheorie**. Das bedeutet, dass die grundlegenden Annahmen der Ökonomie und allen voran die Annahme eines rational handelnden Homo Oeconomicus den gedanklichen Rahmen beschreiben, in dem Hypothesen für die betriebliche Praxis entwickelt und überprüft werden. Da davon auszugehen ist, dass Rationalität ein wesentliches Merkmal des Handelns betrieblicher Akteure ist, und auch die Betriebswirtschaft demgegenüber keine widersprüchlichen Annahmen trifft, erscheint dieses Vorgehen angemessen. Sozialpsychologische Erklärungsansätze werden überall dort berücksichtigt, wo ökonomische Erklärungsansätze nicht zu befriedigenden Ergebnissen führen.

Zur Überprüfung der erarbeiteten Hypothesen wurden im Rahmen der Arbeit sowohl eigene Erhebungen durchgeführt, als auch bestehende empirische Arbeiten analysiert. Da relevante Daten zu Verhandlungs- oder Auktionsergebnissen in der betrieblichen Beschaffung nicht veröffentlicht werden, verbleibt für die eigenen Erhebungen nur die Möglichkeit von Umfragen und Interviews. Zur systematischen und wissenschaftlichen Ansprüchen genügenden Durchführung und Analyse von Umfragen und Interviews ist vor allem in der **empirischen Sozialforschung** ein umfassendes Instrumentarium entwickelt worden, auf das an dieser Stelle zurückgegriffen wird.

Zusammenfassend lässt sich sagen, dass die Arbeit eine betriebswirtschaftliche Zielsetzung unter Anwendung ökonomischer Theorien und sozialwissenschaftlicher Methoden verfolgt. Der wissenschaftliche Ansatz ist somit grundsätzlich interdisziplinär. Dieses Vorgehen erscheint angebracht, um zu erklären wie Auktionen in der Beschaffung erfolgreich eingesetzt werden können, da dieser Aspekt bislang nur sehr begrenzt in den einzelnen Forschungszweigen betrachtet wurde.

1.2.2 Übergreifendes Forschungsdesign

Auf die Frage, was Wissenschaft ist und was einen wissenschaftlichen Ansatz ausmacht, finden sich in der wissenschaftstheoretischen Literatur unterschiedliche und teilweise widersprüchliche Aussagen. Der österreichische Philosoph und einflussreiche Wissenschaftstheoretiker Karl R. Popper beschreibt die Tätigkeit des wissenschaftlichen Forschers damit, Sätze oder Systeme von Sätzen aufzustellen und systematisch zu überprüfen; wobei dies in der empirischen Wissenschaft vornehmlich Hypothesen und Theoriesysteme sind, die durch Beobachtungen und Experimente überprüft werden (Popper 1989, S. 3). Etwas weitergehend formulieren es andere Autoren, deren Ansicht nach es das Ziel jeder Wissenschaft sei, möglichst allgemeingültige Aussagen zu treffen, auf deren Basis Phänomene erklärt werden können oder das Auftreten von Phänomenen vorhergesagt werden könne (z. B. Nerdinger 2003, S. 27).

Bei der Beschreibung des wissenschaftlichen Vorgehens wird in der Regel zwischen dem induktivem und dem deduktiven, falsifizierenden Ansatz unterschieden. Beim induktiven Vorgehen wird ausgehend von Beobachtungen der Wirklichkeit ein Rückschluss *(Induktionsschluss)* auf allgemeine Sätze, Theorien oder Hypothesen getroffen. Wobei durch die in der Realität stets begrenzte Anzahl von Beobachtungen genau genommen immer nur eine Aussage darüber getroffen werden kann, mit welcher Wahrscheinlichkeit eine Gesetzmäßigkeit zutrifft. Im Gegensatz dazu sieht der **falsifizierende Ansatz** vor, dass auf Basis bestehender Theorien auf logischem Wege Schlüsse gezogen werden, die dann durch verschiedene, vor allem empirische Methoden überprüft werden. Durch diese Überprüfungen zeigt sich, ob sich die Theorie oder der Satz in der Realität bewährt (Popper 1989, S. 8). Eine Theorie besitzt demnach aber immer nur vorläufige Gültigkeit, bis zu dem Punkt, an dem sie widerlegt *(falsifiziert)* wird und ihre Allgemeingültigkeit verliert. Daraus ergibt sich ein Verständnis der Wissenschaft, nach dem eine Theorie niemals mit endgültiger Sicherheit wahr ist, sondern immer nur vorläufig. Beruht die Theorie auf einer Berücksichtigung vorangegangener Arbeiten zu derselben Fragestellung, so kann man vermuten, dass sie immerhin die beste verfügbare Theorie ist (Chalmers 1991, S. 41). Die vorliegende Arbeit versucht diesem Anspruch gerecht zu werden, in dem versucht wird alle relevanten theoretischen und empirischen Arbeiten zum Einsatz und zur Gestaltung von Auktionen zu berücksichtigen.

Wie in Abbildung 1 (s. S. 5) dargestellt, orientiert sich die vorliegende Arbeit bei der Formulierung grundsätzlicher Arbeitshypothesen im ersten Schritt an den bestehenden theoretischen Untersuchungen von Auktionen, und wertet diese vor dem Hintergrund der Anforderungen des betrieblichen Beschaffungsmanagements aus. Darauf werden im zweiten Schritt spezifische Forschungshypothesen entwickelt, die dann im dritten Schritt durch eigene Interviews und Umfragen überprüft und verifiziert werden. Das Vorgehen entspricht also in seinem grundsätzlichen Aufbau der deduktiven Herangehensweise. Um bei diesem Vorgehen den Ansprüchen der deduktiven Wissenschaftstheorie gerecht zu werden, ist es wichtig, dass die Hypothesen falsifizierbar beziehungsweise überhaupt empirisch überprüfbar sind (Chalmers 1991, S. 46). Für den Einfluss von Gestaltungsaspekten auf die Auktionsergebnisse ist eine solche Überprüfung eigentlich nur durch umfassendes Datenmaterial und nicht auf Basis mündlicher Erhebungen möglich. Zumal bei Auktionen viele unterschiedliche Aspekte eine Rolle spielen und es grundsätzlich schwierig ist, die Effekte einzelner Gestaltungsaspekte zu isolieren. Daher wird in der eigenen Umfrage nur die Einschätzung der befragten Akteure zum Einsatz einzelner Gestaltungsaspekten erhoben, nicht aber der tatsächliche Effekt. Durch den zusätzlichen Abgleich der Ergebnisse mit bestehenden empirischen und experimentellen Untersuchungen im vierten Schritt wird es aber insgesamt möglich sein, hinreichend fundierte Ergebnisse abzuleiten und Handlungsempfehlungen abzugeben. Auf Basis dieses Abgleichs der Untersuchungsergebnisse mit den Ergebnissen anderer empirischer Untersuchungen werden die Hypothesen im vorletzten Schritt überarbeitetet und angepasst, bevor im letzten Schritt praxisrelevante Handlungsempfehlungen entwickelt werden.

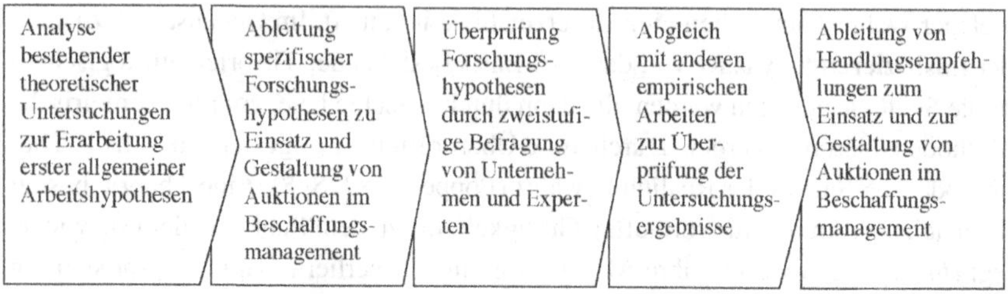

Analyse bestehender theoretischer Untersuchungen zur Erarbeitung erster allgemeiner Arbeitshypothesen

Ableitung spezifischer Forschungshypothesen zu Einsatz und Gestaltung von Auktionen im Beschaffungsmanagement

Überprüfung Forschungshypothesen durch zweistufige Befragung von Unternehmen und Experten

Abgleich mit anderen empirischen Arbeiten zur Überprüfung der Untersuchungsergebnisse

Ableitung von Handlungsempfehlungen zum Einsatz und zur Gestaltung von Auktionen im Beschaffungsmanagement

Abbildung 1: Übergreifendes Forschungsdesign der Arbeit
Quelle: Eigene Darstellung

1.2.3 Methode der empirische Untersuchung

In den Sozialwissenschaften werden zur empirischen Untersuchung eine Vielfalt empirischer Methoden wie z. B. die allgemeine Umfrage, der Rückgriff auf öffentliche Statistiken, das offene Interview, oder die direkte Beobachtung eingesetzt. Dabei wurden innerhalb der empirischen Sozialwissenschaft zwei grundsätzliche Ansätze entwickelt, die im Allgemeinen als der **quantitative** und der **qualitative Forschungsansatz** unterschieden werden. Auch wenn es durchaus unterschiedliche Interpretationen dieser Ansätze gibt, lässt sich der quantitative als der stärker fakten- und datenorientierte Ansatz bezeichnen, der sowohl einfacher nachzuvollziehen als auch zu verallgemeinern ist. Der quantitative Ansatz wird meistens genutzt, wenn es darum geht Zusammenhänge und kausale Beziehungen **zu erklären** (Cropley 2002, S. 13). Der qualitative Ansatz in der empirischen Forschung galt lange Zeit als Gegenentwurf zum quantitativen Ansatz. Hier liegt der Forschungsschwerpunkt darauf, tief gehendere Interessen und Strukturen des Untersuchungsobjektes zu analysieren und **zu verstehen**. Ein wesentlicher Vorwurf der qualitativ orientierten Wissenschaftler ist, dass quantitativ arbeitende Wissenschaftler bei ihren Messungen und Erhebungen bereits von verzerrten Interpretationen der Wirklichkeit ausgehen (Diekmann 1983, S. 2).[1] Die qualitative Schule verfolgt daher einen Ansatz ähnlich der ethnologischen Feldforschung, bei der großer Wert darauf gelegt wird, dass Untersuchungsobjekt sowohl möglichst unbefangen, als auch möglichst beeinflussungsfrei zu verstehen. Nachdem es lange Zeit einen Methodenstreit zwischen diesen wissenschaftlichen Denkrichtungen gegeben hat, setzt sich mittlerweile die Erkenntnis durch, dass sich beide Ansätze eher komplementär ergänzen, als grundsätzlich widersprechen. Dabei gibt es aber

[1] Wesentliche Vorwürfe gegenüber der qualitativen Sozialforschung sind in der Regel: Kleine Stichprobengröße, die häufig mangelnde Zufälligkeit bei der Stichprobenauswahl, das Fehlen von Maßen oder metrischen Variablen und das Fehlen statistischer Analysen (Lamnek 2005, S. 4).

unterschiedliche Auffassungen darüber, ob die Ergänzung aus einer wechselseitigen Überprüfung, einer gegenseitigen Unterstützung oder aus einer grundsätzlichen Unterscheidung je nach Untersuchungsobjekt besteht (Flick 2004, S. 67). Dem letzten Ansatz liegt die Annahme zu Grunde, dass sich das methodische Vorgehen bei empirischen Untersuchungen grundsätzlich am Wesen des Erkenntnisgegenstandes orientieren sollte, und somit beide Ansätze als durchaus gleichberechtigt angesehen werden können. Die in dieser Arbeit angewandten empirischen Methoden, werden daher im Folgenden kurz anhand der Untersuchungsziele diskutiert.

Bei der Betrachtung der übergreifenden Forschungsfragen ist auffällig, dass beide Fragen zu Perspektiven und zu Gestaltungsaspekten von Einkaufsauktionen eine sehr junge und neue Einkaufspraxis behandeln, die überhaupt erst seit der Verbreitung des Internet in den 1990er Jahren angewandt wird. Aufgrund des bislang zeitlich wie inhaltlich nur begrenzten Einsatzes solcher Einkaufsauktionen kann davon ausgegangen werden, dass es wenig gesicherte Erkenntnisse und nur begrenzt übergreifendes Datenmaterial für eine quantitativ ausgerichtete Analyse gibt. Sowohl die Frage nach dem Potenzial von Einkaufsauktionen Einkaufsverhandlungen zu ersetzen, als auch nach den relevanten Gestaltungsaspekten von Einkaufsauktionen hat somit einen eher explorativen und verstehenden Charakter. Dies spricht grundsätzlich für den Einsatz qualitativer Methoden. Gleichzeitig soll aber auch untersucht werden, inwieweit sich systematische Muster beim Einsatz und bei der Gestaltung von Auktionen im Beschaffungsmanagement herausgebildet haben. Daher wird entsprechend dem quantitativen Forschungsansatz versucht, auch die Vergleichbarkeit und Repräsentativität der empirischen Ergebnisse sicherzustellen.

Insgesamt orientiert sich die empirische Datenerhebung aber an den bestehenden Paradigmen des qualitativen Forschungsansatzes, bei dem der Schwerpunkt der Untersuchung auf dem grundsätzlichen Verständnis der Zusammenhänge liegt. Dazu wurden im Rahmen der Untersuchung insgesamt 100 Unternehmen zum grundsätzlichen Einsatz von Auktionen befragt und zusätzlich 48 Fachleute interviewt, die als Anbieter von Software für Einkaufsauktionen oder als Anwender solcher Software Erfahrungen mit Auktionen gesammelt haben. Die Befragung der Fachleute erfolgte dabei in mündlichen und telefonischen Interviews auf Basis eines standardisierten Interviewleitfadens,[2] bei dem sowohl offene, geschlossene als auch dichoto-

[2] Strenge Vertreter des qualitativen Ansatzes verlangen teilweise eine offenere und weniger strukturierte Interviewtechnik, um den Gesprächspartner so wenig wie möglich in seiner Entfaltung zu beeinflussen. Für Experteninterviews in einem betrieblichen oder unternehmerischen Umfeld ist eine strukturierte Vorgehensweise aber durchaus angemessen, da sie den üblichen Kommunikationsformen in Unternehmen eher entspricht (Trinczek 1995, S. 61).

me[3] Fragen eingesetzt wurden (Interviewleitfaden siehe Anhang 1, s. S. 217). Der Einsatz eines strukturierten Interviewleitfadens mit vorgegebenen Fragen wurde offenen und weniger strukturierten Interviews vorgezogen, um sicher zu stellen, dass die Ergebnisse über alle Befragten hinweg vergleichbar sind.

Neben einem eher deskriptiven Verstehen des Einsatzes von Einkaufsauktionen kann auf Basis der Erkenntnisse der Auktionstheorie aber auch erklärt werden, warum einzelne Gestaltungsmerkmale häufiger oder seltener in der Praxis an zu treffen sind. Um zu überprüfen, in welchen Bereichen sich typische Gestaltungsmuster herausgebildet haben, werden die Ergebnisse der Befragung in quantitativer Weise ausgewertet. Die Identifikation solcher Gestaltungsmuster wiederum ist wichtig, um empirisch fundierte Handlungsempfehlungen für die Auktionsgestaltung abgeben zu können. Auf Grund der insgesamt geringen Stichprobe werden dabei nur einfache Häufungen von Beobachtungen erfasst und keine umfassenden Analysen von Teilmengen der Befragten durchgeführt.

Die für solche Interviews relevanten methodischen Probleme der notwendigen Objektivität und Repräsentativität der Befragten werden im Zusammenhang mit dem Vorgehen der Befragung in den Abschnitten 4.2 und 4.3 diskutiert. Zur Absicherung der Ergebnisse der Experteninterviews werden außerdem bestehende quantitative Untersuchungen zu Auktionen hinzugezogen. Dieser Abgleich der Ergebnisse in Kapitel 6 ermöglicht es, die qualitativ gewonnenen Daten durch die Hinzunahme quantitativer Daten zu plausibilisieren und entspricht in seinen Grundzügen dem Konzept der Triangulation (Flick 2004, S. 81).[4]

1.3 Struktur der Arbeit

Die vorliegende Arbeit orientiert sich bei ihrer Gliederung an dem oben dargestellten grundsätzlichen Forschungsdesign und folgt einem typischen Forschungsprozess von Hypothesengenerierung, Hypothesenüberprüfung und Diskussion der Ergebnisse. Das **1. Kapitel** hat dabei einen einleitenden Charakter, in dem die

[3] Dichotome Fragen sind dadurch gekennzeichnet, dass sie eine Antwort mit Ja oder Nein nahe legen, aber gleichzeitig zu weiteren Erklärungen einladen, sie helfen so die Informationen zu filtern (Gläser und Laudel 2004, S. 128).

[4] Das Konzept der Triangulation beschreibt die Untersuchung oder Beobachtung eines Forschungsobjektes von verschiedenen Messpunkten aus. Dabei gibt es in der empirischen Sozialforschung allerdings unterschiedliche Meinungen, ob die Triangulation tatsächlich die Validität der Forschungsergebnisse erhöht (Flick 2004, S. 17), oder ob sie nur dazu dient die vorgefertigten Perspektiven und Meinungen zu erhärten (Lamnek 2005, S. 159).

grundsätzlichen Forschungsfragen, das methodische Vorgehen, die Struktur sowie die Einordnung der Arbeit in die bestehende Forschung erläutert werden. Mit Hinblick auf die Methodik wird hier ein Schwerpunkt auf die empirische Untersuchung gelegt, und eine Einordnung der Arbeit zwischen den Polen quantitativer und qualitativer Forschung vorgenommen. Der Abschnitt zur Einordnung in die Literatur geht weniger auf die allgemeine spieltheoretische Auktionsliteratur ein, als vielmehr auf die Arbeiten die sich speziell mit Einkaufsauktionen auseinandersetzen.

Das **2. Kapitel** beschreibt die wesentlichen Eckpunkte des Beschaffungsmanagements als erste Grundlage für die spätere Generierung von Forschungshypothesen. Einleitend finden sich dort eine Begriffsbestimmung und ein kurzer historischer Abriss über die betriebswirtschaftliche Forschung zum Beschaffungsmanagement. Im Anschluss daran werden die wesentlichen operativen Aufgaben des Beschaffungsmanagements beschrieben und der weit verbreitete Portfolio-Ansatz zur Entwicklung von Beschaffungsstrategien vorgestellt. Im Abschnitt 2.3 wird dann in ausführlicher Form der Verhandlungsprozess beschrieben, da Preisverhandlungen mit Lieferanten die herkömmliche Transaktionsform im Beschaffungsmanagement darstellen. Hier ist zu erwarten, dass sich durch die Einführung von Einkaufsauktionen wesentliche Änderungen ergeben. Zusätzlich dazu werden im Anschluss die wesentlichen Inhalte und Ziele des E-Procurement beschrieben, in dessen Rahmen Einkaufsauktionen in der Praxis eingeführt wurden. Im letzten Abschnitt wird dann nochmals ausführlicher auf die zentralen Ergebnisse bestehender Forschungsarbeiten zu Einkaufsauktionen eingegangen.

Das **3. Kapitel** gibt einen umfassenden Überblick über die Auktionstheorie und ihre wichtigsten Erkenntnisse. Das Kapitel beginnt mit einem einleitenden Abschnitt 3.0, der am Beispiel der UMTS-Auktionen in Europa aufzeigt, dass Gestaltungsaspekte von Auktionen großen Einfluss auf das Auktionsergebnis haben können. Im Anschluss daran werden die wesentlichen Auktionsformen, die Geschichte der Auktionen und die Verbreitung von Auktionen umrissen, um so ein umfassendes Bild vom Einsatz von Auktionen zu ermöglichen. In Abschnitt 3.1 wird darauf aufbauend die Theorie einfacher Auktionen vorgestellt und vor dem Hintergrund des zentralen Ergebnisses der Auktionstheorie, dem Revenue Equivalence Theorem, diskutiert. Hier werden erste konkrete Arbeitshypothesen zu Gestaltungsaspekten von Auktionen abgeleitet, die die Grundlage für den späteren empirischen Teil darstellen. Der Abschnitt 3.2 stellt dann die wesentlichen Aspekte von Auktionen mehrerer Güter vor, auf deren Basis weitere Arbeitshypothesen entwickelt werden. In diesem Abschnitt werden auch die vor einiger Zeit entwickelten Kombinatorischen Auktionen vorgestellt, bei denen die Bieter selbstständig Bündel der einzelnen Auktionsobjekte definieren können. Im abschließenden Abschnitt 3.3 wird das Konzept der Multiattributen Auktionen vorgestellt, bei dem die Bieter für ein Gut nicht nur ein Preisgebot abgeben, sondern auch für andere Aspekte Angebote formulieren müssen.

Im **4. Kapitel** wird im Wesentlichen die empirische Untersuchung vorgestellt. Dazu werden zuerst die Erkenntnisse aus den Kapiteln 2 und 3 noch einmal kurz zusammengefasst, um im Rückgriff auf die bereits erstellten Arbeitshypothesen konkrete Forschungshypothesen abzuleiten. Diese Forschungshypothesen bilden die Grundlage für die empirische Untersuchung und den für die Expertengespräche genutzten Interviewleitfaden. Im Anschluss daran wird das Vorgehen in der Untersuchung beschrieben, wobei in insgesamt 4 Stufen Befragungen und Interviews mit Unternehmen und Auktionsfachleuten durchgeführt wurden. Abschließend werden kurz die wichtigsten methodischen Fragestellungen hinsichtlich der Auswahl von Experten, der Durchführung von Interviews und der Auswertung der Ergebnisse vor dem Hintergrund der entsprechenden Literatur zu Methoden der empirischen Sozialforschung diskutiert.

Die Auswertung der Untersuchungsergebnisse erfolgt im anschließenden **5. Kapitel**, das in insgesamt 6 Abschnitte unterteilt ist. Im ersten Abschnitt werden dabei die existierenden Perspektiven von Auktionen im Beschaffungsmanagement und die Anwendungsfelder von Einkaufsauktionen aufgezeigt. Im Anschluss daran wird detaillierter auf die Auswahl von Auktionsformen eingegangen. Hier wird gezeigt, dass sich die Englische Auktion als Standardform durchgesetzt hat, wobei allerdings unterschiedliche Varianten der Englischen Auktion genutzt werden. Im anschließenden Abschnitt 5.3 wird auf weitere Gestaltungsaspekte von Auktionen eingegangen, bei denen sich häufig uneinheitliche Standards in den Unternehmen etabliert haben. Der Einsatz von komplexeren Auktionen für mehrere Güter oder mehrere Attribute wird dann gesondert im Abschnitt 5.4 beschrieben. Die Untersuchung ergab zudem, dass viele Unternehmen auf Probleme mit eigenen Einkäufern und mit den Lieferanten bei der Einführung von Auktionen stoßen, worauf im Abschnitt 5.5 eingegangen wird. Im letzten Abschnitt 5.6 wird dann überprüft, inwieweit es systematische Zusammenhänge zwischen den Antworten in einzelnen Kategorien, und somit im Umgang mit Auktionen in den Unternehmen gibt.

Das **6. Kapitel** dient der Überprüfung der eigenen Untersuchungsergebnisse mittels empirischer Ergebnisse aus anderen Untersuchungen. Dabei wird vor allem auf die vielen experimentellen Arbeiten eingegangen, die sich mit den Effekten von Auktionsformen und der Auktionsgestaltung auseinandersetzen. Zur vereinfachten Lesbarkeit gleicht das Kapitel 6 in seiner Struktur dem 5. Kapitel und greift sämtliche dort beschriebenen Ergebnisse wieder auf. Zusätzlich dazu wird in jedem

Unterabschnitt auch nochmals auf die ursprünglichen Forschungshypothesen eingegangen. Im einleitenden Unterabschnitt 6.1 findet sich außerdem eine zusammenfassende Übersichtstabelle, die aufzeigt, in welchem Umfang die einzelnen Forschungshypothesen in den Kapiteln 5 und 6 bestätigt oder widerlegt werden.

Auf Basis der Ergebnisse aus den Kapiteln 5 und 6 werden im **7. Kapitel** konkrete Handlungsempfehlungen für den Einsatz von Auktionen im Beschaffungsmanagement entwickelt. Neben umfassenden Empfehlungen zum Einsatz und zur verbesserten Einführung von Auktionen in Abschnitt 7.1, werden in Abschnitt 7.2 zwei Systematiken entwickelt, die aufzeigen, unter welchen Umständen welche Auktionsform am besten eingesetzt werden sollte. Im letzten Abschnitt 7.3 wird dann nochmals auf den Einsatz von komplexeren Auktionen eingegangen.

Das **8. Kapitel** geht abschließend kurz auf die Perspektiven von Einkaufsauktionen in der Praxis sowie auf daraus resultierende Forschungsfragen für die Wissenschaft ein.

1.4 Einordnung in die bestehende Forschung

Die Literatur über Auktionen lässt sich grundsätzlich in einen großen volkswirtschaftlich-spieltheoretischen Block und in einen deutlich kleineren betriebswirtschaftlichen und anwendungsorientierten Block unterteilen. Im Folgenden wird daher kurz beschrieben, an welcher Stelle sich die vorliegende Arbeit in die bestehenden wissenschaftlichen Arbeiten[5] zum Thema Auktionen einordnen lässt.

Die umfangreiche spieltheoretische Literatur versucht in der Regel einzelne Phänomene von Auktionen wie die Vorteile einzelner Auktionsformen auf ihre theoretischen Besonderheiten bzw. ihren empirischen Gehalt hin zu untersuchen. Die wichtigsten Arbeiten aus der spieltheoretischen Literatur werden im Rahmen von Kapitel 3 ausführlich dargestellt. Dabei beschränkt sich die Darstellung in der vorliegenden Arbeit aber auf die Anwendbarkeit der theoretischen Erkenntnisse im Beschaffungsmanagement und weniger auf die spieltheoretische Herleitung einzelner Erkenntnisse. Daher wird auf eine umfassende algebraische und formelbasierte Darstellung der Auktionstheorie wie zum Beispiel bei Milgrom 2004 oder bei Krishna 2002 verzichtet. Die vielen wissenschaftlichen Arbeiten, die versuchen in Laborexperimenten oder anhand von Datenmaterial aus realen Auktionen die spieltheoreti-

[5] Völlig ausgegrenzt werden in dieser Arbeit die rechtlichen Aspekte von Internet-Auktionen, eine umfassende Behandlung der rechtlichen Aspekte findet sich bei Spindler und Wiebe 2005.

schen Erkenntnisse auf ihren empirischen Gehalt hin zu überprüfen, werden in Zusammenhang mit den eigenen Untersuchungsergebnissen in Kapitel 6 diskutiert.[6] Eigene und neue spieltheoretische Auktionsmodelle sind nicht Bestandteil der vorliegenden Arbeit. Allerdings weisen die in Kapitel 5 dargestellten Ergebnisse der eigenen Untersuchung auf einige wichtige Aspekte von Einkaufsauktionen hin, die bislang nicht in der spieltheoretischen Analyse von Auktionen berücksichtigt wurden. Im abschließenden Kapitel 8 wird daher kurz angerissen, inwieweit sich neue, spieltheoretische Forschungsfragen aus den Ergebnissen der vorliegenden Arbeit ergeben.

In der betriebswirtschaftlichen Forschung ist das Thema Auktionen erst mit der Jahrtausendwende und dem seither stattfindenden Boom von elektronischen Geschäftsmodellen *(E-Business/E-Commerce)* und elektronischen Einkaufslösungen *(E-Procurement)* Teil der Forschungsagenda geworden. Entsprechend ist die Anzahl der Arbeiten deutlich geringer als in der spieltheoretischen Literatur. Die meisten der in dieser Periode entstandenen Arbeiten sind überwiegend deskriptiver Natur und beschreiben anhand von Fallbeispielen das Vorgehen beim Einsatz von Auktionen. Die wichtigsten Aussagen dieser Arbeiten werden im Abschnitt 2.4 vorgestellt und diskutiert. Die ersten wissenschaftlich und auf breiterer empirischer Basis fundierten Arbeiten zum Einsatz von Einkaufsauktionen sind die Arbeiten von Jap 2002 und 2003, von Beall et al. 2003 und von Kaufmann und Carter 2004. In den Arbeiten wird zum ersten Mal systematisch untersucht, wann und in welchen Einkaufsbereichen Auktionen sinnvoll sind, und wie bei der Durchführung von Auktionen vorgegangen werden sollte. Die Arbeiten von Jap untersuchen dazu im Besonderen die Auswirkungen von Einkaufsauktionen auf die Lieferanten und das Verhältnis zwischen beschaffendem Unternehmen und seinen Lieferanten. Diese Aspekte werden in der vorliegenden Arbeit weitestgehend ausgeblendet. Die Arbeit von Beall et al. kann insofern als modellhaft für die vorliegende Arbeit angesehen werden, als dass sie in ähnlicher Weise das Portfoliomodell der strategischen Beschaffung (siehe Abschnitt 2.2.2; Beall et al. 2003, S. 31) als Bezugsrahmen für die Untersuchung wählt. Ähnlich wie die Arbeit von Jap geht sie aber nur vereinzelt auf die spieltheoretischen Aspekte von Auktionsgestaltung und Auktionsformen ein. Die Arbeit von Kaufmann und Carter 2004 setzt sich vor allem mit der Frage auseinander unter welchen Umständen Auktionen vorteilhafter sind als klassische Verhandlungen.

---

[6] Eine Ausnahme bilden die Erfahrungen, die bei den großen öffentlichen Auktionen von Mobilfunklizenzen in Europa gesammelt wurden, diese werden bereits einführend in Kapitel 3 kurz beschrieben.

Die einzige bekannte Arbeit, die sich explizit auf die Gestaltungsaspekte von Online-Auktionen konzentriert ist die Dissertation von Lüdtke 2003. Allerdings steht diese Arbeit vor einem systemtheoretischen Hintergrund und widmet sich stärker übergreifenden, betriebswirtschaftlichen Fragen wie Rahmenbedingungen und Restriktionen aus dem Beschaffungsmarkt, dem Auktionsgegenstand und Restriktionen in den Abnehmerunternehmen (Lüdtke, S. 196). Eine umfassende Berücksichtigung der spieltheoretischen Auktionstheorie wird dabei explizit abgelehnt (Lüdtke 2003, S. 51), und die Betrachtung auf eine einzelne Auktionsform, die Englische Auktion, eingeschränkt.

Alle hier beschriebenen Arbeiten haben gemein, dass sie sich bei der empirischen Untersuchung im Wesentlichen auf ausgewählte Fallbeispiele und Fallstudien stützen. Im Gegensatz dazu wurde bei dieser Arbeit versucht, ein breiteres und repräsentativeres Bild zu zeichnen. Dazu wurde versucht alle in Deutschland in den Standardindizes DAX, MDAX und SDAX vertretenen Unternehmen zu kontaktieren. Die oben aufgeführten Arbeiten liefern aber eine Vielzahl von wichtigen Bezugspunkten und Ergebnissen, die im Kapitel 6 zur Überprüfung der eigenen Ergebnisse herangezogen werden.

Kaufmann und Carter weisen in ihrer Untersuchung darauf hin, dass weiterer Forschungsbedarf zum Einsatz unterschiedlicher Auktionsformen und Auktionsdesigns in Abhängigkeit zu den spezifischen Kontextfaktoren besteht (Kaufmann und Carter 2004, S. 28). Diese Einschätzung wird grundsätzlich auch in einer Arbeit zu Online-Auktionen von Elmaghraby bestätigt (Elmaghraby 2004, S. 230). Ein Schwerpunkt der vorliegenden Arbeit ist es, genau hier anzuknüpfen, um bestehende und aktuelle auktionstheoretische Erkenntnisse auf ihre Anwendbarkeit für Einkaufsauktionen hin zu überprüfen.

2 Beschaffungsmanagement im Unternehmen

2.1 Begriffsbestimmung und historische Entwicklung

2.1.1 Abgrenzung und Begriffsbestimmung Beschaffungsmanagement

Grundsätzlich ist das Beschaffungsmanagement eines Unternehmens dafür verantwortlich, das Unternehmen in hinreichendem Maße mit den benötigten Inputfaktoren zu versorgen. Dabei wird in der betriebswirtschaftlichen Forschung die Beschaffungsfunktion oftmals als ganzheitliche Funktion zur Versorgung des Unternehmens verstanden (z. B. Arnold 1982, S. 43; Grochla und Kubicek 1976, S. 259). In der betrieblichen Praxis hingegen beschränkt sich die Beschaffungsfunktion auf die notwendigen direkten und indirekten Produktionsmaterialien sowie externe Dienstleistungen. Die Beschaffung von Arbeitskräften und Kapital fällt in der betrieblichen Realität üblicherweise in den Aufgabenbereich der Personal- und Finanzabteilungen (Arnolds et al. 1985, S. 20). Die folgende Arbeit orientiert sich an der praktischen Definition, nach der das Beschaffungsmanagement nicht für die Versorgung mit Personal und Kapital verantwortlich ist.

Eine weitere begriffliche Unschärfe besteht bei der Abgrenzung zwischen Beschaffung, Logistik (Transport und Lagerhaltung) und Materialwirtschaft. Einige Autoren verstehen diese drei Funktionen als rein komplementäre Aufgaben, bei denen jede unterschiedliche Funktionen erfüllt: die Beschaffung den Bezug der Waren am Markt, die Logistik die Organisation von Transport und Lagerung der Waren und die Materialwirtschaft die interne Materialplanung und Bereitstellung (Arnold 1997, S. 9). Andere Autoren sehen die Materialwirtschaft eher als eine übergreifende Funktion, die sowohl Beschaffung bzw. Einkauf als auch die logistischen Aufgaben wie Lagerhaltung und Transport umfasst (Gabler 1983, S. 180; Oeldorf und Olfert 2004, S. 21).[7] Zentraler Bestandteil des Beschaffungsmanagements ist unbestritten der Einkauf von Waren. In der angelsächsischen Literatur werden die entsprechenden Begriffe *Procurement* (Beschaffung) und *Purchasing* (Einkauf) daher oftmals synonym (z. B. Monczka et al. 1998, S. 4) oder ohne eindeutige Unterscheidung verwendet (z. B. Baily 1998, S. 783). Da auch in der betrieblichen Praxis die begriff-

[7] Eine Übersicht über die von verschiedenen Autoren verwendeten Definitionen der Begriffe Einkauf, Beschaffung und Materialwirtschaft findet sich bei Kaufmann 2001, S. 32 ff.

liche Verwendung nicht immer eindeutig geregelt ist, wird die vorliegende Arbeit dem angelsächsischen Modell folgen und die Begriffe **Einkauf und Beschaffung synonym** verwenden.

2.1.2 Historische Entwicklung des Beschaffungsmanagements

Sowohl in der betrieblichen Praxis als auch in der betriebswirtschaftlichen Forschung spielt die Beschaffung tendenziell eine untergeordnete Rolle, und findet auch heute noch weniger Beachtung als Fragen zu Absatz, Produktion oder Finanzierung. Eine Untersuchung von 1977 zeigt, dass sich seinerzeit keiner der damals 418 betriebswirtschaftlichen Hochschullehrer in der Bundesrepublik vorrangig mit dem Beschaffungsmanagement auseinandersetzte (Arnold 1982, S. 53). Ebenso wird in der unternehmerischen Praxis der Beschaffung häufig eine nachrangige Funktion zugeordnet, was sich beispielsweise daran erkennen lässt, dass die leitenden Beschaffungsverantwortlichen meist in einer niedrigeren Ebene der Hierarchie zu finden sind. Ursache dafür ist, dass Beschaffung lange Zeit als eine Funktion angesehen wurde, die wenig zu entscheidenden Wettbewerbsvorteilen einer Firma beitragen kann (Kaufmann 2001, S. 17; Monczka et al. 1998, S. 10). Die Beschaffung wird häufig als rein administrative Abwicklung von Einkaufsverhandlungen und Bestellvorgängen verstanden und gehandhabt. Die Erkenntnis, dass es auch ein gestaltend und strategisch orientiertes Beschaffungsmanagement gibt, setzt sich erst schrittweise seit den 1970er und 1980er Jahren durch.

Die erste historische Erwähnung, dass ein Unternehmen einen Beschaffungsmanager für die Versorgung mit Inputfaktoren benötigt, findet sich in einer Beschreibung einer Minengesellschaft in den USA von 1832. In der zweiten Hälfte des 19. Jahrhunderts finden sich dann mehrere Arbeiten zum Beschaffungsmanagement, die vorrangig durch die Herausforderungen beim Bau der großen Eisenbahnlinien in den USA motiviert sind. Bereits zu diesem Zeitpunkt werden Fragen aufgeworfen, die auch in aktuellen Arbeiten zum Beschaffungsmanagement eine zentrale Rolle spielen, wie z. B. die zentrale Organisation[8] einer Beschaffungsabteilung oder die notwendige technische Qualifikation der Einkäufer (Monczka et al. 1998, S. 8). In Deutschland setzen sich Anfang des 20. Jahrhunderts erste betriebswirtschaftliche Arbeiten mit Fragen des Beschaffungsmanagements auseinander. Zusätzlich zu den oben genannten Frage-

[8] Die Frage nach dem notwendigen Zentralisierungsgrad einer Beschaffungsabteilung und die Vorteile einer dezentralen Beschaffung (insbesondere die Kenntnis lokaler Märkte) versus einer zentralen Beschaffung (bessere Möglichkeit zur Bedarfsbündelung) spielt auch in aktuellen Werken zum Beschaffungsmanagement eine zentrale Rolle (siehe z. B. Lamming 2002, S. 9; Leenders et al. 2006, S. 26; Monczka et al. 1998, S. 68).

stellungen wird hier erstmals auf die Notwendigkeit einer umfassenden Bedarfsplanung hingewiesen (Kaufmann 2001, S. 19). In den 1930er Jahren entsteht dann durch Curt Sandig die erste Arbeit, die dem Beschaffungsmanagement neben der operativen Abwicklung von Bestellungen auch eine **strategische Rolle** zuordnet. Das Beschaffungsmanagement soll demnach interne Bedarfe in quantitativer und qualitativer Weise steuern, um kurzfristig Marktchancen nutzen zu können (Arnold 1982, S. 46).

Die gesamte Nachkriegszeit bis in die 1960er und 1970er Jahre wird sowohl in der amerikanischen als auch in der deutschen Literatur als eine Epoche beschrieben, in der es keine nennenswerten Fortschritte in der wissenschaftlichen Analyse des Beschaffungsmanagements gab (Monczka et al. 1998, S. 10; Arnold 1982, S. 33). In den Jahren stetigen wirtschaftlichen Aufschwungs spielten Fragen des Absatzes und des Marketings in Wissenschaft und Praxis anscheinend eine bedeutendere Rolle als das Beschaffungsmanagement.

Es ist vermutlich dem wirtschaftlichen Rückgang in den 1970er Jahren und den Versorgungsengpässen während der Ölkrisen zu verdanken, dass das Beschaffungsmanagement seinerzeit verstärkt in das Zentrum der Aufmerksamkeit rückte. Dabei wurde auch der Begriff der Materialwirtschaft eingeführt, der auf die zu dieser Zeit einsetzende stärkere interne Verzahnung von Einkaufs-, Transport- und Lagerhaltungsfunktion hinweist. Gleichzeitig wurde in Deutschland sowohl auf theoretischer als auch auf praktischer Seite die Idee eines mehr strategisch handelnden Beschaffungsmanagements zuerst von Erwin Grochla und später von Ulli Arnold wieder in das Zentrum der Untersuchungen gerückt (Grochla und Kubicek 1976, S. 265; Arnold 1982, S. 50). In Anlehnung an die Arbeit von Sandig aus den 1930er Jahren wurde darauf hingewiesen, dass die Beschaffung an der Schnittstelle von Markt und Betrieb kontinuierlich die Chancen und Risiken auf den Beschaffungsmärkten analysieren, und auf ihre betriebsinterne Verwertbarkeit bzw. Relevanz hin prüfen muss. Grochla und Kubicek nennen dabei drei zentrale Gründe für die Notwendigkeit einer strategischen Beschaffung:

- Die Möglichkeit zur **Kostensenkung**, wenn Produktentwickler die Markt- und Einkaufsbedingungen für die Inputfaktoren besser kennen?
- Die Möglichkeit zur **Verbesserung der Produkte** (Leistungsrelevanz) durch neue oder bessere Inputfaktoren
- Die **Sicherstellung der Versorgung** und der betrieblichen Autonomie

Wesentlich stärkere Beachtung, sowohl in der Theorie als auch in der Praxis finden allerdings auch heute noch die Veröffentlichungen von Peter Kraljic im Manager Magazin 1977 und im Harvard Business Review 1983. Kraljic beschreibt als

Erster, wie das Beschaffungsmanagement den Beschaffungsbedarf mit Hilfe einer Analysematrix in ein Portfolio mit vier unterschiedlichen Kategorien unterteilen sollte, um dann für jede Kategorie spezifische Beschaffungsstrategien zu entwickeln. Viele Autoren sehen in Kraljics Beiträgen die Geburtsstunde eines modernen, strategisch agierenden Beschaffungsmanagements (siehe Diskussion in Abschnitt 2.2.2). Obwohl mittlerweile in vielen Unternehmen die Beschaffung an Bedeutung gewonnen hat, wird auch in aktuelleren Veröffentlichungen immer noch beklagt, dass der Einkauf häufig nur als eine untergeordnete Funktion wahrgenommen wird, die über die reine Prozessabwicklung hinaus wenig strategisch agiert (Goebel et al. 2003, S. 4ff.).

Der in den 1980er Jahren einsetzende Trend zum Outsourcing einzelner Prozessschritte und zur Konzentration auf die unternehmerischen Kernkompetenzen hatte zur Folge, dass die Beschaffungsvolumina in den Unternehmen überdurchschnittlich zunahmen, und dementsprechend dem Beschaffungsmanagement eine steigende Bedeutung für den Unternehmenserfolg zukam (Kaufmann 2001, S. 27). Der nicht zuletzt durch die Globalisierung zunehmende Kostendruck in vielen Branchen führte insbesondere in der Industrie zu dem weit verbreiteten Konzept niedriger Lagerhaltung und zeitgerechter Anlieferung und Produktion (Just-in-Time Production). Durch die neuen Anforderungen bekam die logistische Versorgungsfunktion der Materialwirtschaft und der Beschaffung eine neue Bedeutung, die sich in der Verbreitung der Begriffe *Supply Management* und *Supply Chain Management* widerspiegelt. Mit diesen Entwicklungen einhergehend entstand in den 1980er Jahren der Trend, das Verhältnis zu den Lieferanten von einer stark distanzierten Beziehung zu einer partnerschaftlichen Zusammenarbeit zu entwickeln (Monczka et al. 1998, S. 12).[9] Ein weiterer wichtiger Trend seit dieser Zeit ist die zunehmende Globalisierung und Internationalisierung der Wirtschaft. Die damit verbundenen Chancen und Risiken werden zur Zeit unter dem Schlagwort „Global Sourcing" und vor dem Hintergrund günstiger Produktionsstätten in Osteuropa und Asien vielfach diskutiert (Kaufmann 2001, Trent und Monczka 2003).

Mit dem zunehmenden Einsatz von Computern und modernen IT-Anwendungen, sowie den neuen Möglichkeiten durch geschlossene (Intranet) und offene Netzwerke (Internet) entstanden Ende der 1990er Jahre die Begriffe *E-Commerce* und *E-Procurement.* Auch wenn die im Zusammenhang mit diesen Begriffen zur Jahr-

[9] Eine gewisse Rolle mag dabei der Erfolg der japanischen Industrie gespielt haben, die häufig durch eine enge Verzahnung von Herstellern und Lieferanten (vertikale Keiretsu) gekennzeichnet ist und bei der sogar der Austausch von Aktien zwischen Unternehmen und ihren Lieferanten üblich ist (Cannon 1998, S. 815).

tausendwende häufig propagierte Revolutionierung der Wirtschaft weitestgehend ausblieb, so hat der technische Wandel dennoch entscheidenden Einfluss auf die Arbeit des Beschaffungsmanagements. Die damit einhergehenden Neuerungen werden im Abschnitt 2.3.2 in ihren wesentlichen Punkten kurz vorgestellt.

2.1.3 Perspektiven und Trends im Beschaffungsmanagement

In den aktuellen Foren und Fachpublikationen zum Thema Beschaffungsmanagement stehen vor allem die Möglichkeiten und Risiken des globalen Einkaufs (Global Sourcing) und die Erfahrungen mit der Einführung neuer IT-basierter E-Procurement Lösungen im Vordergrund. Dass diese Themen auch für Einkaufsmanager in der Praxis wichtig sind, zeigt eine breit angelegte Delphi-Befragung, die von dem Amerikanischen CAPS Forschungszentrum für strategisches Beschaffungsmanagement durchgeführt wurde. Bei der Befragung wurden rund 100 US-amerikanische Einkaufsmanager zu ihrer Einschätzung hinsichtlich der Eintrittswahrscheinlichkeit und der Wichtigkeit zukünftiger Entwicklungstrends im Beschaffungswesen befragt. Neben dem Einfluss der Globalisierung, des Internets für den Kontakt zu neuen, ausländischen Lieferanten und neuen IT-Tools zur Abwicklung elektronischer Bestellungen, spielte bei der Befragung vor allem die zunehmend enger werdende Zusammenarbeit mit wichtigen Zulieferern eine zentrale Rolle. Darüber hinaus erwarten die befragten Manager, dass auch die unternehmensinterne Integration von Einkauf und sonstigen Geschäftseinheiten verstärkt wird (Ogden et al. 2005, S. 35 ff.). Der Einsatz von Auktionen in der Beschaffung wird für die Zukunft im Bereich der indirekten Materialien[10] als voraussichtlich wichtiger und wahrscheinlicher Trend angesehen, im Bereich der direkten Materialien nur als geringfügig wichtiger und wahrscheinlicher Trend.

2.2 Operative und strategische Aufgaben

2.2.1 Operatives Beschaffungsmanagement und der Beschaffungsprozess

Entsprechend der in Abschnitt 2.1 beschriebenen Verantwortung des Beschaffungsmanagements für die Versorgung des Unternehmens mit Inputfaktoren lassen sich

[10] Als indirekte Materialien werden im Beschaffungsmanagement die Beschaffungsobjekte bezeichnet, die nicht als Vormaterialien im Produktionsprozess Verwendung finden, sondern anderweitig für die Aufrechterhaltung der unternehmerischen Tätigkeit notwendig sind. Direkte Materialien sind hingegen all die Beschaffungsobjekte, die in der Produktion weiter verarbeitet werden.

die wesentlichen Aufgaben des Beschaffungsmanagements anhand der für die Versorgung notwendigen Prozessschritte definieren. Dieses Vorgehen führt allerdings zu einer Einschränkung auf die operativen Aufgaben der Beschaffung, und damit zu einer Vernachlässigung der strategischen Aufgaben. Die strategischen Aufgaben der Beschaffung werden daher getrennt im anschließenden Abschnitt 2.2.2 beschrieben. Bei den operativen Aufgaben spielt vor allem die Vermeidung von Fehlern wie z. B. falschen Mengen, schlechten Qualitäten oder verspäteter Anlieferung einzelner Inputfaktoren eine zentrale Rolle. In der Regel beschränkt sich das Beschaffungsmanagement im operativen Bereich auf eine reine Umsetzung der Anforderungen aus den produktiven Bereichen, und behandelt die gemeldeten Bedarfe und ihre Spezifikationen als gegeben. Die folgende Übersicht der operativen Prozessschritte orientiert sich an der ausführlichen Beschreibung des Beschaffungsprozesses von Leenders et al. 2006, S. 61, eine grundsätzlich ähnliche Darstellung findet sich bei Arnold et al. 2004, S. B2–2.

1. Grundsätzliche Bedarfserfassung

Eine zentrale Aufgabe der Beschaffung ist es, die Bedarfe der einzelnen Fachstelle beziehungsweise Bedarfsträger[11] rechtzeitig zu erfassen, bzw. gemeinsam mit den Unternehmensbereichen zu planen. Eine frühzeitige Planung ist stets vorteilhaft, da sie es ermöglicht, Bedarfe und Bestellungen bei einzelnen Lieferanten zu bündeln, Lieferengpässe zu vermeiden und ggf. neue Lieferanten zu identifizieren um so günstigere Konditionen auszuhandeln.

2. Exakte Spezifikation der Bedarfe

Um eine bedarfsgerechte Versorgung sicher zu stellen, ist es wichtig, dass die einzelnen Bedarfe möglichst exakt beschrieben werden. Dabei müssen nicht nur Bedarfsmengen und Bedarfszeitraum geklärt werden, sondern vor allem alle relevanten technischen und qualitativen Aspekte des Beschaffungsobjektes. Um bei der Spezifikation sowohl die internen Bedürfnisse als auch die Marktgegebenheiten optimal berücksichtigen zu können, setzen Unternehmen dazu häufig cross-funktionale Teams ein, in denen Fachleute aus Entwicklung, Produktion und Einkauf gemeinsam die Spezifikationen festlegen und ein entsprechendes Lastenheft erstellen. In dieser Phase ist ein gewisses strategisches Verständnis des Beschaffungsmanagements wichtig, um mögliche Risiken und Chancen am Beschaffungsmarkt bei der Spezifikationsfestlegung berücksichtigen zu können.

[11] Der Begriff Fachstelle bzw. Bedarfsträger beschreibt die übrigen Unternehmensbereiche aus Sicht des Einkaufs.

3. Identifikation und Analyse der möglichen Lieferanten
Für die Identifikation von Lieferanten ist es wichtig, dass die Einkäufer über eine gute und weitreichende Marktkenntnis verfügen. Insbesondere die Berücksichtigung ausländischer Lieferanten kann dabei eine besondere Herausforderung darstellen, da oft sprachliche und kulturelle Barrieren eine erfolgreiche Zusammenarbeit erschweren. Die wichtigsten Instrumente zur Identifikation geeigneter Lieferanten sind die (unverbindliche) Anfrage und die (verbindliche) Ausschreibung.[12]

4. Auswahl von Lieferanten und Verhandlung der Konditionen
Die Auswahl der Lieferanten auf Basis vorliegender Angebote erfolgt entweder direkt über den besten Preis oder andere Entscheidunskriterien oder im Anschluss an Lieferantenverhandlungen, in denen die Lieferkonditionen endgültig festgelegt werden. Da neben dem Einkaufspreis in der Beschaffung häufig auch andere Aspekte wie Qualitätsstufen, Lieferfristen, Garantien, Zahlungskonditionen etc. relevant sind,[13] müssen die Angebote der unterschiedlichen Lieferanten sorgfältig ausgewertet und verglichen werden. Für den Vergleich unterschiedlicher Angebote existieren eine Reihe von Verfahren, die die verschiedenen Aspekte (z. B. über Gewichtungsfaktoren) zueinander ins Verhältnis setzen, und so eine eindeutige und systematisch hergeleitete Entscheidung ermöglichen (für Übersichten dazu siehe Arnolds et al. 1985, S. 196ff oder Fara 1998, S. 207ff). Am Ende von Lieferantenauswahl und -verhandlung sollte ein entsprechender Kauf- oder Rahmenvertrag stehen, in dem alle relevanten Aspekte eindeutig geregelt sind. Mit der Einführung von elektronischen und internetbasierten Einkaufstools unter dem Schlagwort E-Procurement werden seit einigen Jahren auch Einkaufsauktionen durchgeführt, bei denen das Beschaffungsmanagement einen Auftrag per Auktion vergibt und die Lieferanten sich gegenseitig unterbieten müssen.

5. Vorbereitung und Ausübung der einzelnen Bestellungen
Auf Basis der mit den Lieferanten festgelegten Einkaufsverträge werden einzelne Güter oder Leistungen per Bestellung abgerufen. Bei diesen Bestellvorgängen ist es wichtig, dass alle Einzelheiten der Bestellung für die spätere Überprüfung der Vorgänge ausführlich dokumentiert werden.

---

[12] Aus dem englischen Sprachgebrauch stammend, setzen sich mittlerweile auch in Deutschland die englischen Fachbegriffe *Request for Proposal, RFP* und *Request for Quotation, RFQ* immer stärker durch. Beide sind i. d. R. unverbindlich, mit dem Unterschied, dass beim RFP dem Lieferanten mehr Freiheiten bei der Angebotsformulierung überlassen werden (Leenders et al. 2006, S. 66).

[13] Eine umfassende Übersicht zu den möglichen Aspekten bzw. Konditionen die mit den Lieferanten verhandelt werden müssen, findet sich bei Grochla und Schönbohm 1980, S. 164.

6. Nachfassen bei einzelnen Bestellungen
Insbesondere bei umfassenderen Bestellungen oder längeren Lieferfristen kann es sinnvoll sein, durch das Beschaffungsmanagement auf formelle oder informelle Weise sicherzustellen, dass die Bestellung vom Lieferanten ordnungsgemäß bearbeitet wird. Mitunter ist es notwendig abzusichern, dass der Lieferant die vereinbarten Liefertermine einhält. Dabei kann es in Einzelfällen auch sinnvoll sein, durch die Androhung von Strafen die Motivation des Lieferanten zu erhöhen.

7. Annahme und Prüfung der Ware
Bei der Annahme der Waren muss in Zusammenarbeit mit der Lagerwirtschaft und ggf. der Produktion sichergestellt werden, dass das Beschaffungsobjekt entsprechend den vertraglichen Konditionen und vor allem unbeschadet und termingerecht eingetroffen ist. Eine solche Prüfung sollte umgehend erfolgen, und ist besonders wichtig, wenn dritte Parteien den Transport übernommen haben, so dass mitunter geklärt werden muss, wer die Verantwortung für etwaige Verspätungen oder Beschädigungen am Beschaffungsobjekt trägt.

8. Annahme der Rechnung und Zahlung
Eine weitere Aufgabe, die entweder durch das Beschaffungsmanagement oder die Finanzabteilung vorgenommen wird, ist die Überprüfung und Bearbeitung der Rechnung des Lieferanten. Um eine angemessene Handhabung der Rechnung zu gewährleisten, ist es wichtig, dass die verantwortliche Abteilung auf die notwendigen Informationen der Warenannahme (ist alles ordnungsgemäß eingetroffen?) und ggf. der Lieferverträge (welches Zahlungsziel und welche Skonti wurden vereinbart?) zurückgreifen kann.

9. Erfassung aller relevanten Daten und Pflege der Lieferantenbeziehung
Am Ende des Beschaffungsprozesses ist es sinnvoll, alle relevanten Daten und Informationen zu dokumentieren und zu speichern, um eine Grundlage für spätere Entscheidungen zu erstellen. Dabei muss abgewogen werden, welche Informationen auch zu einem späteren Zeitpunkt noch wichtig sein könnten. Neben Informationen zur Liefertreue einzelner Lieferanten könnten dies zum Beispiel auch Informationen aus alternativen Angeboten sein, die bei zukünftigen Vergaben und Lieferantenverhandlungen Verwendung finden.

2.2.2 *Strategisches Beschaffungsmanagement*

Wie in Abschnitt 2.2.1 dargestellt, wird heute vom Beschaffungsmanagement erwartet, dass dieses neben der rein operativen Versorgung des Unternehmens mit Inputfaktoren auch aktiv versucht, Chancen am Beschaffungsmarkt zu nutzen und Risiken zu antizipieren. Dazu ist es notwendig, dass die Einkäufer unabhängig vom konkreten Bedarf die relevanten Beschaffungsmärkte und wichtige Lieferanten regelmäßig analysieren. Durch solche Analysen können wichtige technische Neuerungen oder Änderungen in der Marktstruktur (z.B. Unternehmenszusammenschlüsse) frühzeitig identifiziert werden, um angemessene Reaktionen durch das eigene Unternehmen vorzubereiten.

Der erste systematische Ansatz dafür, wie ein Unternehmen bei der aktiven und strategisch ausgerichteten Gestaltung seiner Beschaffungsaktivitäten vorgehen sollte, wird heute auf die Arbeiten von Peter Kraljic zurückgeführt (Gelderman und van Weele 2005, S. 19; Macbeth 2002, S. 51; IBX 2006, S. 33). Der Ansatz von Kraljic verwendet dabei ein Portfoliokonzept, bei dem er die Beschaffungsbedarfe einerseits hinsichtlich ihres Wertbeitrags bzw. ihrer Relevanz für den Unternehmenserfolg (Kosten, Profitwirkung, etc.) und anderseits nach der Komplexität des Beschaffungsmarktes (Versorgungsrisiken, monopolistische Lieferanten, etc.) kategorisiert. Durch dieses Vorgehen entsteht eine Matrix mit vier Feldern, aus der sich entsprechende Beschaffungsstrategien für die unterschiedlichen Produktkategorien ableiten lassen (Kraljic 1983, S. 110).

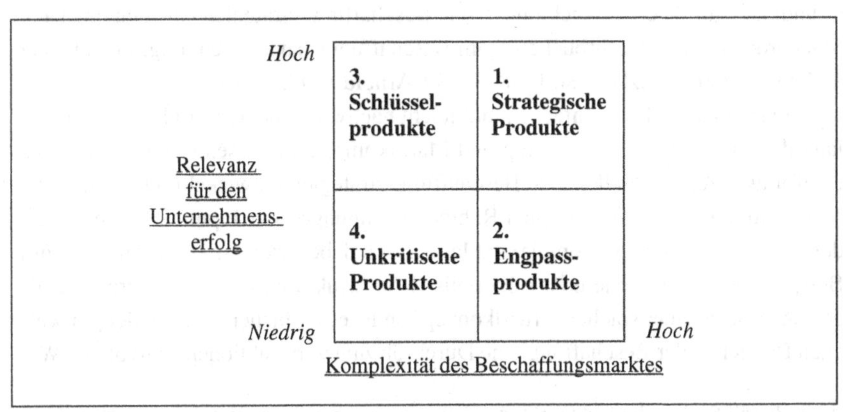

Abbildung 2: Portfolio-Analyse des Beschaffungsbedarfs
Quelle: Kraljic 1983

Für die **strategischen Produkte** mit hoher Relevanz für den Unternehmenserfolg und schwieriger Versorgungssituation ist es wichtig, ein gutes Verhältnis zu den Lieferanten aufzubauen und gleichzeitig aktiv nach alternativen Lieferanten zu suchen, bzw. Möglichkeiten zur Eigenfertigung oder den Wechsel zu alternativen

Produkten zu erwägen. Bei den **Engpassprodukten** mit geringerer Relevanz für den Unternehmenserfolg und einer schwierigen Versorgungssituation ist es ausreichend, sich über langfristige Lieferverträge und ggf. höhere Lagerbestände gegen etwaige Engpässe abzusichern. Ist die Versorgungssicherheit hoch, bzw. hinreichender Wettbewerb am Beschaffungsmarkt vorhanden, so sollte bei der Gruppe der **Schlüsselprodukte**[14] versucht werden, die Markt- bzw. Verhandlungsmacht auszunutzen, um die Beschaffungskosten zu optimieren. Beim 4. Typus der **unkritischen Produkte** sollte vor allem darauf geachtet werden, durch Produktstandardisierung, Lageroptimierung und Standardisierung der Einkaufsprozesse die internen Kosten der Beschaffung zu optimieren (Kraljic 1983, Macbeth 2002, S. 53). In die Gruppe der unkritischen Produkte werden häufig die so genannten C-Teile[15] eingeordnet.

Der Ansatz von Kraljic ist von verschiedenen Seiten kritisiert worden, mitunter weil die Dimensionen nicht eindeutig definiert sind, zwei Dimensionen unzureichend sind, oder weil Netzwerkstrukturen, Produktinterdependenzen und Wettbewerbsvorteile durch partnerschaftliche Lieferantenbeziehungen nicht eindeutig hervorgehoben werden. Übersichten zur Kritik am Portfoliomodell finden sich bei Arnold 1997, S. 85ff. und bei Gelderman und van Weele 2005, S. 21ff. Unabhängig von der Kritik findet sich der Ansatz heutzutage aber als Standardinstrument und Grundlage für die Entwicklung von Beschaffungsstrategien in den meisten Standardwerken und Lehrbüchern zum Beschaffungsmanagement (e.g. Leenders et al. 2006 S. 280; Monzka et al. 1998, S. 189; Arnold 1997, S. 90).

Auf Grund der relativ einfachen und leicht nachvollziehbaren Strukturierung entlang der Dimensionen Wertbeitrag und Marktkomplexität lassen sich mit Hilfe des Portfoliokonzepts grundlegende Beschaffungsstrategien entwickeln. Durch die Berücksichtigung der ökonomischen Rahmenbedingungen der Inputmärkte mit Hilfe der Dimension der Marktkomplexität lassen sich dabei wichtige Faktoren, wie zum Beispiel monopolistische oder oligopolistische Strukturen am Markt berücksichtigen. Auf Basis einer solchen Grundkonzeption ist es einfacher festzustellen, in welchen Bereichen der Beschaffung eine Durchführung von Auktionen sinnvoll ist. Wie

[14] Der Begriff Schlüsselprodukte erklärt sich daraus, dass bei diesen Produkten am ehesten und wirkungsvollsten Kosteneinsparungen realisiert werden können. Im Englischen verwendet der Autor für diese Produktgruppe den Begriff *Leverage Items,* den man nur umständlich durch „Produkte mit großer Hebelwirkung" übersetzen kann.

[15] Die Unterscheidung nach A-, B- und C-Teilen ist eine übliche Klassifizierung im Beschaffungsmanagement und richtet sich nach der Wertigkeit der Beschaffungsobjekte: A-Teile sind sehr wichtig und haben einen hohen Wert, B-Teile sind weniger wichtig und haben einen mittleren Wert. C-Teile sind relativ unwichtig, sind meist schnell ersetzbar und haben einen geringen Wert.

im folgenden Kapitel 3 dargestellt wird, sind Auktionen immer nur dann sinnvoll, wenn sich ein Auftraggeber einer Marktsituation mit hinreichendem Wettbewerb gegenüber sieht.

2.3 Preisfindung und E-Procurement im Beschaffungsmanagement

2.3.1 Klassische Preisfindung durch Verhandlungen

Einkaufsverhandlungen sind das herkömmliche und am weitesten verbreitete Instrument zur Preisfindung und zur Festlegung der sonstigen Einkaufskonditionen im Beschaffungsmanagement. Ihnen kommt im Beschaffungsprozess eine besonders wichtige Rolle zu, da die Durchsetzung günstiger Preise und Konditionen erheblich zum Erfolg des Beschaffungsmanagement und der Unternehmung insgesamt[16] beitragen kann (Monczka et al. 1998, S. 487). Die in dieser Arbeit untersuchten Einkaufsauktionen sind prinzipiell nichts anderes als eine bestimmte Form von Einkaufsverhandlungen, bei denen die Bieter gleichzeitig und in transparenter Form ihre Gebote abgeben, anstatt wie sonst üblich im Rahmen von getrennten und sukzessiv stattfindenden Verhandlungen (siehe auch Abschnitt 3.1).

Überraschenderweise werden Verhandlungen mit Lieferanten in Lehrbüchern zum Beschaffungsmanagement gar nicht oder nur in sehr begrenztem Maße behandelt (siehe: Grochla und Schönbohm 1980, S. 162; Arnolds et al. 1985, S. 202; Arnold 1997, S. IX–XII; Leenders et al. 2006, S. 246–250).[17] Die Tatsache, dass Verhandlungen nur eine untergeordnete Rolle in der Behandlung des Beschaffungsmanagements spielen, ist verwunderlich, da es in den verschiedenen Wissenschaftsdisziplinen wie der Psychologie, der Spieltheorie sowie den Kultur- und Sprachwissenschaften umfangreiche wissenschaftliche Arbeiten zum Thema Verhandlungen gibt. Viele dieser Arbeiten orientieren sich an den vier wesentlichen Schritten eines allgemeinen Verhandlungsprozesses die im Folgenden kurz dargestellt werden: Vorbereitung, Eröffnung, Durchführung und Abschluss der Verhandlung.

[16] Unter dem Stichwort „Bedeutung der Beschaffung" weist eine Reihe von Autoren darauf hin, dass eine Einsparung bei den Beschaffungs- bzw. Materialkosten bei Unternehmen mit hohem Materialaufwand schnell und umfassen positive Auswirkungen auf das Unternehmensergebnis hat (Arnold 1997, S. 12; Arnolds et al. 1985, S. 28).

[17] Eine Ausnahme bilden einige spezialisierte Ratgeber für Einkaufsverhandlungen. Diese sind aber durchgehend präskriptiv und handlungsorientiert verfasst, und nehmen keinen Bezug auf grundlegende theoretische Konzepte des Beschaffungsmanagements bzw. auf die Verhandlungstheorie. Dem Autor aus dem deutschen Sprachraum bekannt sind hierzu Strache 1993, Dommann 1993, Hirschsteiner 1999 und Wannenwetsch 2003.

a) Vorbereitung

Von vielen Autoren wird darauf hingewiesen, dass die Verhandlungsvorbereitung oder auch Verhandlungsplanung ein unterschätzter aber erfolgskritischer Schritt ist, der wesentlich mehr Aufwand verlangt, als die tatsächliche Durchführung der Verhandlung (Monczka et al. 1998, S. 494; Raiffa et al. 2002, S. 197; Thompson und Leonardelli 2004, S. 3; Lewicki et al. 2003, S. 25). Wichtigstes Element der Verhandlungsvorbereitung ist zuerst die Analyse der eigenen Interessen und die Abwägung der entsprechenden Positionen vor dem Hintergrund einer Zusammenfassung aller relevanten Verhandlungsaspekte und ihrer möglichen Ausprägungen. Dabei ist es wichtig, eine umfassende Bewertung und Priorisierung der einzelnen Aspekte vorzunehmen (z.B. Fara 1998, S. 207ff.). In Analogie dazu muss abgeschätzt werden, wie die Interessen der anderen Verhandlungspartei gelagert sind, und welche Positionen sie vermutlich einnehmen wird. Auf Basis der Priorisierung sollte dann abgewogen werden, bei welchen Aspekten man bereit ist, Konzessionen zu machen, und bei welchen man Konzessionen der Gegenseite einfordert. Die Autoren des bekannten Harvard-Konzepts für Verhandlungen empfehlen dabei, eigene Positionen durch objektive Standards argumentativ zu untermauern.[18,19]

b) Eröffnung

Bei der Eröffnung von Verhandlungen werden vor allem psychologisch wichtige Weichen für den späteren Verhandlungsverlauf gestellt, so dass diesem Prozessschritt eine gesonderte Aufmerksamkeit zukommt. Grundsätzlich wird angenommen, dass Verhandlungen einfacher sind und eher zum Erfolg führen, wenn sie in einer partnerschaftlichen und vertrauensvollen Atmosphäre geführt werden.

Ein kritischer Aspekt der Eröffnungsphase von Verhandlungen liegt in der Wahl und Formulierung des ersten Angebotes. Wird das erste Preisangebot zu knapp for-

[18] Das im Rahmen des Harvard Projektes zu Verhandlungen, PON entstandene Buch „Getting to Yes“ der Autoren R. Fisher und W. Ury gilt allgemein als der bekannteste und wichtigste Ratgeber für Verhandlungsstrategien. Eines der darin entwickelten vier Grundprinzipien besagt, dass die Ergebnisse einer Verhandlung objektiven Bewertungsstandards bzw. -maßstäben gerecht werden sollten (Fisher und Ury 1992, S. 11).

[19] Um in der Einkaufsverhandlung die eigenen Positionen durch objektive Standards zu untermauern bzw. um zu überprüfen, inwieweit die preislichen Forderungen des Lieferanten gerechtfertigt sind, ist eine Reihe von Techniken zur Analyse des Beschaffungspreises entwickelt worden. Mit Hilfe dieser als Wert- oder Preisstrukturanalyse genannten Konzepte wird der Preis des Beschaffungsobjektes in seine wesentlichen Bestandteile wie z.B. Material-, Personal-, Kapital- und Gemeinkosten zerlegt (Arnold et al. 1985, S. 139; Fara 1998, S. 214).

muliert, kann es sein, dass die andere Verhandlungspartei kein weiteres Interesse mehr an der Verhandlung hat, und die Verhandlung scheitert. Wird es hingegen zu großzügig formuliert, kann es sein, dass man bereits mehr bietet als die andere Seite verlangt (Raimundo 1992, S. 80).[20] Ein solches Risiko kann durch eine Auktion vermieden werden, wo üblicherweise abgewartet wird, bis alle endgültigen Angebote vorliegen. Außerdem kann das erste Angebot Einfluss auf die Höhe der Gebote der Gegenseite haben, man spricht in diesem Fall vom „*Anchoring-Effekt*" des Eröffnungsangebotes. Für die richtige Wahl des ersten Angebotes, muss in der Vorbereitungsphase eine umfassende Kenntnis des Verhandlungsobjekts, eines angemessenen Preises und der anderen Verhandlungspartei erarbeitet werden.

c) Durchführung

Für den eigentlichen Ablauf der Verhandlung stellt sich die Frage, ob einzelne Aspekte simultan verhandelt werden sollen, oder nacheinander. Grundsätzlich wird davon abgeraten, komplette Lösungsvorschläge der einen Seite zu diskutieren, und danach abwechselnd komplette Lösungsvorschläge der anderen Seite (Raiffa et al. 2002, S. 274). Stattdessen sollten die einzelnen Aspekte nacheinander verhandelt werden, um so die Identifikation von Trade-offs zwischen einzelnen Verhandlungsaspekten zur Maximierung des Verhandlungsmehrwertes zu erleichtern.

d) Abschluss

Für den Abschluss von komplexen Verhandlungen wird immer wieder empfohlen, rechtzeitig die Ergebnisse zu allen diskutierten Aspekten schriftlich zu fixieren, und dabei durch ein Protokoll sicher zu stellen, dass die andere Seite das gleiche Verständnis der Ergebnisse hat (Hirschsteiner 1999, S. 157). Oftmals werden Verhandlungsparteien in den letzten Momenten ungeduldig und unkonzentriert, was wiederum geschickte Verhandlungspartner nutzen, um noch letzte Konzessionen für ihre Seite auszuhandeln (Scott 1988, S. 126).

2.3.2 E-Procurement und neue Formen der Preisfindung

Mit der Verbreitung des Internets in der zweiten Hälfte der 1990er Jahre entstanden unter den Schlagworten E-Procurement, E-Purchasing und E-Sourcing eine Reihe

[20] In diesem Zusammenhang wird auch vom „Winner's Curse" in Verhandlungen gesprochen. Dieses Phänomen tritt auf, wenn das erste Preisangebot sofort von der Gegenseite akzeptiert wird, da das Preisangebot bereits großzügiger war, als von der Gegenseite erwartet (Lewicki et al. 2003, S. 127).

von Konzepten zur Nutzung der Möglichkeiten des Internets und moderner Software für die Beschaffung. Obwohl sich viele der zum Jahrtausendwechsel gemachten Versprechungen und Voraussagen über den revolutionären Einfluss des E-Procurement als übertrieben erwiesen (Cox et al. 2002, S. 186), setzen sich einige der E-Procurement Ansätze in immer umfangreicherem Maße in Unternehmen durch. Während diese Themen zum Jahrtausendwechsel große Beachtung in der Praxis und in der Wissenschaft erfuhren, sind in den letzten drei Jahren kaum noch nennenswerte Publikationen unter den oben genannten Schlagworten entstanden. Dass die damals entwickelten Ansätze aber nicht vollständig gescheitert sind, zeigt z.B. die auch 2006 erfolgreich veranstaltete Fachmesse *e_procure & supply*, die seit 6 Jahren regelmäßig vom Bundesverband für Materialwirtschaft, Einkauf und Logistik, BME als Forum für die Verbreitung neuer E-Procurement Lösungen veranstaltet wird (Messe Nürnberg 2006b).

2.3.2.1 Begriffsbestimmung und Bestandteile des E-Procurement

Im Bereich des E-Procurement hat sich von Anbeginn an keine einheitliche Nomenklatur entwickeln können, so dass das Verständnis darüber, was E-Procurement beinhaltet, und ob es Unterschiede zwischen E-Procurement, E-Purchasing und E-Sourcing gibt nicht immer einheitlich ist. Aust et al. definieren E-Purchasing als Übergriff für die Bereiche E-Procurement, E-Sourcing, E-Supplier Management und elektronische Marktplätze und orientieren sich bei der Definition der einzelnen Bereiche an den verschiedenen **Zielsetzungen** des E-Procurement (Aust et al. 2001, S. 13ff.). Unter E-Procurement Lösungen fassen sie Ansätze zusammen, bei denen die **Senkung der internen Prozesskosten** im Vordergrund steht, wie zum Beispiel bei der Nutzung elektronischer Katalogsysteme oder von Online-Shops für Unternehmenskunden. Unter dem Schlagwort E-Sourcing werden hingegen die Ansätze zusammengefasst, bei denen die **Senkung der Einkaufspreise** die Hauptzielrichtung ist und bei denen eine Senkung der internen Prozesskosten eher einen Nebeneffekt darstellt. Solche Ansätze sind den Autoren zufolge Datenbanken zur Identifikation neuer Lieferanten, elektronische Anfragen (eRFI), Ausschreibungen (eRFQ) und Einkaufsauktionen. Der Begriff E-Supplier Management beschreibt Konzepte zum **verbesserten Informationsaustausch mit den Lieferanten** z.B. durch Informationsaustausch hinsichtlich der Bedarfsplanung oder technischer Spezifikationen. Elektronische Marktplätze sind den Autoren zufolge eine Lösung, die die oben genannten Ansätze von Prozesskosten- und Einkaufspreissenkung verbindet. Solche elektronischen Marktplätze werden sich aber nur schwer am Markt für E-Procurement-Lösungen durchsetzen.[21] In einem alternativen Ansatz unterscheidet Lynn die verschiedenen Ansätze als Bestandteile des E-Sourcing entsprechend ihrer grundlegenden Charakteristik in die Bereiche **Transaktion** (z. B. elektronische Ausschreibungen, Auktionen oder Kataloge), **Kommunikation** (z. B. Lieferantendatenbanken oder Analysetools) und **Kollaboration** (Tools zur gemeinsamen Planung oder Entwicklung mit Lieferanten) (Lynn 2004, S. 9). Im Gegensatz zu den genannten Arbeiten wird sich die vorliegende Arbeit auf die Verwendung des Begriffs E-Procurement als Oberbegriff für alle zuvor erwähnten Ansätze beschränken.

Bestandteile von E-Procurement Lösungen sind eine Vielzahl von verschiedenen IT-Tools, die meistens Schritte des in Abschnitt 2.2.1 beschriebenen operativen Beschaffungsprozesses unterstützen. Das amerikanische Forschungszentrum für Beschaffungsmanagement CAPS Research fragt seit einigen Jahren im Rahmen einer regelmäßigen Umfrage unter Unternehmen den Einsatz von E-Procurement Ansätzen ab (CAPS 2006). Diese im Folgenden aufgeführten Ansätze stellen insgesamt die wichtigsten Bestandteile des E-Procurement dar:

- *Spent Analysis* zur Analyse des eigenen Beschaffungsvolumens
- *Electronic RFx* für die automatische Durchführung von Ausschreibungen
- *eReverse Auctions* für die Durchführung von Online-Einkaufsauktionen
- *eCatalogues* für direkte Warenbestellungen über elektronische Kataloge
- *Electronic Marketplaces* für den direkten Kontakt mit neuen Lieferanten über virtuelle Marktplätze
- *Supplier Portals* als direkter Zugriff für Lieferanten auf für sie relevante Informationen hinsichtlich Ausschreibungen, Einkaufsbedingungen, etc.
- *eContract Management* für die automatische Abwicklung von Verträgen und Rechnungen sowie des Zahlungsverkehrs

---

[21] In den Hochphasen der Interneteuphorie war die Entstehung von elektronischen Marktplätzen für den Handel zwischen Unternehmen (engl.: Business to Business, B2B) mit großen Erwartungen verknüpft. Um die Jahrtausendwende entstand eine Vielzahl solcher Handelsplattformen, mit dem Ziel, Lieferanten und Abnehmer in umfassendem Maß zusammenzubringen oder die vorgelagerten Informations- und Anbahnungsprozesse zu unterstützen (Bogaschefsky 1999, S. 30). Die Entstehung solcher Marktplätze wurde sowohl auf Abnehmerseite durch Unternehmenskooperationen als auch auf Lieferantenseite gefördert. Bei Marktplätzen, die von Abnehmerkonsortien entwickelt wurden, wurden häufig auch Auktionen eingesetzt. Heute zeigt sich, dass die seinerzeit entstandenen Markplätze nicht im erwarteten Maß erfolgreich waren. Mittlerweile haben viele der Marktplatzbetreiber ihr Geschäftsmodell umgebaut und bieten spezielle Einkaufssoftware und Beratungsdienstleistungen an (Leenders et al. 2006, S. 99). In der hier zitierten aktuellen CAPS Umfrage spielen die elektronischen Marktplätze eine untergeordnete Rolle und werden von nur 17% der insgesamt 186 befragten Unternehmen eingesetzt (CAPS 2006, S. 5).

Die vorliegende Arbeit beschränkt sich dabei ausschließlich auf die Betrachtung von Einkaufsauktionen bzw. *eReverse Auctions*. Die übrigen Ansätze werden nicht weiter betrachtet.

2.3.2.2 Zielsetzungen des E-Procurement

In der Literatur findet sich kein einheitliches Verständnis über die Abgrenzung der Ziele des E-Procurement. Es lassen sich aber die meisten Ansätze unter den zuvor beschriebenen drei Zielsetzungen des E-Procurement einordnen.

Ein zentrales Ziel das mit der Einführung von E-Procurement verfolgt wird, ist in aller Regel die **Senkung der Einkaufsprozesskosten** durch die Beschleunigung, Automatisierung und Vereinfachung von Beschaffungsprozessen. Durch elektronische Katalogen beispielsweise können Endnutzer in Unternehmen selbstständig für ihren Bedarf geeignete Produkte identifizieren und elektronisch bestellen. Umfassende An- und Rückfragen bei den Einkäufern sowie die Übersendung von physischen Bestellformularen können so entfallen. Auch Einkaufsauktionen können zu einer Senkung der Prozesskosten beitragen, da sequentielle und häufig langwierige Verhandlungen parallelisiert und verkürzt werden können. Mitunter wird davon ausgegangen, dass die Einsparung von Prozesskosten sogar langfristig der wesentliche Vorteil von Einkaufsauktionen sind (Cox et al. 2002, S. 187/188).

Zusätzlich wird durch die verbesserte Informations- und Kommunikationsbasis im Rahmen des E-Procurement die **Marktmacht des Beschaffungsmanagements** gestärkt, da es leichter alternative Lieferanten identifizieren und mit diesen Kontakt aufnehmen kann. Cox et al. sprechen in diesem Zusammenhang davon, dass durch das Internet die Machtstrukturen an den Beschaffungsmärkten verändert werden können, um so bessere Qualitäten und günstigere Preise durchzusetzen (Cox et al. 2002, S. 172). Als ein Instrument zur Durchsetzung günstigerer Preise können Einkaufsauktionen angesehen werden. Durch den intensivierten Wettbewerb zwischen den teilnehmenden Lieferanten und durch die Dynamik während einer Auktion kann das Beschaffungsmanagement günstigere Konditionen (vor allem im Sinne günstigerer Preise) am Markt realisieren.

Eine dritte Zielsetzung von E-Procurement ist die **verbesserte Zusammenarbeit** (*engl.: Collaboration*) mit den Lieferanten. Durch Datenaustausch erhalten Lieferanten Zugriff auf Daten der Produktionsplanung und Lagerhaltung und können so ihre Produktion besser planen, sowie gemeinsam mit den Abnehmern dessen Lagerbestände effizienter bewirtschaften. Außerdem können bei Projekten in der Planungsphase Zeichnungen oder Berechnungen einfacher ausgetauscht werden, um so die Zusammenarbeit zu beschleunigen (Aust et al. 2001, S. 18 und S. 70ff.).

2.4 Einsatz von Online-Einkaufsauktionen

Wie bereits in Abschnitt 1.4. kurz dargestellt, haben in den letzten Jahren einige Autoren erste Untersuchungen zu Einkaufsauktionen durchgeführt. Eine der ersten Beschreibungen von Online Einkaufsauktionen und verschiedenen Auktionsformen findet sich bei Müller 1999, S. 222ff. In späteren, analytischeren Arbeiten wird gezeigt, dass Einkaufsauktionen grundsätzlich ein sinnvolles Instrument sein können, um im Einkauf günstige Preise und Konditionen bei den Lieferanten durchzusetzen (Beall et al. 2003, Lüdtke 2003). Die Autoren beschreiben dazu Erfahrungen aus realen Einkaufsauktionen von Großunternehmen, die sie im Rahmen von Fallstudien analysiert haben. Im Ergebnis zeigen sie, welche Voraussetzungen für die erfolgreiche Durchführung von Auktionen gegeben sein sollten, und wie Auktionen in den Einkaufsprozessen verankert werden können. Auch Kaufmann und Carter zeigen in ihrer Untersuchung, dass Einkaufsauktionen insgesamt zwei wesentliche Vorteile haben. Sie helfen bei der Durchsetzung günstiger Einkaufspreise und sie erhöhen die Produktivität der Einkäufer. Aufgrund der verkürzten Verhandlungszeiten können Einkäufer mehr Beschaffungsvorgänge abwickeln, oder die gewonnene Zeit für andere Aktivitäten wie die Suche nach neuen Lieferanten oder intensivere Verhandlungen in anderen Bereichen einsetzen (Kaufmann und Carter 2004, S. 20).

Lüdtke geht in seiner Arbeit als Erster deutlich detaillierter auf einzelne Gestaltungsmerkmale von Einkaufsauktionen ein, und leitet auf Basis von systemtheoretischen Überlegungen und Beobachtungen von 10 Fallstudien konkrete Empfehlungen ab. Um verschiedenen Rahmenbedingungen gerecht zu werden entwickelt er dazu ein System aus einer Basisauktion und vier weiteren umfeldabhängigen Auktionsmodulen, die miteinander kombiniert werden können. B0ei der (grundlegenden) „Basisauktion“ liegt der Fokus seiner Empfehlungen auf der Festlegung einer klaren und eindeutigen Produktspezifikation sowie der Zielsetzung, möglichst viele qualifizierte Bieter für die Auktion zu gewinnen (Lüdtke 2003, S. 212). Für den Fall, dass Güter mit sehr hohen oder spezifischen Anforderungen an Qualität oder Lieferant beschafft werden sollen, empfiehlt er eine so genannte „Qualitäts-Invest Auktion“, bei der die Zuschlagserteilung nicht automatisch an den Bieter mit dem günstigsten Preis erfolgt, und bei der dem Einkäufer mehr Freiheitsgrade zur Berücksichtigung von Qualitäts- und Zuverlässigkeitsaspekten verbleiben. Außerdem empfiehlt er für eine solche Situation verlängerte Zuschlagsfristen, damit der Einkäufer nach Ablauf der Auktion noch hinreichend Zeit für die Entscheidungsfindung hat. Für besonders preissensible Beschaffungsobjekte empfiehlt er eine „Preisauktion“, bei der besonderes Augenmerk auf die Festlegung von Anfangs- und Zielpreis sowie die Gebotsschritte (Inkremente) gelegt werden sollte. Hier empfiehlt er umfassende Markt- und Lieferantenanalysen, um angemessene und den Wettbewerb fördernde Preise festzulegen. Für die Festlegung angemessener Gebotsschritte empfiehlt er eine selbst entwickelte Formel:

Gebotsschritte = (Startpreis – Zielpreis)/Anzahl erwarteter Gebote

Der Autor weist allerdings selber darauf hin, dass die Gebotsschritte in der Regel nur begrenzten Einfluss auf den Auktionsverlauf haben (Lüdtke 2003, S. 228). Für Auktionen mit wertmäßig großen Volumina empfiehlt er eine Volumenauktion, bei der insgesamt eine längere Auktionszeit festgelegt wird, damit die Lieferanten hinreichend Zeit haben, um notwendige interne Preiskalkulationen während der Gebotsphase anzupassen. Für den Fall, dass es sich um komplexere Beschaffungsobjekte handelt, bei denen die Lieferanten womöglich nicht alle Einzelteile liefern können, empfiehlt er die „Varianten-Auktion". Wesentliches Merkmal der Varianten-Auktion ist die Aufteilung der Beschaffungsobjekte in verschiedene Slots beziehungsweise Lose. Durch eine solche Aufteilung wird es für die Lieferanten einfacher, günstige Angebote für die Lose abzugeben, die für sie besonders attraktiv sind. Für den Fall, dass Interdependenzen zwischen den einzelnen Losen bestehen, empfiehlt er eine zeitlich parallele und gekoppelte Durchführung der Auktionen für die einzelnen Slots/Lose damit die Bieter die Interdependenzen bei der Gebotsabgabe berücksichtigen können (Lüdtke 2003, S. 238). Insgesamt werden mit Lüdtke's Ansatz von Auktionsmodulen bereits eine Reihe wichtiger Gestaltungsparameter aufgegriffen, die in der Auktionstheorie eine zentrale Rolle spielen (siehe z. B. Abschnitte 3.1.2.4 und 3.2), und die auch in der hier vorliegenden Untersuchung berücksichtigt werden. Leider beschränkt sich Lüdtke in seinen Ausführungen ausschließlich auf Englische Auktionen und vernachlässigt die möglichen Vorteile anderer Auktionsformen (Lüdtke 2003, S. 34).

Auf Basis von Beobachtungen des Auktionsanbieters Freemarket (mittlerweile Teil des Softwareanbieters Ariba) beschreibt außerdem Elmaghraby einige Gestaltungsaspekte von Einkaufsauktionen. Er empfiehlt geschlossene Erstpreisauktionen für den Fall, dass nur geringer Wettbewerb zwischen den Bietern herrscht (Elmaghraby 2004, S. 222). Grundsätzlich bestätigt Elmaghraby die Notwendigkeit, die praktische Anwendung von Auktionen besser mit der bestehenden theoretischen Auktionsliteratur zu verknüpfen (Elmaghraby 2004, S. 230):

> *"There remain, however, many disconnects between the practice of designing and implementing 'real' auctions and the bulk of auction literature"*

Eine weitaus kritischere Position gegenüber Einkaufauktionen findet sich in verschiedenen Arbeiten der Autoren Emiliani und Stec. Sie kritisieren vor allem, dass die Preissenkungen durch Auktionen oft größer sind als die tatsächlichen Einsparungen, da es häufig zu Qualitäts- oder Lieferproblemen bei den Lieferanten kommt, die das günstigste Angebot in der Einkaufsauktion abgegeben haben (Emiliani und Stec 2002). Die beiden Autoren treten in einer Vielzahl von Publikationen als vehemente Kritiker von Online Auktionen auf und sehen diese im Widerspruch zu den ethischen Grundlagen von Geschäftsbeziehungen und als ein Haupthindernis für eine partnerschaftliche Zusammenarbeit von Unternehmen und ihren Lieferanten (Emiliani 2006). Bei ihrer Kritik berücksichtigen die Autoren aber nicht, dass Auktionen nur als ein Einkaufsinstrument unter vielen genutzt werden, und in der Regel nicht in Bereichen eingesetzt werden, bei denen eine partnerschaftliche Zusammenarbeit mit den Lieferanten besteht. Überall dort, wo eine besonders vertrauensvolle Zusammenarbeit wichtig ist (z. B. in Bereichen mit gemeinsamer Entwicklung), werden Einkaufsauktionen bislang nicht eingesetzt.

Dass Lieferanten Auktionen grundsätzlich kritisch gegenüberstehen, wird aber auch von anderen Autoren hervorgehoben. Insbesondere in den Arbeiten von Jap finden sich Untersuchungen zu den Auswirkungen von Auktionen auf die Beziehungen zu Lieferanten. Jap zeigt, dass die negative Einstellung von Lieferanten gegenüber Auktionen vor allem darauf zurückzuführen ist, dass die Lieferanten den Einkäufern unethisches Verhalten unterstellen. Der Begriff des unethischen oder auch unfairen Verhaltens bezieht sich darauf, dass die Einkäufer die Wettbewerbssituation durch unqualifizierte Bieter verzerren oder sogar selber künstliche Gebote abgeben (Jap 2003, S. 22). In den für die vorliegende Arbeit durchgeführten empirischen Untersuchungen wurden keine Lieferanten zu ihren Erfahrungen als Bieter in Einkaufsauktionen befragt, so dass diese Fragestellung in der vorliegenden Arbeit weitgehend ausgeklammert wird. In Abschnitt 5.3.5.2 wird aber kurz darauf eingegangen, welche Erfahrungen die Anwender von Einkaufsauktionen im Zusammenhang mit ihren Lieferanten gesammelt haben.

Unabhängig zu der Literatur über Online-Einkaufsauktionen haben sich auch immer wieder Spieltheoretiker mit Einkaufsauktionen beschäftigt. Dabei lag der Fokus weniger auf den oben beschriebenen Englischen Einkaufsauktionen mit mehreren offenen Geboten, sondern eher auf klassischen Ausschreibungen, die in der Auktionstheorie häufig als geschlossene Erstpreisauktion klassifiziert werden (z. B. McAfee und MacMillan 1989). Eine weitere im ökonomischen Zusammenhang häufig diskutierte Arbeit wurde für den Fall entwickelt, dass die gekaufte Menge vom Auktionsergebnis (dem besten Gebot für einen Stückpreis) abhängt (Hansen

1988). In einem solchen Fall spielt die Nachfrageelastizität eine zentrale Rolle bei der Bestimmung des optimalen Auktionsmechanismus (Milgrom 1989, S. 10). Da solche Situationen in der Beschaffungspraxis der eigenen Untersuchung zufolge keine Rolle spielen, wird darauf nicht weiter eingegangen.

3 Auktionen in Ökonomie und Spieltheorie

3.0.1 Relevanz des Auktionsdesigns – Die UMTS-Auktionen in Europa

Die Relevanz der Gestaltung von Auktionen lässt sich am Beispiel der Versteigerung der Lizenzen für die dritte Generation des Mobilfunks, UMTS in Europa in den Jahren 2000–2001 kurz darstellen. Bei den Auktionen in neun verschiedenen europäischen Staaten wurden in der Zeit zwischen März 2000 und September 2001 höchst unterschiedliche Erlöse erzielt. Obwohl die erwartete Erlöse aus den neuen Mobilfunknetzen pro Einwohner grundsätzlich vergleichbar seien sollten, schwankten die Erlöse[22] um den Faktor 30 zwischen 650 € pro Einwohner (Vereinigtes Königreich) und 20 € pro Einwohner (Schweiz) (Van Damme 2002, S. 3).

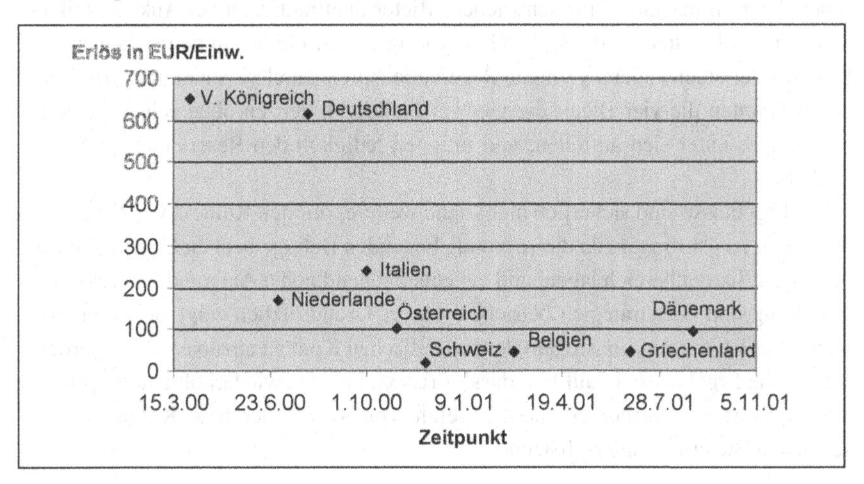

Abbildung 3: Übersicht Ergebnisse der UMTS-Auktionen in Europa
Quelle: Eigene Darstellung basierend auf Klemperer 2001 und Van Damme 2002

---

[22] Die unterschiedlichen Erlöse der Auktionen wurden auch dadurch beeinflusst, dass zur gleichen Zeit der Börsenwert der bietenden Telekomunternehmen im Rahmen des Zusammenbruchs der „New Economy" einem starken Verfall unterlag. Relevante Branchenindizes wie der DJ Euro Stoxx-Sector Telecom, bzw. der Dow Jones Titans Sector EUR-Telecommunications gingen in dem gleichen Zeitraum um rund 60% zurück. Damit lässt sich zwar ein Teil des Rückgangs der Auktionsergebnisse erklären, aber nicht die gesamte Varianz.

Eine vergleichende Analyse der einzelnen Auktionen zeigt, dass vor allem bei Auktionen in den Ländern überdurchschnittliche Erlöse erzielt wurden, in denen ein jeweils neues Auktionsdesign eingeführt wurde (Vereinigtes Königreich mit einem Hybriden Design, Deutschland mit einer ansteigenden Auktion mit variablen Lizenzgrößen und Dänemark mit einer verdeckten Viertpreis-Auktion). Die überwiegend geringen Erlöse in den übrigen Ländern werden vor allem auf zwei Faktoren zurückgeführt: Erstens versäumten es viele Länder die Auktionen auch für ökonomisch schwächere Bieter attraktiv zu machen und zweitens gelang es ihnen häufig nicht zu verhindern, dass die wenigen Bieter untereinander Absprachen trafen (Klemperer 2001, S. 18).[23] Ein besonderes Beispiel war die Auktion in der Schweiz, bei der die insgesamt niedrigsten Erlöse von nur 20 EUR pro Einwohner erzielt wurden. Zentrales Problem bei der Schweizer Auktion war die Tatsache, dass kurz vor Auktionsbeginn die Anzahl der Bieter stark zurückging. Obwohl ursprünglich neun Firmen Interesse an der Teilnahme bekundet hatten, nahmen am Ende nur vier Unternehmen teil. Vor allem das geplante Auktionsdesign einer ansteigenden Englischen Auktion machte es für schwächere Bieter unattraktiv, an der Auktion teilzunehmen (Wolfstetter 2001, S. 8). Gleichzeitig hatten die Verantwortlichen in der Schweiz nur einen äußerst geringen Reservationspreis durchsetzen können. Im Endeffekt konnten die vier Bieter die vier verfügbaren Lizenzen ohne echten Gebotswettbewerb unter sich aufteilen, und mussten lediglich den Reservationspreis bezahlen.

Die Ergebnisse sind sicherlich nicht ohne weiteres auf den Kontext von Einkaufsauktionen zu übertragen, da die zugrunde liegenden Beträge bei den UMTS Auktionen im Milliardenbereich lagen, und ein entsprechend hoher Aufwand für Auktionsgestaltung und Bietstrategien betrieben wurde. Grundsätzlich zeigt sich aber, wie wichtig es ist, die Auktionsregeln dem spezifischen Kontext anzupassen. Außerdem weisen die Ergebnisse darauf hin, dass es riskant ist, sich wiederholt auf ein erfolgreiches System zu verlassen, und die Gefahr von Absprachen bzw. Kollusion zwischen den Bietern zu unterschätzen.

[23] Die Gefahr von Absprachen bzw. Bieterkartellen war allgemein bekannt. Bei vorangegangenen Auktionen für GSM-Lizenzen im Jahr 1999 in Deutschland, gelang es Mannesmann durch eine spezifische Formulierung der Nachkommastellen, der konkurrierenden Deutschen Telekom mitzuteilen, wie die Lizenzen am besten und ohne aggressiven Wettbewerb zwischen beiden Firmen aufgeteilt werden könnten (Milgrom 2004, S. 30). Auch in der Theorie wird darauf hingewiesen, dass bei Auktionen mehrerer Güter, geringe Auktionserlöse aufgrund von Absprachen bzw. Kollusion möglich sind (Grimm et al. 2001, S. 5).

3.0.2 Geschichte der Auktionen

Die erste Erwähnung von Auktionen findet sich bei dem griechischen Geschichtsschreiber Herodot in seinen Berichten von Heiratsmärkten in Babylon. Dort wurden Auktionen bereits als Verkaufs- und auch als Einkaufsinstrument[24] genutzt. Jährlich wurden die heiratsfähigen Frauen eines Dorfes versammelt und im Rahmen einer Auktion möglichen Ehemännern angeboten. Bei attraktiven Frauen gewann der Bieter mit dem höchsten Gebot die Auktion – die Frauen wurden höchstbietend an Ehemänner „verkauft". Bei weniger attraktiven Frauen, für die es keine positiven Gebote gab, wurde eine Mitgift mit angeboten (Shubik 1983, S. 39). Derjenige Mann, der die niedrigste Mitgift akzeptierte, gewann die Frau – d. h. im Effekt wurden Ehemänner zum niedrigsten Preis „eingekauft". Die notwendige Mitgift wurde dabei aus den Erlösen der zuvor versteigerten attraktiveren Frauen finanziert. Es zeigt sich, dass Auktionen bereits in ihrer frühsten überlieferten Anwendung zu Verkaufs- und zu Einkaufszwecken genutzt wurden.

Eine Vielzahl von Berichten über die Nutzung von Auktionen gibt es in der römischen Geschichtsschreibung. Vor allem die Beute von Feldzügen, darunter auch Sklaven, wurde durch einzelne Legionäre versteigert. Ähnliches galt für nicht eingelöste Kautionen oder Bürgschaften bzw. den Besitz verurteilter Bürger. Die berühmteste Auktion fand im Jahre 193 nach Christi statt, als die Prätorianische Garde nach der Ermordung des Kaisers Pertinax das gesamte Römische Reich versteigerte. Gewinner war Didius Juliannus, der mit einem Gebot von 6.250 Drachmen pro Mitglied der Prätorianischen Garde das Angebot des Wettbewerbers Sulpicianus von 5.000 Drachmen deutlich überbot (Gibbons 1776).[25] Allerdings wurde Didius Juliannus bereits 3 Monate später ermordet und durch den Feldherren Septimus Severus ersetzt. Der Begriff Auktion leitet sich aus dem lateinischen augere – vermehren, vergrößern ab. Anhand des Begriffs und der historischen Beschreibungen lässt sich

[24] Grundsätzlich lassen sich Auktionen aus dem Verkaufskontext in identischer Form auf den Einkaufskontext übertragen. In der Theorie werden die Modelle unabhängig davon behandelt, ob es sich um Verkaufs- oder Einkaufsauktionen handelt. Bei einer Verkaufsauktion überbieten sich die Bieter um ein Gut zu kaufen, bei einer Einkaufsauktion unterbieten sie sich um ein Gut zu verkaufen, bei der Modellierung ändern sich lediglich die Vorzeichen.

[25] Aus Sicht der ökonomischen Theorie wäre es rationaler gewesen, nur knapp über 5.000 Drachmen zu bieten, zumal Didius Juliannus von den Prätorianern präferiert wurde, da der Wettbewerber Sulpicianus als Schwiegervater des ermordeten Pertinax eine gewisse Bedrohung für die Prätorianer darstellte. Allerdings wird seit der Entwicklung von Internetauktionen auch von Ökonomen eingeräumt, dass so genanntes „Jump-Bidding", also das deutliche Überbieten der anderen Seite zur Einschüchterung schwächerer Bieter oder zur Vermeidung von Bietkosten durchaus rational sein kann (Easley und Tenorio 1999, S. 5).

schließen, das die frühen Auktionen in ihrer Form der heute als offenen Englischen Auktion bekannten Auktionsform ähnelten.

In der Neuzeit stammen die frühsten Berichte zu Auktionen aus dem 16. und 17. Jahrhundert. Zu dieser Zeit war es in verschiedenen Großstädten wie London und Paris üblich, den Besitz verstorbener oder hingerichteter Personen zu versteigern. Im 17. Jahrhundert wurden außerdem Schiffe und andere Investitions- und Gebrauchsgegenstände in Holland versteigert. Die meist gebrauchten Auktionen waren „Hammer-Auktionen“ entsprechend den heutigen Englischen Auktionen im Kunsthandel. Darüber hinaus gab es Auktionen mit Sanduhren oder Kerzen, bei denen ein fixes Ende gesetzt wurde. Berichte aus dem Frankreich des 18. Jahrhunderts weisen darauf hin, dass sowohl die Qualifikation des Auktionators als auch die Auktionsregeln z. B. zur Beendigung der Auktion oder zur Mindesthöhe des nächsten Gebotes (Inkrement) Einfluss auf das Auktionsergebnis haben können (Shubik 1983, S. 45 ff.). Im 18. Jahrhundert entstanden auch die heute bekannten großen Auktionshäuser Sotheby's und Christie's.

Bereits seit 1809 wird in den USA mit einem Verfahren im Sinne der öffentlichen Ausschreibung eingekauft. Das Verfahren, das einer verdeckten Erstpreisauktion gleicht, hat sich als sinnvoll zur Sicherstellung eines ausgeglichenen Bieterwettbewerbs erwiesen (Seymour 1976, S. 89).

3.0.3 Auktionsformen und ihre Verbreitung

Wie dargestellt sind Auktionen bereits seit langem eine weit verbreitete Verkaufs- bzw. Einkaufsform. Die bekanntesten Auktionen sind heute sicherlich die von Kunstgegenständen und Antiquitäten, die in der Regel von Auktionshäusern durchgeführt werden, sowie der private Handel bei dem Internetauktionshaus Ebay. Auktionshäuser handeln in dem Zusammenhang als Intermediäre, die die Vorbereitung und Durchführung gegen eine Provision in Abhängigkeit vom erzielten Verkaufspreis organisieren. Bei diesen Auktionen werden in aller Regel ansteigende, **Englische Auktionen** als Auktionsform angewandt. Dabei können die Bieter sich nach Verkündung eines Mindestgebotes in einem offenen Wettbewerb gegeneinander überbieten, und ein Auktionator stellt dabei sicher, dass der Bieter mit dem höchsten Gebot am Ende auch den Zuschlag erhält (Ashenfelter 1989). Ähnlich funktionieren so genannte ansteigende **Ticker-Auktionen**, bei denen der Auktionator den Preis in regelmäßigen Abständen systematisch erhöht, und jeder Teilnehmer ein Zeichen gibt, sobald sein Reservationspreis überstiegen ist, und er nicht weiter bieten will. Vorteil beider Verfahren ist, dass die Bieter die Angebote der anderen Bieter sehen und diese in ihre eigene Bewertung des Auktionsobjekts sukzessive einfließen lassen können. Da Ticker-Auktionen in Japan weit verbreitet sind, werden sie gelegentlich auch als **Japanische Auktion** bezeichnet.

Frischprodukte wie Blumen in Holland, Tabak in Kanada und Gemüse in Frankreich werden mittels **Holländischer Auktionen** versteigert. D. h. der Preis für eine bestimmte Lieferung sinkt auf einer Uhr oder Anzeige so lange, bis ein erster Bieter den Preis akzeptiert, ein Signal gibt und den Zuschlag erhält (Arthur 1976, S. 196ff.; Laffont et al. 1995, S. 967). Vorteil bei diesem Verfahren ist, dass sich sehr zügig eine Vielzahl von Verkäufen hintereinander generieren lässt. Im Gegensatz zur Englischen Auktion erfahren die Gewinner aber nicht, wie viel die anderen Bieter zu bezahlen bereit gewesen wären.

Eine weitere wichtige Auktionsform ist die **Höchst- oder Erstpreisauktion**. Hier können die Bieter nur einmal ein schriftliches Angebot abgeben, und wissen dabei nicht, wie hoch die Gebote der anderen Bieter sind. Der Gewinner ist der Bieter mit dem günstigsten Gebot. Öffentliche Ausschreibungen werden in der Literatur häufig als **Erst- oder Höchstpreisauktionen** klassifiziert, da jeweils das günstigste Angebot den Zuschlag erhält, und auch der Preis des günstigsten Angebots gezahlt wird. Bei dieser Gleichsetzung muss allerdings berücksichtigt werden, dass sie nur dann zulässig ist, wenn der Zuschlag tatsächlich immer an den günstigsten Bieter erfolgt, und anschließend keine weiteren Preisverhandlungen erfolgen. Im Vergaberecht der Europäischen Union haben die beschaffenden Körperschaften die Möglichkeit, die Vergabe an das *wirtschaftlich günstigste* Angebot zu erteilen, und dabei andere Kriterien neben dem Preis zu berücksichtigen (EU Richtlinie 2004/17/EG, § 55). Das bedeutet, dass es sich bei der öffentlichen Auftragsvergabe nicht automatisch um Erstpreisauktionen handelt. Darüber hinaus ist es bei solchen Vergaben durchaus üblich, im Anschluss an die Ausschreibung mit geeigneten Bietern zusätzliche Verhandlungen durchzuführen – auch das widerspricht dem Auktionsprinzip. Die bei vielen Autoren anzutreffende Gleichsetzung öffentlicher Ausschreibungen mit Erstpreisauktionen, sollte daher stets kritisch hinterfragt werden. Der Unterschied der Erstpreisauktion zur Englischen Auktion liegt im Wesentlichen darin, dass die Bieter das Verhalten der anderen Parteien nicht beobachten können (ähnlich wie bei der Holländischen Auktion). Vorteile der Erstpreisauktion sind, dass erstens eine zeitgleiche Anwesenheit der Bieter nicht notwendig ist, und zweitens es schwieriger für die Bieter ist, sich untereinander abzusprechen oder ein abweichendes Verhalten eines Bieters von der gemeinsamen Absprache zu beobachten.

Im Bereich der Philatelisten (Briefmarkensammler) gibt es seit dem letzten Jahrhundert auch so genannte **Zweitpreisauktionen**. Bei diesen Auktionen können die

Bieter ein schriftliches Angebot abgeben, und der Gewinner ist ebenso wie bei einer Erstpreisauktion derjenige Bieter mit dem höchsten Gebot. Zentraler Unterschied ist, dass der Gewinner nur den Preis des zweithöchsten Gebotes bezahlen muss. Vorteil der Zweitpreisauktion ist, dass die Bieter ihre volle, wahre Zahlungsbereitschaft bieten können. Da sie den Preis nur in Höhe des zweithöchsten Gebotes bezahlen müssen, bleibt auf jeden Fall ein Gewinn für sie übrig. Der Effekt der Zweitpreisauktion ähnelt der Englischen Auktion, da bei beiden die Gewinner im Prinzip nur den Preis des zweithöchsten Bieters (ggf. plus ein kleines Inkrement) bezahlen müssen. In der Praxis ist der Mechanismus der Zweitpreisauktion wohl entwickelt worden, damit Bieter auch bei Englischen Auktionen ein Gebot abgeben können, ohne physisch anwesend zu sein (Lucking-Reiley 2000, S. 186ff.). Über die Zweitpreisauktion hinaus sind in den 1990er Jahren auch Dritt- und Viertpreisauktionen entwickelt worden, die bereits bei einzelnen Versteigerungen wie den erwähnten Auktionen für Mobilfunklizenzen eingesetzt wurden.

Ein weiterer wichtiger Einsatzbereich von Auktionen ist die Versteigerung von Schatzanweisungen durch die Zentralbanken. In den USA werden Schatzanweisungen bereits seit 1929 versteigert, Zielsetzung ist dabei den günstigsten Preis für die Finanzierung der Staatsschuld zu erzielen (Garbade und Ingber 2005). Ein wesentlicher Unterschied gegenüber den sonstig diskutierten Auktionen ist die Tatsache, dass hierbei viele vergleichbare (homogene) Güter versteigert werden, man spricht entsprechend in der Theorie von Auktionen mehrerer Güter *(engl. multi-unit auctions)*. Da bei einer solchen Versteigerung auf verschiedene Mengen geboten werden kann, ist nicht nur der Preis, sondern auch die Menge relevant. Darüber hinaus lassen sich zwei verschiedene Auktionsformen unterscheiden, die diskriminierende Auktion *(engl. multiple-price)* und die kompetitive bzw. Preis-uniforme Auktion. Bei der diskriminierenden Auktion zahlt jeder Bieter der oberhalb des den Markt räumenden Preises geboten hat, einen Preis in der Höhe seines Gebotes. Es wird entsprechend der monopolistischen Diskriminierung 1. Grades die gesamte Konsumentenrente abgeschöpft (McAfee und McMillan 1987a, S. 728). Bei der kompetitiven Auktion hingegen zahlen alle Gewinner genau den Preis des ersten Gebotes, welches nicht mehr gewonnen hat. Gewinner sind alle diejenigen, die höher als dieses Gebot geboten haben (siehe Abschnitt 3.2.2).

Mit der Entwicklung des Internets gewannen Auktionen nochmals an Bedeutung. Durch die neuen Möglichkeiten des Internets entwickelten sich virtuelle Auktionshäuser. Ebay, das wohl populärste unter den virtuellen Auktionshäusern ermöglicht seit 1995 privaten Akteuren die Versteigerung von Gütern und Leistungen. Dabei wird vom Prinzip her eine Englische Auktion angewandt, bei der die Bieter in

Kenntnis des aktuell höchsten Angebotes ihr eigenes Angebot abgeben. Allerdings gibt es im Unterschied zur klassischen Englischen Auktion einen fixen Zeitpunkt, an dem die Auktion endet.

Darüber hinaus gibt es noch eine Vielzahl weiterer Auktionen (z.B. die Allpay Auktion, bei der alle bietenden Teilnehmer bezahlen) bzw. Mechanismen, die große Ähnlichkeiten mit der Logik von Auktionen haben (z.B. das Bookbuilding zur Ermittlung des Aktienpreises im Rahmen einer Neuemission).

Zur **Kategorisierung von Auktionen** sollten insgesamt drei Aspekte berücksichtigt werden (Engelbrecht-Wiggans 1983, S. 61):

- Angebotsformat: Verläuft die Angebotsabgabe verdeckt oder offen?
- Allokationsregel: Wer erhält in Abhängigkeit der Gebote den Zuschlag?
- Preisfunktion: Wie viel müssen die Bieter bzw. der Gewinner bezahlen?

Gemäß dem Angebotsformat lässt sich zwischen offenen Auktionen wie der Englischen und der Holländischen Auktion einerseits und verdeckten Auktionen wie Erst- und Zweitpreisauktionen unterscheiden. (Bei der Erstpreis und Zweitpreisauktion werden die Gebote in der Regel verdeckt in geschlossenen Umschlägen abgegeben, die gleichzeitig geöffnet werden.) Die Allokationsregel ist bei allen hier betrachteten Auktionen immer so ausgestaltet, dass stets derjenige mit dem höchsten Angebot den Zuschlag erhält. Unterschiede gibt es wiederum bei der Preisfunktion: Während bei der Holländischen Auktion und der Erstpreisauktion das jeweils höchste abgegebene Gebot als Preis gezahlt wird, werden bei der Englischen und der Zweitpreisauktion lediglich der zweithöchste Preis, bzw. ein Preis in Höhe des zweithöchsten Gebotes gezahlt.[26]

Tabelle 1: Übersicht Auktionsformen
Quelle: Eigene Darstellung nach Engelbrecht-Wiggans 1983

	Preisfunktion	
Angebotsformat	Finaler Preis entspricht höchstem Gebot	Finaler Preis entspricht ca. zweithöchstem Gebot
Offene Gebote	**Holländische Auktion**	**Englische Auktion**
Verdeckte Gebote	**Erstpreisauktion**	**Zweitpreisauktion**

[26] Bei der Englischen Auktion kann man davon ausgehen, dass das höchste Gebot nur leicht über dem zweithöchsten Gebot liegt, da es im Normalfall keinen Sinn macht den letzten Mitbieter übermäßig zu überbieten.

3.0.4 Exkurs: Einkaufsauktionen für Privatpersonen

Im Internet sind in den letzten Jahren auch Anbieter von Einkaufsauktionen für Privatpersonen entstanden. Auf einer Reihe von Plattformen (z. B. My-Hammer.de, Jobdoo.de, Blauarbeit.de, Quotatis.de, ...) lassen sich Leistungen von Handwerkern oder ähnliche Dienstleistungen per Auktion beschaffen. Alle Anbieter nutzen dazu ein Englisches Auktionsformat bei dem sich die Bieter gegenseitig und sukzessive unterbieten können. Unterschiede gibt es aber dahingehend, ob die Auktionen verbindlich sind und immer der günstigste Bieter den Zuschlag bekommt, oder ob der Käufer sich aus den Angeboten der Bieter nach eigenem Ermessen einen Bieter aussuchen kann. Zur Unterstützung bieten die meisten Plattformen zusätzliche Bewertungen an, durch die die Nutzer die Zuverlässigkeit und Qualität von Bietern und Käufern bewerten können. In jüngster Zeit ist auch eine ähnliche Plattform für den Kauf medizinischer Leistungen entstanden, die nicht voll von den Krankenkassen bezahlt werden. Die Käufer können darüber neben Zahnersatzleistungen auch andere medizinische Leistungen (z. B. Augenlaser Behandlungen, physiotherapeutische Behandlungen, ...) einkaufen. Ähnlich wie bei den Handwerkerportalen müssen sich die Ärzte gegenseitig unterbieten, um einen Auftrag zu erhalten. Vor allem die Plattformen für Handwerker werden kritisiert, da befürchtet wird, dass sie zu einem übermäßigen Wettbewerb bei kleinen Handwerksunternehmen führen (Die Zeit 2006). Durch die Intensität des Wettbewerbs besteht den Kritikern zufolge die Gefahr, dass Handwerker Aufträge annehmen müssen, mit denen sie ihre tatsächlichen Kosten nicht mehr decken können.

3.1 Theorie einfacher Auktionen

Im direkt folgenden ersten Unterabschnitt 3.1 wird einleitend kurz erläutert, wie sich Auktionen vom herkömmlichen Preisfindungsinstrument im Beschaffungsmanagement, der Einkaufsverhandlung, unterscheiden. Dazu wird kurz auf die wenigen spieltheoretischen Arbeiten eingegangen, die Auktionen mit Verhandlungen direkt vergleichen. Die anschliessenden Abschnitte 3.1.1–3.1.5 behandeln dann die Theorie einfacher Auktionen, bei denen jeweils nur ein Gut bzw. ein Beschaffungsauftrag versteigert wird und das einzige Entscheidungskriterium der Preis des Gutes oder Auftrages ist. In den anschließenden Abschnitten wird diese Sichtweise ergänzt um Auktionen, bei den mehrere vergleichbare Güter versteigert werden (Auktionen mehrerer Güter: Abschnitt 3.2) und um Auktionen, bei denen mehrere Kriterien als nur der Preis für den endgültigen Zuschlag relevant sind (Multiattribute Auktionen:

Abschnitt 3.3). Es wird in allen drei Abschnitten versucht, die entsprechende Theorie anhand von Einkaufsauktionen zu erläutern, bei denen der Auktionator einen Auftrag vergeben will, und die Bieter sich preislich unterbieten, um den Auftrag zu erhalten. Vereinzelt wird aber von dieser Darstellungsform abstand genommen, und der Sachverhalt anhand von Verkaufsauktionen beschrieben. Dies geschieht immer dann, wenn die entsprechende theoretische Literatur sich eindeutig auf Verkaufsauktionen bezieht.

Aus ökonomischer Sicht sind Auktionen Allokationsmechanismen, die in der Regel dann Anwendung finden, wenn sich ein Verkäufer mit einem zu verkaufendem Gut einer Mehrzahl von möglichen Käufern gegenüber sieht – entsprechend einer Monopolsituation. Für den äquivalenten Fall von Einkaufsauktionen muss man genauer von einer Monopsonsituation sprechen, da sich ein Käufer für ein spezifisches Gut einer Mehrzahl von möglichen Verkäufern gegenüber sieht (McAfee und McMillan 1987a, S. 703). Zwar konkurrieren bei den beschriebenen Auktionen z. B. für Fisch oder Tabak auch die Anbieter miteinander im größeren Kontext, während der einzelnen Auktion jedoch wird nur das eine Gut mehreren Nachfragern angeboten. Ein zentraler Unterschied gegenüber herkömmlichen Verhandlungen ergibt sich daraus, dass der Anbieter erstens bestimmt, nach welchen Regeln die Vergabe erfolgt (er hat die Verhandlungsmacht) und sich zweitens genau darauf festlegt, wie und an wen er das Gut letztendlich vergibt (er legt sich fest, bzw. geht ein *Commitment* auf eine Entscheidungsprozedur ein). In diesem Sinne entspricht das Verhalten dessen, der eine Auktion einberuft, den verhandlungstheoretischen Empfehlungen des Nobelpreisträgers Thomas Schellings, wonach sich eine Seite in einer Verhandlung besser stellen kann, wenn sie ihren eigenen Strategieraum glaubhaft einschränkt und sich auf eine Entscheidungsprozedur festlegt (Schotter 1976, S. 8; McAfee und McMillan 1987a, S. 703).[27] Entscheidend ist dabei, dass der Auktionator sich in glaubwürdiger Weise auf einen Auktionsmechanismus festlegt, bei dem Vergabeentscheidung und Preisfindung durch die Gebote der Bieter bestimmt werden, und keine weiteren Verhandlungen stattfinden oder Forderungen durch den Auktionator aufgestellt werden. Durch die Abgabe aller Gebote der Bieter vor einer Vergabeentscheidung hat der Auktionator die Möglichkeit zwischen den Bietern im ökonomischen Sinne zu diskriminieren, und den Bieter mit der höchsten Wertschät-

[27] Der Nobelpreisträger Thomas C. Schelling hat in diesem Zusammenhang den viel zitierten Satz geprägt, wonach Verhandlungsmacht zu großen Teilen darauf beruht, den eigenen Handlungsspielraum glaubhaft einschränken zu können (Schelling 1960, S. 22) : „… They (these tactics) rest on the paradox that the power to constrain an adversary may depend on the power to bind oneself; …“

zung auszuwählen (Lu und McAfee 1996, S. 229). Das Wissen, dass keine weitere Verhandlungsrunde zu befürchten ist, bestimmt gleichzeitig das Kalkül der Auktionsteilnehmer und lässt diese aggressiver[28] bieten, als wenn sie noch weitere Verhandlungsrunden erwarten würden.

Die von Schelling vorhergesagten Vorteile daraus, sich auf eine bestimmte Prozedur festzulegen (Schelling 1960, S. 22), wurden von Vernon Smith in einer experimentellen Untersuchung von mehreren Versuchsreihen doppelter Auktionen bestätigt. Er verglich die Preise aus Auktionen, wo in einigen Versuchsreihen nur die Verkäufer und in anderen nur die Käufer Angebote machten, während die andere Seite abwartete, bis die Angebote ihren Vorstellungen entsprachen. Die Experimente zeigten, dass die Preise sich immer zum Nachteil derjenigen Seite gestalten, die die Preisinitiative hat (Smith 1976, S. 57). Die Seite die darauf festgelegt ist, keine eigenen Angebote zu machen, schneidet dagegen deutlich besser ab.

In diesem Sinne sind Auktionen Marktmechanismen, die ein Monopolist (oder ein Monopson) nutzt, um seine Machtstellung im Markt auszunutzen. Durch die Festlegung auf eine Auktionsprozedur stärkt er dabei seine Verhandlungsposition und kann einen größeren erwarteten Ertrag aus dem Verkauf ziehen als durch einzelne Verhandlungen. Kennzeichnend ist dabei, dass der Anbieter (Nachfrager) keine Informationen darüber hat, wie die Käufer (Verkäufer) das Produkt bewerten.[29] Wären die Bewertungen allgemein bekannt, könnte der Verkäufer das Produkt stets dem Bieter mit der höchsten Wertschätzung für einen Preis knapp unter dessen Wertschätzung verkaufen (Myerson 1983 S. 150).

3.1.1 Die spieltheoretische Analyse von Auktionen

Erste systematische Untersuchungen zum optimalen Verhalten von Bietern in Auktionen gibt es von L. Friedmann, der in den 1950er Jahren als erster Berechnungen

[28] Die Formulierung „agressiver bieten“ wird im weiteren Verlauf häufiger eingesetzt, um nicht zusätzlich zwischen Verkaufsauktionen und Einkaufsauktionen unterscheiden zu müssen. Bei Verkaufsauktionen bedeutet aggressiver, dass die Bieter höher bieten als im Vergleichsfall, bei Einkaufsauktionen, dass sie niedriger Bieten.

[29] Verhandlungen unter zweiseitig unvollständiger Information führen in den meisten spieltheoretischen Modellen zu ineffizienten Ergebnissen. Gemäß dem Myerson-Satterthwaite Theorem gibt es keinen Verhandlungsmechanismus, der bei zweiseitig unvollständiger Information zu effizienten Verhandlungsergebnissen führt. Effizienz wird in der Verhandlungstheorie daran gemessen, dass immer dann ein Verhandlungsergebnis zustande kommt, wenn die Zahlungsbereitschaft des Käufers über dem Reservationspreis des Verkäufers liegt (Myerson und Satterthwaite 1983, S. 265ff.). Eine intuitive Erklärung für das Myerson-Satterthwaite Theorem findet sich bei Roth 1985, S. 30.

zu optimalen Bietstrategien veröffentlichte. Friedmann versuchte die optimale Bietstrategie bei einer Erstpreisauktion in Abhängigkeit der zu erwartenden Gebote der anderen Bieter zu ermitteln. Die Arbeit von Friedmann war Ausgangspunkt für eine Vielzahl mathematischer und statistischer Arbeiten zur Ermittlung der optimalen Bietstrategien, die vor allem aus der Bau- und Ölindustrie[30] heraus gefördert wurden (Laffont 1997, S. 5).

1961 veröffentlichte der spätere Nobelpreisträger William Vickrey dann einen Artikel, in dem er Auktionen und Bietstrategien zum ersten Mal unter dem Blickwinkel der Spieltheorie betrachtete. Beispielhaft berechnete er dabei Gleichgewichtsstrategien für eine Holländische Auktion. Im Gegensatz zum Ansatz von Friedmann berücksichtigte Vickrey erstmals, dass auch die anderen Auktionsteilnehmer versuchen, eine optimale Bietstrategie zu entwickeln. Im Sinne eines nicht-kooperativen Spiels ermittelt jeder Spieler eine optimale Strategie die seinen Erwartungsnutzen bzw. erwarteten Gewinn maximiert, abhängig von den zu erwartenden (optimalen) Strategien der anderen Spieler. Das Ergebnis entspricht dem so genannten **Nash-Gleichgewicht** (Vickrey 1961, S. 16). Das Nash-Gleichgewicht beschreibt eine Strategiekombination, bei der kein Spieler einen Anreiz hat, von seiner Strategie abzuweichen, solange die Mitspieler bei den dort genannten Strategien im Nash-Gleichgewicht verbleiben. Analog zum Ansatz von Friedmann ist es zur Errechnung der optimalen Strategie notwendig, abzuschätzen wie andere Teilnehmer bieten werden, bzw. wie hoch ihre Wertschätzung des Auktionsobjektes ist. Auf Basis der erwarteten statistischen Verteilung der Wertschätzungen der anderen Bieter und der eigenen Wertschätzung lässt sich ein optimales Gebot errechnen. Dieses liegt bei einer Holländischen Auktion immer unter der eigenen Wertschätzung, da bei einem Gebot in Höhe der eigenen Wertschätzung kein Gewinn aus der Auktion resultieren würde. Vickrey zeigt außerdem, dass das strategische Verhalten bei einer Erstpreisauktion exakt dasselbe ist, wie bei einer Holländischen Auktion. Man spricht in diesem Zusammenhang auch davon, dass die Holländische und die Erstpreisauktion strategisch äquivalent sind (Klemperer 1999, S. 231). Die Akteure müssen sich bei beiden Auktionsformen im vorhinein überlegen, wie viel sie bieten wollen, und dazu analysieren, welche Gebote der anderen Teilnehmer zu erwarten sind (Vickrey 1961, S. 20). Für den vereinfachten Fall einer Gleichverteilung der Wertschätzungen V_i

[30] Für die Bauindustrie waren Bietstrategien für die Beteiligung an öffentlichen Ausschreibungen z.B. für den Straßenbau wichtig. Für die Ölindustrie waren sie interessant, weil in den USA die Ölförderrechte für abgegrenzte Fördergebiete regelmäßig meistbietend versteigert wurden.

zwischen 0 und 1 errechnet sich das optimale Gebot b_i für alle Bieter i = 1, …, N in einer Holländischen- oder Erstpreisauktion

$$b_i = ((N - 1)/N) * V_i$$

Daraus lässt sich erkennen, dass in Abhängigkeit der Anzahl der anderen Bieter ein Abschlag von der eigenen Wertschätzung gemacht wird. Wird die Anzahl der Bieter groß, wird dieser Abschlag sehr gering, sind nur zwei Bieter beteiligt, bietet jeder genau die Hälfte seiner tatsächlichen Wertschätzung.

Ein weiteres Kernergebnis der Arbeit von Vickrey ist, dass das Kalkül bei einer Englischen Auktion gegenüber der Holländischen Auktion wesentlich einfacher ist: Bei der Englischen Auktion bietet man solange mit, bis die eigene, wahre Wertschätzung bzw. Zahlungsbereitschaft V_i erreicht wurde – durch Kenntnis der zu erwartenden Gebote der Mitbieter oder eine Abschätzung über die statistische Verteilung der Gebote kann sich kein Teilnehmer der Auktion einen strategischen Vorteil verschaffen. Es lohnt sich für die Bieter nie, vor Erreichen ihrer Zahlungsbereitschaft aus der Auktion auszusteigen (nicht mehr zu bieten), da sie dann die Chance verpassen, das Gut zu einem für sie akzeptablen Preis zu erhalten. Ebenso wenig ist es sinnvoll, einen Preis oberhalb der eigenen Zahlungsbereitschaft zu bieten, da man dann einen negativen Nutzen beim Gewinn der Auktion erhält (Harris und Raviv 1981, S. 1485). Folglich ist es immer optimal, bis zur eigenen Zahlungsbereitschaft zu bieten. Da dies die eindeutig beste Möglichkeit ist, spricht man bei der optimalen Bietstrategie in einer Englischen Auktion von einer **Dominanten Strategie**.[31] Da hierbei alle Teilnehmer (bis auf den Gewinner) ihre wahre Zahlungsbereitschaft offenbaren, und letztendlich der Bieter mit der höchsten Zahlungsbereitschaft gewinnt, spricht man von einem effizienten bzw. Pareto-Optimalen[32] Ergebnis (Vickrey 1961, S. 14; Klemperer 1999, S. 230). Aufgrund der Überlegung, dass eine Englische Auktion immer zu einem Pareto-Optimalen Ergebnis führt, und sie außerdem keinen Aufwand zur Abschätzung des Verhaltens der anderen Teilnehmer benötigt, bevorzugt Vickrey die Englische Auktion gegenüber der Holländischen- und der Erstpreisauktion. Er entwickelt daher den Mechanismus der Zweitpreisauktion als Ansatz,

[31] Eine Strategie dominiert eine andere, wenn sie stets so gut ist wie die andere Strategie, und wenigstens in einer Situation besser.

[32] Die Allokation ist Pareto-Optimal, da es nach Beendigung der Auktion nicht mehr möglich ist, einen der Teilnehmer besser zu stellen, ohne einen anderen zu benachteiligen. Hätte ein Teilnehmer mit einer niedrigeren Zahlungsbereitschaft gewonnen, könnte er das Auktionsobjekt an denjenigen mit der höchsten Zahlungsbereitschaft verkaufen und beide würden davon profitieren. Dies wäre eine Paretoverbesserung.

um die genannten Vorteile der Englischen Auktion auch für eine Auktion mit schriftlicher Gebotsabgabe zu ermöglichen. Bei der Zweitpreisauktion gewinnt wieder der Bieter mit dem höchsten Gebot, der zu zahlende Preis entspricht aber lediglich dem zweithöchsten Gebot. Die Zweitpreisauktion wird daher in der Ökonomie auch oft als Vickrey-Auktion bezeichnet.[33] Da man als Gewinner nicht den Preis in Höhe seines Gebotes bezahlt, sondern nur in Höhe des nächst niedrigeren Gebotes, ist es immer rational in Höhe seiner vollen Zahlungsbereitschaft zu bieten. Das optimale Verhalten bei Englischer und Zweitpreisauktion ist somit identisch. Bei dem Internetauktionshaus *Ebay* gibt es seit einigen Jahren einen so genannten Proxy-Bieter. Wenn man selber nicht fortlaufend am Auktionsgeschehen teilnehmen will, kann man dem Proxy-Bieter seine Zahlungsbereitschaft mitteilen, dieser überbietet dann automatisch immer die anderen Gebote um jeweils ein Inkrement. Solange die eigene Zahlungsbereitschaft nicht voll ausgeschöpft wird, gewinnt man die Auktion, zahlt aber nur einen Preis knapp über dem zweithöchsten Gebot. Damit hat *Ebay* die Vickrey-Logik der Zweitpreisauktion in seine Auktionsplattform eingebaut (Milgrom 2004, S. 52).

Für die Gestaltung von Beschaffungsauktionen ist es wichtig, dass unabhängig von der Auktionsform grundsätzlich gilt, dass eine größere Anzahl von Bietern aus Sicht des auktionierenden Unternehmens immer sinnvoll ist. Bei einer Englischen oder Zweitpreisauktion steigt mit wachsender Anzahl von Bietern die Wahrscheinlichkeit, dass Bieter mit einer höheren Wertschätzung an der Auktion teilnehmen. Im Fall einer Holländischen- oder Erstpreisauktion wirkt sich die Anzahl der Bieter direkt auf die Formel für das optimale Gebot aus, d. h. die Bieter geben aggressivere Gebote ab.

Arbeitshypothese 1: Die Höhe der Einsparungen bei einer Einkaufsauktion steigt mit zunehmender Anzahl der Bieter.

Ein weiteres wichtiges Ergebnis von Vickrey ist, dass sich die Varianz des erwarteten Erlöses zwischen Erstpreisauktion (Holländischer) und Zweitpreisauktion (Englischer) unterscheidet. Die Varianz ist bei der Zweitpreisauktion insgesamt größer, wobei der Unterschied in der Varianz von der Anzahl der Bieter N abhängt. Mathematisch lässt sich der Unterschied als 2N/(N-1) beschreiben, so dass sich bei einer kleinen Anzahl von Bietern ein deutlicher Unterschied ergibt, der mit steigen-

[33] Die Tatsache, dass solche Auktionen bereits früher von Phileatelisten genutzt wurden, ist erst Ende der 1990er Jahre von Lucking-Reiley untersucht worden. Vickrey gilt daher bei Ökonomen als Erfinder der Zweitpreisauktion (Lucking-Reiley 2000).

dem N abnimmt (Vickrey 1961, S. 17). Wenn eine Auktionsform für das Beschaffungsmanagement ausgesucht wird, kann dies berücksichtigt werden, um unnötige Risiken durch Schwankungen beim Beschaffungspreis zu vermeiden.

Arbeitshypothese 2: Die Varianz der erzielten Preise ist bei Holländischen bzw. Erstpreisauktionen geringer als bei Englischen Auktionen.

3.1.2 Das Revenue Equivalence Theorem

Als wichtigstes Ergebnis seiner Arbeit zeigt Vickrey, dass unter einer Reihe bestimmter Voraussetzungen auch Erstpreis- und Zweitpreisauktionen sowie Holländische und Englische Auktion zum selben Erlös für den Auktionator führen. Dieses zentrale Ergebnis der spieltheoretischen Analyse von Auktionen ist als **„Revenue Equivalence Theorem, RET"** bekannt geworden. Die dahinter liegende Logik lässt sich wie folgt zusammenfassen: Bei Englischer Auktion und Zweitpreisauktion bieten der Teilnehmer ihre volle Zahlungsbereitschaft, da sie im Falle, dass sie die höchste Zahlungsbereitschaft besitzen, nur einen Preis in Höhe der zweithöchsten Zahlungsbereitschaft zahlen müssen. Der letztendliche Erlös des Auktionators entspricht daher der zweithöchsten Zahlungsbereitschaft. Bei der Holländischen Auktion oder einer Erstpreisauktion bieten der Teilnehmer stets weniger als ihre Zahlungsbereitschaft, da sie sonst keinen erwarteten Gewinn aus der Auktion ziehen würden. Das Ausmaß, um das sie ihre Gebote reduzieren, hängt davon ab wie viele Bieter teilnehmen, und wie deren Zahlungsbereitschaft verteilt ist. Im Ergebnis führt die gezielte Reduktion der Gebote dazu, dass der Bieter mit der höchsten Zahlungsbereitschaft ein Gebot in Höhe der zweithöchsten Zahlungsbereitschaft abgibt. Damit entspricht der Erlös des Auktionators immer der zweithöchsten Zahlungsbereitschaft, egal welche Auktionsform verwendet wird.

Das Revenue Equivalence Theorem beruht allerdings auf einer Reihe von Annahmen, die in der Realität nicht stets erfüllt werden. Je nach Ausprägung dieser Annahmen sind unter bestimmten Vorraussetzungen Englische Auktionen vorteilhafter, unter anderen wiederum Erstpreisauktionen. Für die Gestaltung von Auktionen ist es daher notwendig zu verstehen, wie sich Änderungen an den Annahmen auf die verschiedenen Auktionsformen auswirken. Die vier zentralen Annahmen, die in den folgenden Unterabschnitten mit Blick auf betriebliche Einkaufsauktionen ausführlich diskutiert werden, sind (McAfee und McMillan 1987a, S. 706):

1. Risikoneutrale Bieter
2. Unabhängige private Wertschätzungen (Independent Private Values)

3. Bieter mit symmetrischen Wertschätzungen und Informationen
4. Der Preis des Auktionsobjekts wird nur durch die Gebote bestimmt

Eine weitere, fünfte wichtige Annahme ist, dass es keine Absprachen zwischen den verschiedenen Bietern gibt, d. h. die Situation einem nicht-kooperativen Spiel entspricht. Gerade bei wiederholten Auktionen steigt der Anreiz für die Teilnehmer, durch Preisabsprachen einen für sie günstigen Preis durchzusetzen (McAfee und McMillan 1987a, S. 724).

3.1.2.1 Risikoeinstellung der Bieter

Das RET von Vickrey unterstellt, dass die teilnehmenden Bieter risikoneutral sind, d. h. unabhängig von den erwarteten Eintrittswahrscheinlichkeiten ihre erwarteten Auszahlungen maximieren. Aufgrund der Annahme konkaver Nutzenfunktionen bzw. dem Gesetz vom abnehmenden Grenznutzen unterstellt die ökonomische Theorie, dass die meisten Menschen risikoavers sind. Eine Person ist dann strikt Risikoavers, wenn sie stets den Mittelwert einer Lotterie als sicheren Geldbetrag gegenüber der Lotterie selbst bevorzugt.

Für die Gestaltung von Auktionen ist die Berücksichtigung der Risikoeinstellung der Bieter wichtig, da sie das Kalkül bei der Festlegung des eigenen Gebotes beeinflussen kann. Bei Englischen und Zweitpreisauktionen verändert sich durch die Risikoaversion das Kalkül der Bieter nicht, da die Bieter weiterhin bis zur Höhe ihrer Werteinschätzung, bzw. ihrem Reservationspreis bieten (bei einer Englischen Auktion gibt es streng genommen keine Unsicherheit, da die Bieter stets ihre resultierende Auszahlung exakt bestimmen können). Bei Erstpreisauktionen bzw. Holländischen Auktionen hingegen steigern die Bieter ihren erwarteten Nutzen, wenn sie ihre Gebote erhöhen. Sie vergrößern dadurch die Wahrscheinlichkeit die Auktion zu gewinnen und nehmen gleichzeitig in Kauf, dass ihr Auktionserlös aufgrund des höheren Gebotes reduziert wird (Riley und Samuelson 1981 S. 388). Damit ergibt sich bei Risikoaversion der Bieter eine Auflösung des Revenue Equivalence Theorems, Erstpreis- und Holländische Auktion führen zu höheren Erlösen als Zweitpreis- und Englische Auktionen.

Für die Gestaltung von Auktionen im Beschaffungsmanagement ist dieses Ergebnis dann relevant, wenn von risikoaversen Bietern ausgegangen wird. Die ökonomische Theorie geht grundsätzlich davon aus, dass Unternehmen risikoneutral sind und ihren erwarteten Gewinn maximieren. Demgegenüber lässt sich erwarten, dass einzelne Akteure innerhalb des Unternehmens wie zum Beispiel die in einer Auktion bietenenden „Verkäufer“ durchaus risikoavers sind. Ihr Einkommen und ihre berufliche Beurteilung hängen letztendlich davon ab, welchen tatsächlichen Beitrag sie zum Unternehmensergebnis geleistet haben. Es ist daher zu erwarten, dass sich die für die Angebotsabgabe Verantwortlichen risikoavers verhalten.

Arbeitshypothese 3: Aufgrund der Risikoaversion von Bietern führen Erstpreisauktionen zu tendenziell günstigeren Preisen als Zweitpreis- oder Englische Auktionen.

3.1.2.2 Unterschiedliche Wertschätzungen der Bieter

Die Bewertung des Auktionsobjektes durch die Bieter hat entscheidenden Einfluss auf das Verhalten der Bieter in einer Auktion. In der ökonomischen Analyse wird daher zwischen drei grundsätzlichen Fällen von Wertschätzungen unterschieden: unabhängigen privaten Wertschätzungen *(engl.: **Independent Private Values**)*, übereinstimmenden Wertschätzungen *(engl.: **Common Values**)* und affiliierten Wertschätzungen *(engl.: **Affiliated Values**)* (Bormann 2003, S. 66).

Im Standardmodell von Vickrey wird davon ausgegangen, dass aufgrund unterschiedlicher Präferenzen die Auktionsteilnehmer das Gut unterschiedlich beurteilen. Außerdem ist ihre eigene Beurteilung unabhängig davon, wie die anderen Bieter das Gut bewerten. Man spricht daher von einem Modell unabhängiger privater Wertschätzungen bzw. Independent Private Values, IPV (Engelbrecht-Wiggans 1983, S. 93). Das IPV-Modell wird in der Regel als Standardmodell der Auktionstheorie genutzt, da sich daran am klarsten die wesentlichen Aussagen der Auktionstheorie darstellen lassen. Das IPV-Modell beschreibt die Situation bei Auktionen von Kunst und Sammlerstücken wie zum Beispiel Briefmarken solange die Teilnehmer das Auktionsobjekt als Konsumgut betrachten und nicht als Spekulanten, Investoren oder Weiterverkäufer auftreten (Krishna 2002, S. 3).

Demgegenüber steht das Modell übereinstimmender Wertschätzungen (Common Values, CV) bei dem der letztendliche Wert des Gutes für alle Teilnehmer gleich ist, die Teilnehmer aber unterschiedliche Erwartungen über seinen tatsächlichen Wert haben. Das CV-Modell, welches von Robert Wilson Ende der 1960er Jahre entwickelt wurde, ist im Zusammenhang mit den Auktionen von Ölförderrechten in den USA populär geworden (Voicu 2002, S. 10). Da alle Teilnehmer nur das in dem versteigerten Gebiet vorhandene Öl fördern können, ist davon auszugehen, dass alle Teilnehmer eine gleiche Wertschätzung für das Fördergebiet haben. Allerdings unterscheiden sich die Teilnehmer in ihren Erwartungen über die Menge Öl, die extrahiert werden kann, über die Kosten der Ölförderung und ggf. über die Entwicklung des Ölpreises. Typischerweise wird derjenige Auktionsteilnehmer am höchsten bieten und die

Auktion gewinnen, der die optimistischste Erwartung über die relevanten Faktoren Menge Öl, Kosten und Ölpreis hat. Dies kann dazu führen, dass die Gewinner solcher Auktionen die erwarteten Erträge systematisch überschätzen, und insgesamt ein Verlustgeschäft machen. Für diesen Effekt wurde in der Auktionstheorie der Terminus „Fluch des Gewinners" (*engl. Winner's Curse*) geprägt. Seit der Erklärung der Ergebnisse von Ölauktionen durch dieses Phänomen durch Capen, Clapp und Campbell (Capen et al. 1971) hat es eine Vielzahl von empirischen und theoretischen Arbeiten zur Untersuchung des Winner's Curse gegeben. Das CV-Modell ist immer dann relevant, wenn das Auktionsobjekt Gegenstand einer weiteren gewinnbringenden Maßnahme ist, bzw. noch nicht abschließend bewertet werden kann.

Die Unterscheidung zwischen Private und Common Values wird auch als Unterschied zwischen der Unsicherheit über die Präferenzen und der Unsicherheit über die Qualität erklärt. Im IPV-Modell kennen die Akteure ihre eigene Präferenz für das Gut, sind aber unsicher darüber wie die Präferenzen der anderen Bieter verteilt sind. Im Fall der Common Values haben alle Teilnehmer identische Präferenzen für das Auktionsobjekt. Die Teilnehmer sind aber unsicher darüber, welche Qualität und somit welchen Wert das Gut für alle haben wird (Engelbrecht-Wiggans 1983, S. 57/58). Unabhängig davon, in welchem Modell man sich befindet, gilt aber grundsätzlich weiterhin das RET, solange die zuvor genannten vier Annahmen zutreffen und die Einschätzungen über den Wert im CV-Modell unabhängig voneinander sind (Klemperer 1999, S. 232).

In einem übergreifenden Ansatz entwickelten Milgrom und Weber 1982 das sogenannte Affiliated Values (AV-) Modell. Im AV-Modell sind die Wertschätzungen der Bieter von einander abhängig bzw. korrelieren miteinander.[34] Statistisch ähnelt das Konzept der *Affiliation* dem der Korrelation, da es bedeutet, dass eine hohe Bewertung durch die Einschätzung des einen, eine hohe Bewertung durch die Einschätzung der anderen wahrscheinlicher macht. Im Konkreten kann dies z.B. der Fall sein, wenn ein Kunstwerk nicht nur für den privaten Gebrauch gekauft wird, sondern auch mit dem Gedanken, es weiter zu verkaufen. In diesem Fall ist die Bewertung durch die anderen Bieter ein wichtiges Signal, was bei der Festlegung der eigenen Wertschätzung berücksichtigt werden sollte[35] (Milgrom und Weber 1982a,

[34] Affiliieren wird im Deutschen als Fremdwort für aufnehmen oder eingliedern genutzt (www.wissen.de). Das AV-Model wird von einigen Autoren auch als eine Ausprägung eines Interdependent Values Model bezeichnet, bei dem die Wertschätzungen der Bieter voneinander abhängen (Krishna 2002, S. 83ff.).

[35] Milgrom und Weber unterstreichen daher stets, dass eine wichtige Vorrausetzung für das Standardmodell ist, dass die Bieter in der Auktion die eigene Wertschätzung genau kennen (Milgrom und Weber 1982a, S. 1091).

S. 1095/1096). Das AV-Modell wird auch als generalisiertes Modell beschrieben, da sich sowohl das IPV- als auch das CV-Modell darin abbilden lassen. Im IPV-Modell wird der Parameter für die Affiliation 0 gesetzt, im Falle des CV-Modells ist er gleich 1 (Milgrom und Weber 1982a, S. 1098).

Zentrales Ergebnis der Arbeit von Milgrom und Weber ist, dass bei Affiliation der Wertschätzungen das RET nicht mehr gilt. Da die Wertschätzung der anderen Bieter in die eigene Wertschätzung mit einfließt, ist in einem solchen Fall eine Auktion erlössteigernd, bei der die Bewertung der anderen Bieter berücksichtigt werden kann. Dies ist in seiner Gänze nur bei der Englischen Auktion der Fall, folglich führt sie zu den höchsten Erlösen für den Auktionator. Hier gilt auch nicht mehr die Äquivalenz zwischen Englischer und Zweitpreisauktion und es lässt sich zeigen, dass die Zweitpreisauktion zu größeren Erlösen führt, als Holländische oder Erstpreisauktion (Wolfstetter 1998, S. 16). Aus Sicht des Auktionators der seinen Erlös maximieren will, ergibt sich damit die folgende Reihung:

Englische Auktion ≥ Zweitpreisauktion ≥ Holländische Auktion = Erstpreisauktion

Für die Anwendung im Rahmen von Beschaffungsauktionen sollte daher genau geprüft werden, welches Wissen die Bieter über das Beschaffungsobjekt haben, und wie sie die Kosten dafür einschätzen. Sind die damit verbundenen Kosten und Aufwendungen für die verschiedenen Bieter vergleichbar, aber noch nicht genau abschätzbar, befinden sich die Bieter in einem CV-Modell. In diesem Fall, kann es sein, dass die Lieferanten zu günstige Gebote vorlegen, also Opfer des Winner's Curse Phänomens werden. Dies könnte beispielsweise für folgende Beschaffungsobjekte zutreffen:

- Forschungs- und Entwicklungsvorhaben, Design- und Gestaltungsaufgaben, IT-Projekte

Bei diesen Beschaffungsobjekten spielen neben dem Preis auch viele nicht standardisierbare qualitative Komponenten eine wichtige Rolle bei der Vergabe. Daher werden in diesen Bereichen häufig Lieferanten bevorzugt, zu denen bereits ein partnerschaftliches Verhältnis existiert, oder bei denen langjährige positive Erfahrungen in der Zusammenarbeit bestehen. Hier ist es insgesamt unwahrscheinlich, dass Einkaufsauktionen zum Einsatz kommen, da sie von den meisten Lieferanten eher ablehnend betrachtet werden (siehe Abschnitt 2.4). Der Fall der Common Value Modelle und ihrer Implikationen wird daher in dieser Arbeit nur begrenzt weiter vertieft.

Sind die Kosten einer Leistung bereits bekannt oder absehbar und im Wesentlichen von den Lieferanten selbst abhängig, so ist von einem „IPV-Modell" auszugehen. Grundsätzlich trifft der IPV-Kontext für sämtliche stark standardisierbaren Beschaffungsobjekte zu, z. B. für:

- Transport- oder Servicedienstleistungen, Rohmaterialen, standardisierte Industrieprodukte, Konsumgüter (z. B. Bürobedarf, Computer), Verpackungen

Affiliation existiert dann, wenn die Lieferanten ihre Wertschätzungen bzw. Kosten von den Geboten der Wettbewerber abhängig machen. Dies kann z. B. der Fall sein, wenn die Auktionsteilnehmer bei günstigeren konkurrierenden Angeboten bereit sind, ihre einkalkulierte Gewinnmarge zu reduzieren. Analog ist es möglich, dass die Bieter ihre eigenen Produktivitätsziele erhöhen, wenn sie sehen, dass Wettbewerber günstiger anbieten. Da ein solches Verhalten in kompetitiven Industrien durchaus üblich ist, ist das Affiliation Model grundsätzlich gut geeignet, um Einkaufsauktionen in stark kompetitiven Beschaffungsmärkten zu beschreiben. Englische Auktionen können daher Vorteile gegenüber anderen Auktionsformen bei der Beschaffung auf solchen kompetitiven Märkten haben.

Arbeitshypothese 4: Bei kompetitiven Bietern führen Englische Auktionen zu größeren Einsparungen, da die Auktionsteilnehmer ihre eigenen Gewinnmargen und Produktivitätsziele an die Gebote der Wettbewerber anpassen.

3.1.2.3 Symmetrien und Asymmetrien zwischen den Bietern

In dem von Vickrey entwickelten Standardmodell für Auktionen wird angenommen, dass die Bieter symmetrisch sind. Symmetrie bedeutet dabei, dass erstens die Wertschätzungen aller Bieter auf ein und dieselbe Verteilungsfunktion zurückzuführen sind und zweitens, dass alle Bieter dieselben Informationen bezüglich dieser Verteilungsfunktion haben. Man spricht in diesem Zusammenhang entweder vom symmetrischen Modell oder vom homogenen Fall (Vickrey 1961, S. 17; McAfee und McMillan 1987a, S. 714) Diese Annahme ist von grundlegender Bedeutung für die Abschätzung des Bietverhaltens der Auktionsteilnehmer. Insbesondere im Beschaffungsmanagement ist diese Annahme aber nicht immer haltbar. Es ist durchaus möglich, dass die Bieter gänzlich verschiedene Kosten haben, zum Beispiel weil einzelne Bieter in Niedriglohnländern produzieren oder weil sie über andere Produktionstechnologien verfügen. Für diese Fälle sind Auktionen mit asymmetrischen Kostenverteilungen zu untersuchen. Wenn einige der Auktionsteilnehmer bereits wiederholt an einer vergleichbaren Auktion teilgenommen haben, haben sie ggf. einen Informationsvorsprung gegenüber Bietern, die zum ersten Mal an einer solchen Auktion teilnehmen. Für diesen Fall sind Auktionen mit asymmetrischen Informationen zu untersuchen (Compte und Jehiel 2002, S. 343).

a) Asymmetrische Kostenverteilungen

Bereits in seiner ersten Arbeit zur Auktionstheorie zeigte Vickrey, dass wesentliche Ergebnisse wie das Revenue Equivalen Theorem nicht mehr gültig sind, wenn die Wertschätzungen bzw. die Kosten[36] der Bieter unterschiedlichen Verteilungsfunktionen folgen. Im Modell wird dabei davon ausgegangen, dass die Kosten der Auktionsteilnehmer anhand unterschiedlicher Verteilungsfunktionen abgeschätzt werden müssen. Die Funktionen sind dergestalt, dass es einen „stärkeren" Bieter gibt, für den die kumulierte Wahrscheinlichkeit dafür, dass seine Kosten unter einer beliebig vorgegebenen Schwelle bleiben, höher ist, als bei allen anderen „schwächeren" Bietern.[37] Grundsätzlich gilt, dass sich für Englische- und Zweitpreisauktionen keine Veränderungen beim Verhalten der Akteure ergeben, da es weiterhin ihre dominante Strategie ist, entsprechend ihrer Wertschätzung bzw. Kosten zu bieten. Demgegenüber passen die Bieter bei einer Holländischen- oder Erstpreisauktion ihre Strategien an, indem sie berücksichtigen, wie sich die Wertschätzungen bzw. Kosten zwischen den Bietern unterscheiden (Güth et al. 2001, S. 5/6).

Für den Fall, dass der „stärkere" Bieter immer günstigere Kosten hat als die anderen „schwächeren" Bieter,[38] führt eine Erstpreisauktion zu günstigeren Preisen als eine Englische- oder Zweitpreisauktion. Dies ist dadurch zu erklären, dass es für den Bieter mit der günstigeren Kostenverteilung bei der Erstpreisauktion optimal ist, genau den Preis der Untergrenze des teureren Bieters zu bieten (Maskin und Riley 1998, S. 6). Er stellt damit sicher, dass die anderen „schwächeren" Bieter sein Gebot nicht unterbieten können, ohne Verluste einzugehen. Bei einer Englischen Auktion würde der Auktionspreis durch das letzte Angebot eines „schwächeren" Bieters bestimmt, welches typischerweise oberhalb seiner statistischen Untergrenze liegt.[39] Maskin und Riley zeigen, dass Vergleichbares gilt, wenn die Wahrscheinlichkeitsverteilung des stärkeren Bieters nur seitlich verschoben ist, d.h. die Kostenober-

[36] Vickrey entwickelt sein Argument für Verkaufsauktionen anhand von Asymmetrien über die Wertschätzungen. Für Einkaufsauktionen kann man entsprechend von Asymmetrien bei den Kosten der Lieferanten sprechen.

[37] Im statistischen Sinne spricht man von stochastischer Dominanz erster Ordnung (Maskin und Riley 1998, S. 3).

[38] Das bedeutet, dass die Kostenobergrenze der Wahrscheinlichkeitsverteilung des „stärkeren" Bieters immer unterhalb der Kostenuntergrenzen der für die „schwächeren" Bieter geltenden Wahscheinlichkeitsverteilungen liegt.

[39] Für ein einfaches numerisches Beispiel siehe Samuelson 2001, S. 312.

grenze des „stärkeren“ Bieters oberhalb der Kostenuntergrenzen der „schwächeren“ Bieter liegt. Eine Englische Einkaufsauktion führt daher immer dann zu höheren Preisen als eine Erstpreis-Einkaufsauktion, wenn es einen deutlich günstigeren Bieter gibt. Grundsätzlich gilt dieser Vorteil der Holländischen- und Erstpreisauktionen über Englische Auktionen für alle asymmetrischen, aber gleichverteilten Kosten[40] bzw. Wertschätzungen (Krishna 2002, S. 53).

Aus Sicht des Unternehmens, welches die Beschaffungsauktion veranstaltet, sowie aus Sicht der an der Auktion beteiligten Lieferanten ist es sicherlich schwierig abzuschätzen, wie die Verteilung der Kosten strukturiert ist. Allerdings kann es Fälle geben, bei denen allgemein bekannt ist, dass einer der Bieter deutlich günstiger anbieten kann als die anderen (z.B. aufgrund von anderen Technologien oder deutlicher Vorteile bei den Lohnkosten). In diesem Falle ist es ratsam eine Holländischeoder Erstpreisauktion durchzuführen, da diese zu einem günstigeren Preis führt als eine Englische Auktion.

Arbeitshypothese 5: Ist zu erwarten, dass einer der Lieferanten deutlich günstiger ist als die anderen, führt eine Holländische- oder Erstpreisauktion zu günstigeren Preisen als eine Englische- oder Zweitpreisauktion.

Grundsätzlich gilt aber, dass bei asymmetrischen Bietern das Ergebnis für den Auktionator ungünstiger ist als in einer vergleichbaren Auktion mit symmetrischen Bietern. Die Asymmetrie führt dazu, dass sich der Wettbewerb abschwächt und die stärkeren Bieter insgesamt weniger aggressiv bieten (Cantillon 2005, S. 10). Das bedeutet natürlich nicht, dass bei einer Einkaufsauktion deswegen besonders günstige Bieter ausgeschlossen werden sollten, vielmehr sollten Wege gefunden werden, den Kostenvorteil zur Intensivierung des Wettbewerbs auszugleichen.

Langfristig ist es im strategischen Sinne für wichtige Gütergruppen immer richtig, mehrere wettbewerbsfähige Lieferanten zu entwickeln (siehe Abschnitt 2.2.2). Kurzfristig besteht aber die Möglichkeit auch im Rahmen der Auktion den stärkeren, günstigeren Anbieter zu veranlassen, aggressiver zu bieten. McAfee und McMillan zeigen, dass die in den USA, Kanada und Australien verwendete Praxis bei Ausschreibungen für Militärgüter ausländische Anbieter systematisch zu diskriminieren, durchaus sinnvoll sein kann. In diesen Ländern ist es gesetzlich vorgeschrieben, dass (günstigere) ausländische Anbieter die einheimischen Anbieter bei einer öffentlichen Ausschreibung um einen fixen Prozentsatz (i.d.R. 5–15%) unterbieten müs-

[40] Nur für den in der Praxis unwahrscheinlichen Fall, dass die Wahrscheinlichkeitsmasse über demselben Intervall unterschiedlich verteilt ist, führt hingegen die Englische bzw. Zweitpreisauktion zu günstigeren Preisen für den Auktionator (Maskin und Riley 1998, S. 25).

sen (McAfee und McMillan 1989, S. 292). McAfee und McMillan beweisen, dass diese Praxis nicht nur aus protektionistischen Interessen her verständlich ist, sondern auch dazu führt, dass der in der Ausschreibung erzielte Preis stärker sinkt. Die eigentlich günstigeren (i.d.R. ausländischen) Anbieter sind aufgrund der Diskriminierung gezwungen einen besseren Preis anzubieten, damit sie mit den bevorzugten (i.d.R. einheimischen) Anbietern konkurrieren können (McAfee und McMillan 1989, S. 297). Anhand von Simulationen kann gezeigt werden, dass die prozentuale Diskriminierung stets kleiner sein muss, als das erwartete Kostendifferential zwischen einheimischen und ausländischen Lieferanten. Bei einem Kostendifferential von 50% beispielsweise ergibt sich eine optimale Diskriminierung von ca. 17–18%. Diese Praxis der systematischen Diskriminierung lässt sich allerdings nur schwer auf den betrieblichen Kontext übertragen, ohne eine Verschlechterung des Verhältnisses zu den so benachteiligten Lieferanten zu erwarten. Wie in Abschnitt 2.4 beschrieben, stehen Lieferanten dem Einsatz von Einkaufsauktionen ohnehin sehr kritisch gegenüber.

Ein ähnlicher Ansatz wie der von McAfee und McMillan beschriebene ist anscheinend in den Niederlanden bei so genannten Prämienauktionen verbreitet.[41] Dort wird eine Auktion mit hybridem Design in zwei Stufen durchgeführt. Eine Englische Tickerauktion läuft solange bis nur noch zwei Bieter übrig sind. Der Preis bei dem der drittletzte Teilnehmer aufgegeben hat, wird dann als Reservationspreis für die letzte Runde verwendet, in der die beiden übrigen Bieter in einer verdeckten Erstpreisauktion gegeneinander bieten. Allerdings bekommen hier beide Bieter vom Auktionator eine Prämie oder Subvention in Abhängigkeit der Differenz zwischen dem geringeren Gebot und dem Reservationspreis der letzten Runde. Diese Prämie hat zwei positive Effekte: Erstens führt sie dazu, dass auch schwächere Bieter am Anfang stärker bieten, um an der letzten Runde teilzunehmen. Zweitens erhöht sie die Gebote in der letzten Runde, da sich die Gebote dort direkt auf die Prämie auswirken. Bei stark asymmetrischen Teilnehmern, unter denen einer eine deutlich günstigere Kostenstruktur hat, kann so ein deutlich besserer Erlös für den Auktionator erzielt werden, als bei Englischen oder Erstpreisauktionen (Goeree und Offermann 2002, S. 22). Ein wesentlicher Vorteil gegenüber dem oben beschriebenen Verfahren ist, dass bei der Prämienauktion kein Teilnehmer diskriminiert wird. Die Prämie ist unabhängig von der Kostenstruktur der Bieter und wird sowohl dem Gewinner als auch dem zweitbesten Bieter gewährt.

[41] Prämienauktionen sind gemäß den Autoren dort weit verbreitet, sowohl bei der Versteigerung von Immobilien, als auch bei Versteigerungen von Einzelteilen aus Insolvenzmassen (Goeree und Offermann 2002, S. 3).

Arbeitshypothese 6: Bestehen Anzeichen, dass ein „starker" Anbieter wesentlich günstiger ist als die anderen, sollte mittels Prämien oder Zusatzangeboten versucht werden, die Gebote der schwächeren Bieter mit höheren Kosten zu verbessern.

Unabhängig von dem erlösten Preis für den Einkäufer gilt bei asymmetrischen Bietern noch eine weitere wichtige Feststellung: der stärkere Bieter präferiert stets die Englische Auktion, da er dort erfährt, bei welchem Preis der schwächere Bieter die Auktion verlässt. Demgegenüber präferiert der schwächere Bieter die Erstpreis- oder Holländische Auktion (Maskin und Riley 1998, S. 19). Diese Feststellung ist dann wichtig, wenn die Auktionsform Auswirkung auf die Teilnahmeentscheidung der Bieter hat. Die Englische Auktion hält schwächere Bieter davon ab teilzunehmen, da diese bei einer Englischen Auktion immer überboten werden können. Dies ist bei Holländischen- oder Erstpreisauktionen nicht der Fall. In diesem Sinne können Erstpreisauktionen hilfreich sein, um eine größere Anzahl von Bietern zu attrahieren und somit mehr Wettbewerb zu induzieren (Klemperer 2002, S. 3)

b) Asymmetrische Informationen

Die Literatur über die Effekte asymmetrischer Informationen bei Auktionen bezieht sich in erster Linie auf CV-Modelle, bei denen einer der Bieter einen Informationsvorsprung gegenüber den anderen Bietern hat. Zum Beispiel wenn ein Bieter für eine Ölförderlizenz für ein spezifisches Gebiet bereits auf einem benachbarten Gebiet Öl fördert, und daher über genauere Informationen über die Förderkosten verfügt als seine Mitbewerber. Wissen die anderen Bieter, dass ein besser informierter Bieter an der Auktion teilnimmt, reduzieren sie i. d. R. ihre Gebote, da sie fürchten, sonst in stärkerem Maße Opfer des Winner's Curse zu werden (Milgrom und Weber 1982b, S. 106).[42] Wie sich die Auswahl der Auktionsform bei asymmetrischen Informationen zwischen den Bietern auswirkt, hängt davon ab, wie die Informationsstruktur aufgebaut ist. Es kann bei verschiedenen Auktionsformen zu unterschiedlichen Wohlfahrts- und Erlösverlusten kommen, je nach dem wie die Teilnahme des besser informierten Bieters das Verhalten der übrigen Bieter beeinflusst (Compte und Jehiel 2002, S. 352).

Für die Gestaltung von Einkaufsauktionen können keine eindeutigen Empfehlungen aus der theoretischen Literatur abgeleitet werden. Es lässt sich nur grundsätzlich

[42] Die weniger gut informierten Bieter können nur gewinnen, wenn sie den besser informierten Bieter überbieten. Das passiert vor allem dann, wenn sie zu hoch bieten.

darauf hinweisen, dass es wichtig ist, zu verhindern, dass Bieter den Eindruck haben, einer der Bieter hätte einen systematischen Informationsvorsprung. Dies könnte dazu führen, dass die anderen Bieter weniger bieten oder sogar ganz auf die Teilnahme an der Auktion verzichten.

3.1.2.4 Erfolgsabhängige Preise, Eintritts- und Reservationspreise

In der ökonomischen Analyse von Auktionen rückte mit Beginn der 1980er Jahre die Frage nach der optimalen Auktion zur Maximierung des Erlöses in den Mittelpunkt vieler Untersuchungen (Bulow und Roberts 1989, S. 1060).[43] Dabei stellte sich heraus, dass die von Vickrey untersuchten vier Standardauktionsformen zur Erlösmaximierung durch verschiedene Maßnahmen verbessert werden können. Wesentlicher Ansatzpunkt ist dabei vor allem die Beeinflussung des Auktionspreises, wobei zwischen drei grundsätzlichen Ansätzen unterschieden werden kann.

a) Grundsätzliche Reservationspreise als Mindest- oder Anfangsgebot
b) Eintrittspreise für alle Teilnehmer
c) Erfolgsabhängige Preise in Abhängigkeit später beobachtbarer Größen

a) Reservationspreise
Im Rahmen der Analyse von optimalen Auktionen, also Auktionen, die den erwarteten Erlös des Auktionators maximieren, zeigte eine Reihe von Autoren, dass es sich für den Auktionator lohnt, einen Reservationspreis zu setzen (Maskin und Riley 1980, S. 11; Riley und Samuelson 1981, S. 385). In einer Umwelt, in der die übrigen Annahmen des RET gelten (Risikoneutralität und IPV-Modell), muss der erlösmaximierende Reservationspreis über der tatsächlichen Bewertung des Auktionators liegen. Die teilnehmenden Bieter werden durch einen solchen überhöhten Reservationspreis veranlasst, aggressivere Gebote abzugeben (Engelbrecht-Wiggans 1983, S. 79/80). Grundsätzlich steigt dadurch aber auch das Risiko, dass es zu gar keinem Handel kommt, wenn der Reservationspreis über der maximalen Zahlungsbereitschaft aller Bieter liegt. Das Vorgehen entspricht im Prinzip dem eines Monopolisten, der gemäß der Monopoltheorie seine Menge gewinnmaximierend verknappt, um zu einem Preis über seinen tatsächlichen Grenzkosten verkaufen zu können. Das Ergebnis entspricht nicht mehr den ökonomischen Effizienzkriterien, resultiert aber aus der Gewinnmaximierung des Monopolisten (Bulow und Roberts 1989, S. 1067).

[43] Die wichtigsten und in der Regel meistzitierten Arbeiten aus dieser Zeit sind Myerson 1981, Harris und Raviv 1981, Riley und Samuelson 1981, Maskin und Riley 1980 und Milgrom und Weber 1982.

Für die Gestaltung von Einkaufsauktionen lässt sich grundsätzlich schließen, dass ambitionierte Reservationspreise bzw. Anfangspreise genutzt werden sollten, oberhalb derer keine Beschaffung erfolgt. Allerdings ist die Ableitung eines optimalen Reservationspreises für eine Einkaufsauktion nicht trivial, da sie eine genaue Kenntnis der Verteilung der Kosten der Bieter voraussetzt.[44] Bei der Wahl des Reservationspreises muss außerdem berücksichtigt werden, dass es womöglich zu keinem Handel kommt, wenn dieser zu ambitioniert gesetzt wurde. Daraus folgt, dass ambitionierte Reservationspreise bzw. Anfangspreise nur dann möglich sind, wenn keine Versorgungsengpässe drohen, und die Möglichkeit besteht, eine erneute Auktion durchzuführen. Darüber hinaus muss berücksichtigt werden, dass ein zu ambitionierter Reservationspreis dazu führen kann, dass mögliche Bieter davon abgehalten werden, an der Auktion teilzunehmen. Letzteres wiederum kann sich negativ auf die erwarteten Preise auswirken, weswegen ambitionierte Reservationspreise nur sinnvoll sind, wenn die Anzahl der Teilnehmer bereits fest steht.

Arbeitshypothese 7: Durch die Wahl eines ambitionierten Reservationspreises können günstigere Preise bei Einkaufsauktionen erzielt werden, insbesondere dann, wenn die Anzahl der Teilnehmer bereits fest steht.

b) Eintrittspreise

Für den Fall risikoaverser Bieter lässt sich modelltheoretisch zeigen, dass der Erlös von Erstpreisauktionen vergrößert werden kann, wenn alle Auktionsteilnehmer einen Beitrag oder Eintrittspreis zahlen müssen (Maskin und Riley 1980, S. 44). In so einem Modell, verstärkt sich die Risikoaversion der Bieter bzw. ihre Angst nicht zu gewinnen. Entsprechend sind alle Bieter bereit, höher zu bieten um so ihre Gewinnchance zu verbessern und das Risiko eines Verlustes zu verringern.

Für die Gestaltung von Einkaufsauktionen ist die systematische Erhebung von Eintrittspreisen wenig praktikabel. Zwar wäre es denkbar, dass alle Teilnehmer eine entsprechende Gebühr bezahlen oder bereits einen gewissen Teil der Lieferung ohne jegliche Bezahlung liefern, es ist aber unwahrscheinlich, dass sich eine solche Praxis in der Realität durchsetzen ließe. Darüber hinaus würde sich eine solche Praxis vermutlich negativ auf die Anzahl der teilnehmenden Unternehmen auswirken, was wiederum negative Folgen für den zu erwartenden Preis hätte.

---

[44] Für das Standardmodell berechnet sich der optimale Reservationspreis r^* gemäß der Formel $r^* = r_0 + (1 - F(r^*))/f(r^*)$, wobei r_0 den wahren Reservationspreis beschreibt und F(.) die allgemein bekannte Verteilungsfunktion der Kosten der Bieter mit der Dichtefunktion f(.) beschreibt (Bormann 2003, S. 84 u. 67; Samuelson und Riley 1981, S. 385).

c) Erfolgsabhängige Preise und Kostenbeteiligungen

Im Fall von CV-Modellen zeigt sich erst im Nachhinein, wie hoch der tatsächliche Wert des Auktionsobjektes ist. In einem solchen Kontext ist es möglich, das Risiko für die Bieter dadurch zu reduzieren, dass ein Teil der Zahlung nicht während der Auktion durch die Gebote bestimmt wird, sondern erst später in Abhängigkeit des tatsächlichen Wertes. In der Praxis ist dies vor allem für den Verkauf von Ölförderrechten für abgeschlossene Gebiete relevant gewesen, es könnte aber ebenso für Einkaufsauktionen mit großer Unsicherheit über die tatsächlichen Kosten (z. B. bei Entwicklungsaufträgen) genutzt werden. Für eine Einkaufsauktion ähnelt ein erfolgsabhängiger Preis einem so genannten Cost-plus Geschäft, bei dem sich das beschaffende Unternehmen an den tatsächlichen Kosten beteiligt. Eine solche Praxis wird zum Beispiel bei der Beschaffung von neuen Waffensystemen durch Regierungen häufig genutzt (Samuelson 1983, S. 393). Bei einer solchen Auktion wird die Zahlung an den Auktionsgewinner in zwei Teile unterteilt: einen fixen Preis und eine prozentuale Beteiligung an den endgültigen Kosten. Entsprechend lassen sich drei verschiedene Ausgestaltungen der Auktion unterscheiden:

- Die Bieter bieten für einen günstigen Fixpreis, die prozentuale Kostenbeteiligung wird durch das beschaffende Unternehmen festgelegt
- Die Bieter bieten für eine günstige prozentuale Kostenbeteiligung und der Fixpreis wird durch das beschaffende Unternehmen festgelegt
- Die Bieter bieten für die Kostenbeteiligung und für den Fixpreis

Der Vorteil der Kostenbeteiligung liegt darin, das Teile des Risikos der Bieter, Opfer des Winner's Curse zu werden, reduziert werden können. Dies führt in Folge zu einem aggressiveren Gebotswettbewerb bei der Auktion und somit zu günstigeren Preisen für den Auktionator (McAfee und McMillan 1987a S. 717). Grundsätzlich muss bei solchen Verträgen aber das *Moral Hazard* Problem berücksichtigt werden, da bei den Bietern der Anreiz zur Kostenvermeidung sinkt, wenn die prozentuale Kostenbeteiligung zu hoch ist. Die entsprechende Kostenbeteiligung sollte daher nicht nahe bei 100% liegen.

Für die Gestaltung von Beschaffungsauktionen sind Kostenbeteiligungen lediglich dann geeignet, wenn Unsicherheit über die tatsächlichen Kosten zum Zeitpunkt der Beschaffung bzw. des Vertragsabschlusses herrscht (siehe auch CV-Modelle in 3.1.2.2). Wie entsprechende Verträge in Abhängigkeit von der spezifischen Situation gestaltet werden sollten, ist Bestandteil der Vertragstheorie und kann an dieser Stelle nicht umfassend behandelt werden. Ein Überblick über die wichtigsten Ergebnisse der Vertragstheorie findet sich bei Bolton und Dewatripont 2005.

3.1.2.5 Kollusion und Kartelle

Eine zentrale Annahme in den meisten ökonomischen Analysen von Auktionen ist die Abwesenheit von Absprachen zwischen den Bietern bzw. die Annahme dass sich alle Teilnehmer nicht-kooperativ verhalten. In der Realität kann nicht erwartet werden, dass dies immer der Fall ist. Aus verschiedensten Auktionen wird berichtet, dass Absprachen zwischen den Bietern vermutet bzw. regelmäßig beobachtet werden. Nicht nur bei Verkaufsauktionen, sondern insbesondere bei der Vergabe öffentlicher Aufträge mittels Ausschreibungen (also tendenziell bei Erstpreisauktionen) gibt es eine Vielzahl von Fällen, bei denen Absprachen der Bieter offensichtlich wurden (McAfee und McMillan 1992, S. 580 u. 584). Es ist daher zu vermuten, dass es nicht nur im Bereich der öffentlichen Beschaffung, sondern auch bei privaten Unternehmen zu Korruption und Preisabsprachen bei der Auftragsvergabe kommt.[45]

Bei solchen Preisabsprachen versuchen die Mitglieder des Bieterkartells gemeinsam einen Preis zu vereinbaren, den dann ein Mitglied bei der Auktion bzw. Ausschreibung bietet – man spricht in diesem Zusammenhang auch von Kollusion.[46] Alternativ zu einer direkten Preisabsprache (man spricht in dem Zusammenhang von expliziter Kollusion) ist es möglich, dass sich Teilnehmer des Bieterkartells von der Auktion fernhalten, bzw. während der Auktion nur geringe Gebote abgeben, ohne dass es eine spezifische Absprache gibt (man spricht in dem Zusammenhang von impliziter bzw. stillschweigender Kollusion) (Blume und Heidhus 2001, S. 3). Wird die Auktion zu einem günstigeren Preis gewonnen, so kann die Differenz zwischen der höchsten Zahlungsbereitschaft eines Kartellmitgliedes und dem tatsächlich erzielten Preis zwischen den Teilnehmern des Bieterkartells durch Sonderzahlungen als zusätzlicher Gewinn aufgeteilt werden. Bei stillschweigender Kollusion gibt es keine Seitenzahlungen, aber der Markt wird entweder zeitlich oder räumlich zwischen den Bietern aufgeteilt. Wenn die Bieter sich untereinander kennen und wiederholt gemeinsam an Auktionen teilnehmen, ist die Gefahr von Kollusion besonders hoch (Ivaldi et al. 2003, S. 62).[47]

---

[45] In der Tat häuften sich im Jahr 2006 Berichte über Korruption im Einkauf in den verschiedensten Industriezweigen. Neben Bestechungen von Einkäufern durch Zulieferer in der Automobilindustrie gab es ähnliche Fälle bei den Handelsriesen Metro und seinen Töchtern Saturn und Media Markt sowie beim Möbelhaus Ikea (Tagesspiegel 2006).

[46] Im Bereich der öffentlichen Auftragsvergabe spricht man auch von Submissionsabsprachen.

[47] Aus der Spieltheorie ist bekannt, dass bei wiederholten Spielen (sogenannten Superspielen) kooperatives Verhalten rational sein kann, auch wenn es bei jedem einzelnen Spiel nicht rational wäre (siehe z. B. Holler und Illing 1992, S. 24–26).

Das bedeutet für die Beschaffung, dass bei regelmäßig wiederholten Auktionen mit gleichem oder ähnlichem Bieterkreis (der sich gegenseitig identifizieren kann) die Gefahr von Kollusion besonders groß ist.

Arbeitshypothese 8: Bei regelmäßig wiederholten Beschaffungsvorgängen mit einem beschränkten Bieterkreis ist die Gefahr von Kollusion besonders groß.

Grundsätzlich gilt, dass die Ausgestaltung von Auktionen sowohl die Entstehung von Kollusion, als auch deren langfristige Stabilität beeinflussen kann. Populäre Beispiele, für die Entstehung von Kollusion während Auktionen finden sich im Bereich der Auktionen von Mobilfunkfrequenzen. Sowohl in den USA als auch in Deutschland konnten Bieter bei den verwendeten Englischen Auktionen über die Gestaltung ihrer Gebote (z.B. durch die Nachkommastellen) den anderen Bietern vorschlagen, wie der Markt ohne übermäßigen Wettbewerb aufgeteilt werden kann (Klemperer 2001, S. 3). Gleichzeitig gilt, dass Englische Auktionen die Existenz stabiler Bieterkartelle erleichtern, da die Mitglieder es während der Auktion beobachten und durch höhere Gebote bestrafen können, wenn ein einzelnes Kartellmitglied von der Vereinbarung abweicht. In verdeckten Auktionen wie Erst- und Zweitpreisauktionen ist eine Abweichung, wenn überhaupt, erst im Nachhinein beobachtbar. Die Kartelle sind daher nur stabil, wenn es Sanktionsmechanismen außerhalb der Auktion gegen die Abweichler gibt (Milgrom 1989, S. 18). Aber auch bei der öffentlichen Auftragsvergabe, bei denen der Erstpreisauktion ähnliche Verfahren verwendet werden, ist die Existenz von Bieterkartellen in vielen Fällen belegt (Schuler 2002, S. 1). Zur effektiven Vermeidung von kollusivem Verhalten ist es daher kaum ausreichend, sich auf Erstpreisauktionen zu verlassen. Abgesehen von der Wahl einer Erstpreisauktion werden von der ökonomischen Theorie eine Reihe weiterer Maßnahmen vorgeschlagen, die zur Vermeidung von Kollusion bzw. Abschwächung der negativen Effekte aus Kollusion beitragen können (Hornych 2005, S. 65ff.; Hendricks und Porter 1989, S. 10–12). Grundsätzlich können alle diese Maßnahmen auch bei Einkaufsauktionen angewendet werden:

- Durch **reduzierte Informationsabgabe** kann die Koordination des Kartells erschwert werden. Zum Beispiel kann vermieden werden, dass Auktionsgewinner und Höchstgebote bekannt gegeben werden. Bei einer Englischen Auktion sehen die Teilnehmer dann nur Variablen für die anderen Bieter und entsprechende Ränge für ihre Position.

- **Unsichere Bestimmung des Auktionsgewinners:** Wenn der Gewinner nicht immer derjenige mit dem besten Gebot ist, sondern ggf. der mit dem zweit- oder drittbesten Gebot, wird die Koordination für das Kartell erschwert.
- **Reservationspreise** können bei Verkaufsauktionen verhindern, dass das Bieterkartell eigene, extreme Preisvorstellungen durchsetzt. Allerdings können bei endogener Bestimmung der Anzahl der Bieter auch potenzielle Wettbewerber des Kartells davon abgehalten werden teilzunehmen, wenn die Reservationspreise zu hoch (bei Verkaufsauktionen) bzw. zu niedrig (bei Einkaufsauktionen) angesetzt werden. Außerdem steigt bei extremen Reservationspreisen das Risiko, dass kein Handel zustande kommt.
- Eine **Erhöhung der Bieteranzahl** erschwert es den Teilnehmern, ein effektives und stabiles Kartell aufrecht zu erhalten. Hierbei muss darauf geachtet werden, dass die zusätzlichen Bieter bisher keinen oder nur wenig Kontakt zu den Teilnehmern hatten, die der Kartellbildung verdächtigt werden.
- Ein **Verbot von Unteraufträgen** bei Einkaufsauktionen erschwert es Bietern, durch entsprechende Aufträge Seitenzahlungen an die Kartellmitglieder zu verschleiern.

Neben diesen Maßnahmen besteht eine weitere Möglichkeit darin, dass Kartellgleichgewicht zu stören. Die Stabilität von Kartellen hängt wesentlich davon ab, dass alle Teilnehmer in vergleichbarem Maße von dem Kartell profitieren.[48] Besitzt das beschaffende Unternehmen genügend Marktmacht bei den Kartellteilnehmern, in dem Sinne, dass alle Kartellteilnehmer in vergleichbarem Maße von Aufträgen des beschaffenden Unternehmens profitieren, kann durch **Störung des Kartellgleichgewichts** der Wettbewerb mittelfristig wieder belebt werden. Wird für einen bestimmten Zeitraum nur bei einem der Kartellteilnehmer gekauft, während alle anderen Anbieter vom Wettbewerb ausgeschlossen werden, entsteht bei den ausgeschlossenen Unternehmen der Verdacht, das sich der eine Anbieter nicht mehr an die Kartellvereinbarungen hält. Wenn in späteren Perioden die Anbieter wieder zugelassen werden, ist die Wahrscheinlichkeit hoch, dass das Kartell nicht mehr funktioniert.

Durch **statistische Analysen** der Gebote können bei hinreichend großer Datenmenge Hinweise dafür gefunden werden, dass kollusives Verhalten existiert und welche Bieter daran teilnehmen. Kollusives Verhalten kann ebenso identifiziert werden, wenn Vergleichsgrößen für den fairen, wettbewerblichen Preis geschätzt und

[48] Ein Großteil der Aufdeckungen von realen Kartellen ist darauf zurückzuführen, dass es zu Streit zwischen den Kartellteilnehmern kam (McAfee und McMillan 1992, S. 579).

Abweichungen von diesem Preis nur durch mangelhaften Wettbewerb erklärt werden können. Eine Reihe empirischer Arbeiten beschäftigt sich mit der ex-post Identifikation von kollusivem Verhalten bei Beschaffungsauktionen (siehe dazu Abschnitte 6.3.4.1 und 6.3.4.2).

3.1.3 Weitere Gestaltungsaspekte einfacher Auktionen

3.1.3.1 Beendigung von Englischen Auktionen

Bei den häufig verwendeten Englischen Auktionen hat die Gestaltung des Auktionsendes entscheidenden Einfluss auf das Verhalten der Bieter. Bei den allgemein bekannten Kunstauktionen wird das jeweils höchste Gebot bis zu dreimal verkündet (zum ersten …, zum zweiten, …), wenn es dann kein höheres Gebot gibt, ist die Auktion beendet. Bei dem populären Internetauktionshaus Ebay hingegen, läuft die Auktion bis zu einem bestimmten Zeitpunkt und ist dann beendet. Während das bei Kunstauktionen übliche Prozedere dazu führt, dass sich die Bieter verhalten wie in Abschnitt 3.1.2 beschrieben, ändert sich ihr Kalkül bei einem zeitlich fixierten Ende. Ockenfels und Roth zeigen in einem Modell, dass es bei zeitlich fixiertem Ende nicht rational ist, die volle Zahlungsbereitschaft zu bieten. Stattdessen zahlt es sich aus, bis zum letzten Augenblick abzuwarten, um dann das aktuell gültige Gebot nur inkrementell zu überbieten (Ockenfels und Roth 2003, S. 8).[49] Damit steigt der erwartete Gewinn aus der Auktion für die Bieter und umgekehrt sinkt der erwartete Erlös für den Auktionator. Entsprechend ist es für die Gestaltung von Beschaffungsauktionen nicht sinnvoll, einen zeitlich fixierten Endpunkt für die einzelnen Auktionen festzulegen. Vielmehr sollte sichergestellt werden, dass nach jedem Gebot alle Teilnehmer die Möglichkeit haben, auf das Gebot zu reagieren.

Arbeitshypothese 9: Beschaffungsauktionen sollten nicht zu einem zeitlich fixierten Endpunkt beendet werden.

Um sicher zu stellen, dass die Auktionsteilnehmer nicht für unbestimmte Zeit bieten, wird in der Regel ein fester Zeitraum bestimmt, der es den Teilnehmern ermöglicht auf ein bestehendes Höchstgebot zu reagieren. Parallel dazu kann durch hinreichend große Inkrementschritte dafür gesorgt werden, dass neue Gebote das bestehende Gebot auch substantiell überbieten müssen. Solche Inkrementschritte verhindern, dass die Teilnehmer sich nur in der Größenordnung von kleinen Cent-Schritten

[49] Dieses abwartende Verhalten mit den Geboten bis kurz vor das Auktionsende wird häufig als *Sniping* bezeichnet.

überbieten. Analog kann das Verfahren der Ticker-Auktion gewählt werden, bei dem der Auktionspreis in festen Zeitabständen abgesenkt wird und die Bieter entscheiden, bei welchem Preis sie aussteigen. Der Preis, bei dem der vorletzte Bieter aussteigt, ist dann der entsprechende Preis für den Auktionsgewinner.

3.1.3.2 Budgetbeschränkungen

In vielen Situationen sind Bieter durch bestimmte Vorgaben hinsichtlich ihres Budgets eingeschränkt, sie können daher nicht bis zu ihrer vollen Wertschätzung bieten. Bei Verkaufsauktionen kann es sein, dass die Bieter durch die verfügbare Liquidität bzw. ihren Finanzierungsrahmen eingeschränkt sind; wenn Auktionsteilnehmer im Auftrag anderer teilnehmen, sind ihre Gebote in der Regel über ein Budget eingeschränkt (Che und Gale 1998, S. 2). Bei Beschaffungsauktionen ist zu erwarten, dass die Vertriebsmitarbeiter der teilnehmenden Lieferanten bestimmte Vorgaben haben, bis zu welchem Preis sie bieten können.

Durch die Budgetbeschränkung verändert sich das Kalkül der Bieter. Bei einer Englischen oder Zweitpreisauktion bieten sie, bis entweder das Budget (X) oder die individuelle Wertschätzung (V) erreicht sind, ihr optimales Gebot b lautet: $b = \min(V, X)$.[50] Bei einer Erstpreis- oder Holländischen Auktion hingegen bieten die Teilnehmer immer weniger als ihre Wertschätzung (V), sie errechnen ein optimales Gebot $b(v,V)$ in Abhängigkeit ihrer Wertschätzung (V) und der Verteilung der Wertschätzungen der anderen Bieter (v) (siehe Abschnitt 3.1.1). Ihr Kalkül für ihr optimales Gebot b′ lautet daher $b' = \min[b(v,V), X]$. Da $b(v,V)$ stets kleiner als V ist, zeigt sich, dass Budgetbeschränkungen bei Englischen Auktionen stärker, bzw. häufiger wirken als bei Erstpreisauktionen (Krishna 2002, S. 43–46).[51] Dies bedeutet im Umkehrschluss, dass bei Budgetbeschränkungen der Erlös für den Auktionator aus Erstpreisauktionen größer oder mindestens gleich groß ist wie bei Englischen Auktionen. Darüber hinaus gilt, dass es für den Auktionator zur Erlösmaximierung sinnvoll ist, bei der Erstpreisauktion einen geringeren Reservationspreis zu wählen als bei der entsprechenden Zweitpreisauktion, da der Reservationspreis die Budgetbeschränkungen verschärft (Che und Gale 1998, S. 13).

Diese theoretische Erkenntnis muss dahingehend eingeschränkt werden, dass die Informationen aus Englischen Auktionen genutzt werden können, um Budgetbeschränkungen aufzuheben. Wenn Konkurrenten sichtbar günstiger anbieten, lässt

[50] Bei einer englischen Beschaffungsauktion senken sie analog den Preis von oben herab bis $b = \max(V, X)$ wobei X ihre interne Mindestpreisvorgabe darstellt.

[51] Dies ist immer dann der Fall wenn gilt $b(v,V) < X \leq V$.

sich im eigenen Unternehmen eher das Management überzeugen, dass die Budgetbeschränkung bzw. Preisvorgaben zu konservativ gewählt wurden. Bei anderen Auktionsformen hingegen gibt es keine entsprechenden Reaktionsmöglichkeiten (Cramton 1998, S. 748).

Aus Sicht des Einkaufs ist nicht eindeutig zu erkennen, wie bindend bzw. variabel interne Preisvorgaben der teilnehmenden Lieferanten sind. Für die Gestaltung von Beschaffungsauktionen lassen sich daher keine eindeutigen Aussagen treffen.

3.1.3.3 Externalitäten zwischen den Bietern

Unter gewissen Umständen existieren bei Auktionen negative Externalitäten zwischen den Bietern, d. h. den Käufern ist es wichtig, wer außer ihnen das Objekt erhalten könnte. Ein solches Verhalten ist zum Beispiel bei Unternehmensübernahmen wichtig, wo es unter Umständen relevant ist, einen Konkurrenten davon abzuhalten durch eine Übernahme eine strategisch wichtige Marktposition zu erhalten. Bei Beschaffungsauktionen ist es möglich, dass Unternehmen verhindern wollen, dass ein Konkurrent einen spezifischen Auftrag erhält und somit bei einem wichtigen Kunden „einen Fuß in die Tür bekommt". Grundsätzlich sind solche Externalitäten aus Sicht des beschaffenden Unternehmens hilfreich, da sie ähnlich wie der Fluch des Gewinners im Modell der Common Values dafür sorgen, dass die Bieter sich gegenseitig übermäßig überbieten (Jehiel und Moldovanu 1996a, S. 85). Für die einzelnen Bieter ist es in einer solchen Situation mitunter optimal gar nicht an der Auktion teilzunehmen, da sie durch den übermäßigen Bieterwettbewerb stärkeren Schaden nehmen, als durch die negativen Externalitäten an sich.

Jehiel und Moldovanu entwickeln für solche Situationen optimale Auktionen, die allerdings sehr komplex sind und detaillierte Informationen über Wertschätzung und Ausmaß der Externalitäten voraussetzen. Für Einkaufsauktionen sind diese Modelle kaum geeignet, mitunter ist es in diesen Modellen optimal gegen direkte Zahlungen überhaupt keine Auktion durchzuführen (Jehiel und Moldovanu 1996b, S. 819).

3.1.3.4 Endogene Teilnahme der Bieter

Eine entscheidende Frage bei der Auktionsgestaltung ist, ob die Auktionsteilnehmer schon fest stehen, oder ob ihre Entscheidung über die Teilnahme an der Auktion durch die Gestaltung der Auktion selbst beeinflusst wird. Im zweiten Fall spricht man von Auktionen mit endogenem Eintritt der Bieter. Da der Auktionserlös positiv von der Anzahl der Bieter beeinfluss wird (siehe Abschnitt 3.1.1), ist es wichtig, Auktionen so attraktiv wie möglich zu gestalten. Potenzielle Auktionsteilnehmer machen ihre Teilnahmeentscheidung normalerweise von ihrem erwarteten Nettogewinn aus der Auktion abhängig, und verrechnen dazu die Kosten der Teilnahme mit den erwarteten Erlösen.

In der ökonomischen Literatur wurden verschiedene Modelle entwickelt, die versuchen, die Eintrittsentscheidung der Bieter zu modellieren (Menezes und Monteiro 1996, S. 3ff.; Levin und Smith 1994, S. 587). Grundsätzlich muss dabei berücksichtigt werden, welche Informationen über die mögliche Teilnehmerzahl zur Verfügung stehen und ob die Bieter die Teilnahmeentscheidung treffen, bevor sie ihre eigene Wertschätzung kennen, oder erst danach. Im IPV-Modell gilt, dass wenn die Teilnehmer bereits ihre eigene Wertschätzung kennen, ein Reservationspreis oder ein Eintrittspreis sinnvoll sein kann. Er hält Teilnehmer mit niedriger Wertschätzung davon ab teilzunehmen und der Wettbewerb zwischen den übrigen Teilnehmern wird verschärft (Menezes und Monteiro 1996, S. 15). Lernen die Teilnehmer ihre eigene Wertschätzung erst nach der Eintrittsentscheidung kennen, sollte es keinen Reservationspreis und keine Eintrittspreise geben, da sie die Teilnahme insgesamt weniger attraktiv machen (Levin und Smith 1994, S. 593).

Harstad zeigt in diesem Zusammenhang modellhaft, dass es wesentlich entscheidender ist, zusätzliche Bieter zu attrahieren, als im Sinne der Auktionstheorie optimale Reservations- und Eintrittspreise zu bestimmen (Harstadt 2005, S. 2ff.). Der Effekt, den ein zusätzlicher Bieter auf die Gebote hat, ist wesentlich stärker als die Effekte aus den übrigen Gestaltungsoptionen wie z.B. Reservationspreisen. Zu einem ähnlichen Ergebnis kommen Bulow und Klemperer, die zeigen, dass eine Auktion mit N+1 Bietern zu höheren erwarteten Erlöse führt, als eine Englische Auktion mit nur N Bietern und optimal gewähltem Reservationspreis (Bulow und Klemperer 1996, S. 187).

Die Wahl der Auktionsform hat unter den üblichen Annahmen keinen direkten Einfluss auf den Auktionserlös, das Revenue Equivalence Theorem gilt auch bei endogenem Eintritt (Levin und Smith 1994, S. 589). Bei stark asymmetrischen Bietern führen allerdings Englische Auktionen dazu, dass schwächere Teilnehmer ihre Teilnahme kritisch überprüfen, da sie damit rechnen müssen, vom stärkeren Teilnehmer immer überboten zu werden (Wolfstetter 2001, S. 8; siehe auch Abschnitt 3.0.1). In diesem Fall ist eine Englische Auktion riskant, da es passieren kann, das letztendlich nur noch der starke Bieter teilnimmt, und er einen Preis nahe 0 bzw. nahe der Reservationspreise durchsetzen kann (Cramton 1998, S. 751). Herrscht Asymmetrie und wissen die Teilnehmer bereits, wer an der Auktion teilnimmt und wie stark er ist, ist es folglich besser keine Englische Auktion durchzuführen.

Für die Gestaltung von Beschaffungsauktionen zeigt die Diskussion, dass vor allem eine möglichst große Zahl von Bietern sinnvoll ist, Arbeitshypothese 1 wird also zusätzlich unterstützt. Wenn die Bieter ihre Eintrittsentscheidung erst treffen, nachdem sie den Reservationspreis beobachten können, ist es sinnvoll einen niedrigen bzw. keinen Reservationspreis zu setzen, Arbeitshypothese 7 ist daher von den spezifischen Rahmenbedingungen abhängig.

3.1.3.5 Stochastische Anzahl von Bietern

Ein weiterer Gestaltungsaspekt ist die Frage, ob Bieter darüber informiert werden sollten, wie viele Bieter insgesamt teilnehmen. Dies ist bei Erstprei- und Holländischen Auktionen relevant, da dort die Anzahl der Teilnehmer N in die Kalkulation für das optimale Gebot einfließt. Bei Englischen oder Zweitpreisauktionen hingegen hängt das Gebot lediglich von der Wertschätzung der Bieter ab, die Anzahl der Teilnehmer spielt für die individuellen Gebote keine Rolle (siehe 3.1.1).

Es lässt sich zeigen, dass es bei Holländischen- und Erstpreisauktionen mit risikoaversen Bietern sinnvoll ist, die Anzahl der Bieter geheim zu halten. Die Risikoaversion führt dazu, dass die Bieter ein etwas aggressiveres Gebot abgeben, da sie die Anzahl der Teilnehmer zur Vorsicht überschätzen (Krishna 2002, S. 35). Bei risikoneutralen Bietern gilt diese Aussage nicht mehr, sie verändern ihr Gebot nicht, wenn Unsicherheit über die Anzahl der Bieter herrscht (McAfee und McMillan 1987b, S. 1). Da man annehmen kann, dass die Bieter sich bei einer Beschaffungsauktion risikoavers verhalten, sollten die Teilnehmer bei Holländischen oder Erstpreisauktionen im Unklaren über die Anzahl der Bieter gelassen werden.

Arbeitshypothese 10: Bei Holländischen- und Erstpreisauktionen werden bessere Ergebnisse erzielt, wenn die Bieter nicht wissen, wie viele Konkurrenten teilnehmen.

3.1.3.6 Sicherstellung der Liquidität der Bieter

Ein weiterer wichtiger Punkt ist es sicher zu stellen, dass die teilnehmenden Bieter auch tatsächlich zu dem in der Auktion erzielten Preis und den zuvor vereinbarten Rahmenkonditionen liefern können (Milgrom 2004, S. 243). Wird dies vorher nicht hinreichend geprüft oder besteht die Möglichkeit, sich schnell und einfach wieder von einem Gebot zurückzuziehen, ist die Gefahr groß, dass Bieter nur aus strategischen Gründen teilnehmen. Das beinhaltet, dass Teilnehmer nur bieten, um den Preis zu beeinflussen, oder dass Bieter nur teilnehmen um Informationen über die Zahlungsbereitschaft bzw. die Kosten der Konkurrenten zu sammeln. Im Beschaffungsmanagement wird daher üblicherweise geprüft, ob Lieferanten auch tatsächlich qualifiziert sind, einen bestimmten Auftrag zu erfüllen.

3.1.4 Sozialpsychologische Ansätze zur Auktionstheorie

In experimentellen Auktionen und bei Internetauktionshäusern wie Ebay werden immer wieder Verhaltensweisen von Auktionsteilnehmern beobachtet, die sich nicht mit spieltheoretischen Ansätzen erklären lassen. In den letzten Jahren sind daher erste Arbeiten entstanden, die versuchen, das Verhalten von Auktionsteilnehmern mit sozialpsychologischen Ansätzen zu erklären. Solche Ansätze stoßen auch in der Ökonomie auf wachsendes Interesse, seit im Rahmen der Behavioral Economics gezeigt werden konnte, dass psychologische Effekte die Entscheidungen ökonomischer Akteure maßgeblich beeinflussen.

In der Mehrheit der entsprechenden Arbeiten wird thematisiert, warum immer wieder beobachtet wird, dass Bieter systematisch überbieten, also Gebote abgeben, die höher sind als ihre tatsächliche Bewertung (z.B. Wolf et al. 2005; Heyman et al. 2004; Abele et al. 2006). Wolf et al. berichten in ihrer Untersuchung, dass ein solches irrationales Überbieten bei Englischen Auktionen sowohl in Laborexperimenten, bei Kunstauktionen und bei Internetauktionen beobachtet wurde (Wolf et al. 2005, S. 3). Als Erklärung für dieses Verhalten werden von den verschiedenen Autoren unterschiedliche psychologische Effekte herangeführt. In entsprechenden experimentellen Untersuchungen zeigen die Autoren, dass diese Effekte tatsächlichen Einfluss auf die Gebote der Auktionsteilnehmer haben. Auch wenn die Autoren mitunter unterschiedliche Termini verwenden, lassen sich insgesamt drei Effekte voneinander unterscheiden (Abele et al. 2006, S. 86):

- Der „Pseudo-Endowment Effekt" bezieht sich auf die Tatsache, dass Menschen Güter, die sie besitzen höher bewerten als vergleichbare Güter, die sie nicht besitzen. Kahnemann und Tversky haben als erste auf dieses Phänomen hingewiesen und es mit Verlust-Aversion *(engl. loss aversion)* erklärt. Wenn man einen Gegenstand besitzt, wird der Verlust des Gegenstandes als schlimmer empfunden, als wenn man einen vergleichbaren Gegenstand nicht bekommt. Ein solcher Effekt kann auch auftreten, wenn Menschen ein Objekt nicht tatsächlich besitzen, sondern sich nur als Besitzer fühlen (Wolf et al. 2005, S. 7). Entsprechend entwickeln die Bieter mit dem führenden Gebot im Rahmen Englischer Auktionen das Gefühl, dass ihnen das Auktionsobjekt bereits gehört. Wenn sie dann überboten werden, empfinden sie einen Verlust und bieten übermäßig hoch, um den empfundenen Verlust zu vermeiden.
- Der „Wettbewerbseffekt" *(engl. competitive arousal effect)* bezieht sich auf das Phänomen, dass Bieter bei zunehmendem Konkurrenzdruck ein stärkeres Interesse entwickeln, auf alle Fälle zu gewinnen. Die Teilnehmer erhalten einen zusätz-

lichen Nutzen aus der Tatsache, dass sie die Auktion gewinnen, sie empfinden ein „Joy of Winning" (Heyman et al. 2004, S. 11).[52]

- Der „Bindungseffekt" *(engl. escalation of commitment)* beschreibt, dass sich die Teilnehmer durch ein frühes Gebot daran gebunden fühlen, weiter teilzunehmen und die Auktion zu gewinnen (Abele et al. 2006, S. 86). Ku et al. sprechen in diesem Zusammenhang davon, dass durch erste Gebote so genannte „sunk-costs" entstehen, also nicht mehr veränderbare Investitionen getätigt werden, die ex-post nur dann gerechtfertigt werden können, wenn man weiter aktiv an der Auktion teilnimmt (Ku et al. 2006, S. 976).

Insgesamt weisen alle zitierten Arbeiten darauf hin, dass vor allem Englische Auktionen zu einem stärkeren Überbieten führen müssten als andere Auktionsformen. Nur in Englischen Auktionen können die Bieter temporär ein Besitzgefühl für das Auktionsobjekt entwickeln und auf die Gebote und den Wettbewerbsdruck der anderen Bieter aktiv reagieren. Die Englische Auktion fördert demzufolge das systematische Überbieten durch die Auktionsteilnehmer und führt tendenziell zu höheren Erlösen als geschlossene Auktionsformen. Darüber hinaus empfehlen einige Autoren (Ku et al. 2006, S. 984; Dodonova und Khoroshilov 2004, S. 21) möglichst niedrige Anfangspreise zu setzen, da so potenzielle Bieter früher und eher in eine Auktion einsteigen und in größerem Umfang Opfer der oben liegenden Phänomene werden. Im Gegensatz zu diesen Untersuchungen führen allerdings ältere vergleichende Experimente von Auktionsformen zu gegenteiligen Ergebnissen (siehe Abschnitt 6.2). Dort wurde vor allem bei Erstpreis- und Zweipreisauktionen systematisch überboten, nicht aber bei Englischen Auktionen. Darüber hinaus zeigen einige Arbeiten, dass höhere Reservations- bzw. Anfangspreise durchaus zu höheren Auktionserlösen führen (siehe Abschnitt 6.3.3). Auf Grund dieser widersprüchlichen Ergebnisse erscheint es an dieser Stelle verfrüht, um entsprechende Handlungsempfehlungen für Einkaufsauktionen abzugeben.

Grundsätzlich zeigen die Arbeiten aber, dass die klassischen spieltheoretischen Erklärungsmuster nicht vollständig ausreichen, um das Verhalten von Bietern in Auktionen zu beschreiben. Vielmehr erscheint es sinnvoll, auch psychologische Effekte bei der Gestaltung von Auktionen zu berücksichtigen.

---

[52] Heyman et al. weisen darauf hin, dass man im Sprachgebrauch davon spricht, eine Auktion zu gewinnen. Bei keiner anderen Transaktionsform sei es über feste Preise oder über Börsen spricht man davon zu „Gewinnen", dieser Terminus wird nur bei Auktionen (oder bei den Auktionen ähnlichen Ausschreibungen) genutzt.

3.1.5 Zusammenfassung der Theorie einfacher Auktionen

Die vorangegangenen Abschnitte 3.1.1–3.1.4 zeigen, dass es viele Aspekte gibt, die bei der Gestaltung von Einkaufsauktionen relevant sind. Zwar gilt unter strengen Bedingungen Vickrey's Revenue Equivalence Theorem, es ist aber anzunehmen, dass diese Bedingungen nicht für alle Einkaufsauktionen zutreffen.

Ein zentrales Ergebnis ist Hypothese 1 wonach die **Anzahl der Teilnehmer** positiven Einfluss auf den erzielten Preis hat. Folglich sollte das Beschaffungsmanagement stets einen gewissen Teil seiner Arbeit darauf verwenden, den Wettbewerb zu verstärken und neue potenzielle Lieferanten zu entwickeln.

Darüber hinaus zeigt sich, dass **Englische Auktionen** dann vorteilhaft sind, wenn die Bewertungen der Teilnehmer affiliiert und symmetrisch sind. Der entscheidende Vorteil der Englischen Auktion ist, dass die Teilnehmer die Möglichkeit haben, aus den Geboten der anderen Bieter zu lernen (Cramton 1998, S. 747). Daher sollten Englische Auktionen verwendet werden, wenn die Wettbewerber ähnlich aufgestellt sind und in direktem Wettbewerb zueinander bereit sind, ihre Gebote und ihre Verkaufseinnahmen an die Gebote der Konkurrenten anzupassen.

Demgegenüber sind **Erstpreis- und Holländische Auktionen** vorteilhaft, wenn die Bieter asymmetrisch, also sehr unterschiedlich in ihrer Kostenstruktur oder wenn sie tendenziell stark risikoavers sind. Da die Bieter keine Möglichkeit haben, die Gebote der übrigen Teilnehmer abzuwarten, sind sie gezwungen, ein aggressives Gebot abzugeben, um sicherzustellen, dass sie die Auktion gewinnen. Vor allem dann, wenn sowohl Asymmetrien als auch Risikoaversion zu erwarten sind, können die Vorteile aus Erstpreisauktionen gegenüber Englischen Auktionen erheblich sein (Cramton 1998, S. 752).

Zweitpreisauktionen vereinen einige der Vorteile der Englischen Auktion (z. B. Bieter bieten bis zu ihrer Wertschätzung bzw. ihren Kosten) mit einigen Vorteilen der Erstpreisauktionen (z. B. Kollusive Absprachen werden erschwert). Allerdings ist bei Einkaufsauktionen davon auszugehen, dass die Bieter ihre Kosten nicht offen legen wollen. Da Auktionen immer auch in einem breiteren Umfeld und vor dem Hintergrund womöglich weiterer Auktionen in der Zukunft gesehen müssen, ist es unwahrscheinlich, dass Unternehmen in einer Zweitpreisauktion ihre tatsächlichen Kosten offen legen würden. Erstens würden sie riskieren, dass sie bei einer weiteren Vergabe z. B. im Rahmen einer Verhandlung benachteiligt wären, da die andere Seite einen Informationsvorsprung hat. Zweitens könnten Dritte wie z. B. Subauftragnehmer herausfinden, wie groß die Profite aus der Auktion sind und einen entsprechenden Anteil fordern (Rothkopf et al. 1990, S. 96). Darüber hinaus kann es bei Zweitpreisauktionen auch für den Auktionator zu Problemen führen, wenn der

Unterschied zwischen dem ersten und dem zweiten Gebot groß ist. Die Differenz wird häufig als „money left on the table" beschrieben, da sie transparent macht, wie viel der Gewinner mehr zu zahlen bereit gewesen war. Ein großer Betrag kann leicht dazu führen, dass Druck auf den Auktionator ausgeübt wird, da die Beobachter mutmaßen, durch ein anderes Verfahren hätte man einen größeren Teil des Betrages einnehmen können (Milgrom 2004, S. 12). Zweitpreisauktionen sind daher für Einkaufsauktionen insgesamt weniger geeignet.

3.2 Theorie der Auktionen mehrerer Güter

Nachdem im Abschnitt 3.1 Auktionen untersucht wurden, bei denen jeweils ein einzelnes Gut gehandelt wird, behandelt der folgenden Abschnitt Auktionen für eine beliebige Anzahl von Gütern bzw. Aufträgen.[53] Das bedeutet, dass die Bieter nicht nur einen Preis festlegen, sondern zusätzlich angeben müssen, für welche Mengen oder Anzahl von Aufträgen sie den Preis[54] bezahlen wollen. Obwohl Auktionen mehrerer Güter schon seit langem eine wichtige Rolle in der Wirtschaft spielen (z. B. die wöchentlichen Auktionen von Schatzbriefen in den USA durch die Notenbank), hat ihre Analyse lange Zeit eine geringe Rolle in der Literatur gespielt (Robert und Montmarquette 1999, S. 1).

Für das Beschaffungswesen ist der Fall von Auktionen mehrerer Aufträge insgesamt weniger relevant als einfache Auktionen, da in den meisten Fällen der Bedarf eines Unternehmens im Sinne des Single Sourcing zu einem Auftrag zusammengefasst wird. Es kann aber aufgrund einer Reihe von Umständen sinnvoll sein, bei einer Einkaufsauktion gleichzeitig mehrere Lose eines Auftrages auszuschreiben (Dual Sourcing). Erstens ist es bei Lieferunsicherheiten wichtig, mehrere Anbieter zur Verfügung zu haben, um so die Versorgungssicherheit zu garantieren. Zweitens kann durch Dual Sourcing sichergestellt werden, dass die Lieferanten auch langfristig zur Verfügung stehen und keine Abhängigkeit von einzelnen Lieferanten entsteht.[55] Drittens kann es für unterschiedliche Standorte sinnvoll sein, verschiedene

[53] Analog ist möglich, dass einzelne Teile eines größeren Auftrags Bestandteile einer Auktion mehrerer Güter sind.

[54] Es ist auch möglich, dass die Bieter unterschiedliche Preise in Abhängigkeit der Menge bezahlen wollen, sie haben dann eine fallende Nachfragekurve. Grundsätzliche Annahme ist, dass die Bieter mehr als eine Einheit nachfragen.

[55] Die USA begann Ende der 1970er Jahre damit die Antriebe für Düsenflugzeuge dual von *General Electric* und von *Pratt and Whitney* zu beziehen, um den Wettbewerb zwischen den Anbietern zu erhöhen. Diese Praxis war erfolgreich und wurde in den folgenden Jahren auf weitere Bereiche ausgedehnt (Anton und Yao, 1993, S. 681).

Lieferanten zu zulassen. Letzteres ist der Fall, wenn Transportkosten eine entscheidende Rolle spielen wie z. B. bei der Beschaffung von Energieträgern oder von arbeitsintensiven Dienstleistungen. Eine Aufteilung von Aufträgen ist außerdem sinnvoll, wenn nicht transparent ist, welcher Lieferant welche Teilleistungen am günstigsten anbieten kann. Bei Transport- bzw. Logistikdienstleistungen ist häufig ein Anbieter auf einzelnen Strecken günstiger, auf anderen wieder teurer. In einer solchen Situation ist es sinnvoll, die Aufträge in Teillosen zu vergeben, um für jedes Teillos den günstigsten Preis zu erhalten.

Bei Auktionen mehrerer Güter (bzw. Aufträge) steigt die Komplexität sowohl für den Auktionator als auch für die Bieter. Zusätzlich zu den in Abschnitt 3.1 diskutierten Fragestellungen sind nun folgende Aspekte zu berücksichtigen:

- Die zeitliche Abfolge der Auktion: sollen die Güter gleichzeitig (simultan) oder nacheinander (sequentiell) versteigert werden?
- Die Preisfestlegung: Wird ein einheitlicher (kompetitiver) Preis für alle Güter festgelegt oder bezahlen die Bieter je nach Gebot unterschiedliche (diskriminierende) Preise?
- Bewertung der Güter durch die Bieter: Betrachten die Bieter die Güter als identisch bzw. als Substitute zueinander (sind sie austauschbar), oder betrachten sie sie als komplementär (ergänzen sie einander)?

3.2.1 Die zeitliche Abfolge von Auktionen

Wenn mehrere Aufträge im Rahmen einer Beschaffungsauktion vergeben werden, muss entschieden werden, ob dies **simultan** oder **sequentiell** geschehen soll. Bei der simultanen Vergabe bieten die Lieferanten parallel für alle betroffenen Aufträge und wissen nicht, wie sich die anderen Akteure verhalten werden. Dabei besteht eine erhöhte Komplexität, da abgewogen werden muss, für welche Aufträge geboten werden soll und für welche nicht. Bei der sequentiellen Vergabe reduziert sich die Komplexität, es besteht aber während den ersten Auktionen große Unsicherheit über die möglichen Ergebnisse der folgenden Auktionen (McAfee 1998, S. 3).

3.2.1.1 Sequentielle Auktionen

Wenn mehrere Auktionen nacheinander stattfinden, besteht für die Teilnehmer ein Anreiz sich strategisch zu verhalten. Durch weniger aggressive Gebote in der ersten Auktion kann den übrigen Teilnehmern suggeriert werden, dass man auch in den folgenden Auktionen weniger bieten wird (Board und Klemperer 1999, S. 1). Aufgrund dieses strategischen Verhaltens muss abgewogen werden, ob die Bieter in späteren

Auktionen alle Informationen über die Preise der ersten Auktionen erhalten sollen oder nicht. Dies ist dann wichtig, wenn die Bewertungen der Bieter voneinander abhängen, oder die Auktion in einem Common Values Kontext stattfindet (siehe Abschnitt 3.1.2.2). Wenn bei Verkaufsauktionen mit abhängigen Wertschätzungen eine sequentielle Erstpreisauktion durchgeführt wird, und die Preise veröffentlicht werden, sollte es steigende Preise geben. Die Teilnehmer bieten zunehmend aggressiv, da sie durch die vorherigen Gebote Informationen über die Wertschätzungen der anderen Bieter sammeln, und sich so ihr Risiko verringert, Opfer des Winner's Curse zu werden. In diesem Fall sollten sequentielle Auktionen simultanen Auktionen vorgezogen werden (Hausch 1986, S. 1599). Für den Standardfall mit symmetrischen und risikoneutralen Bietern im IPV-Modell ist dies aber vernachlässigbar, es gilt unabhängig von der Preisinformation das Revenue Equivalence Theorem und die Auktionsform spielt keine Rolle. Ursache ist, dass bei unabhängigen Wertschätzungen, die Gebote der anderen Bieter keinen Einfluss auf die eigene Wertschätzung haben. Die Preise werden daher über die ganze Auktion stabil und gleich bleibend sein (Weber 1983, S. 173).

Im Gegensatz zu den von der Theorie vorausgesagten steigenden Preisen wurden bei vielen realen sequentiellen Auktionen mit einem affiliierten Kontext sinkende Preise beobachtet (Klemperer 1999, S. 243). Es gilt sogar als allgemeine Erkenntnis bei Auktionshäusern, dass die Preise bei sequentiellen Verkaufsauktionen im Ablauf sinken. Unter Ökonomen wurde dazu der Begriff der „**Declining Price Anomaly**" bei sequentiellen Auktionen entwickelt (Ashenfelter 1989, S. 29; Milgrom 2004 S. 255). Für das Phänomen der sinkenden Preise bei sequentiellen Auktionen sind eine Vielzahl von Erklärungen entwickelt worden. Eine mögliche Ursache kann Risikoaversion sein, die risikoaversere Teilnehmer veranlasst, zu Beginn der Auktion besonders aggressiv zu bieten (Klemperer 1999, S. 243). Eine weitere Möglichkeit ist die Existenz des Winner's Curse, der bei den ersten Runden besonders ausgeprägt sein könnte, weswegen dort stärker überboten wird (Milgrom 2004, S. 256). Weitere Gründe können der abnehmende Wettbewerb in folgenden Runden sein, oder das Verhalten beauftragter Bieter, die zu Beginn bis zu ihrem maximalen Preis bieten (Gale und Hausch 1994, S. 318). Ob die „Declining Price Anomaly" bzw. eine entsprechende „Increasing Price Anomaly" bei aufeinander folgenden Einkaufsauktionen oder Ausschreibungen beobachtet wurde, ist bislang noch nicht untersucht worden. Eine Übersicht zu theoretischen und empirischen Untersuchungen der „Declining Price Anomaly" findet sich bei Ashenfelter und Graddy 2002.

Der oben beschriebenen Anreize für strategisches Unterbieten bei sequentiellen Auktionen lässt sich auch auf den Beschaffungskontext übertragen: Die Bieter haben bei sequentiellen Einkaufsauktionen den Anreiz, bei den ersten Auktionen höhere Gebote abzugeben um die übrigen Bieter zu täuschen und dadurch höhere Preise bei späteren Auktionen durchsetzen zu können. Zusätzlich sollten aber auch die Erfahrungen mit der Declining Price Anomaly zu denken geben, bei einer sequentiellen Einkaufsauktion könnte es daher schnell zu steigenden, statt wie erwartet sinkenden Preisen kommen. Insgesamt zeigt sich, dass sequentielle Auktionen risikobehaftet sind, da auf alle Fälle mit Preisschwankungen gerechnet werden muss, die aus Sicht der Beschaffung nur schwer gerechtfertigt werden können. Folglich sind sequentielle Auktionen für die Beschaffung homogener Güter bzw. die Vergabe vergleichbarer Aufträge weniger geeignet.

Arbeitshypothese 11: Sequentielle Auktionen für homogene Güter sind für das Beschaffungsmanagement wenig geeignet.

3.2.1.2 Simultane Auktionen

Simultane Auktionen werden seit vielen Jahren zum Verkauf von Wertpapieren eingesetzt. Die amerikanische Notenbank verkauft bereits seit Ende der 1920er Jahre jede Woche Schatzanweisungen mittels eines simultanen Auktionsverfahrens. Im Laufe der Zeit sind für eine steigende Anzahl von Wertpapieren verschiedene Auktionsverfahren eingeführt worden, und aus der Finanzwissenschaft heraus eine Vielzahl von Untersuchungen über die jeweils besten Auktionsmechanismen erarbeitet worden (Baker 1976, S. 146; Garbade und Ingber 2005). Ähnliche Verfahren sind außerdem im Rahmen der Deregulierung von Energiemärkten für den Ein- und Verkauf von elektrischer Energie entwickelt worden. Zusätzlich werden seit den 1990er Jahren in vielen Teilen der Welt Lizenzen für Mobilfunkfrequenzen im Rahmen von simultanen Auktionen versteigert.

Bei der simultanen Auktion für identische Güter werden von den Bietern Gebote für die gewünschten Mengen und die entsprechenden Preise abgegeben. Dabei ist es möglich, dass Bieter nur eine Preis-Mengen Kombination angeben, oder selber eine eigene Nachfragekurve mit allen individuellen Preis-Mengen Kombinationen abgeben (Nautz und Wolfstetter 1996, S. 2). Auf Basis der Gebote wird dann eine übergreifende Nachfragekurve konstruiert, die den Markt räumenden Preis bestimmt. Alle diejenigen Bieter, die oberhalb dieses Preises geboten haben, erhalten die entsprechende Menge (Cramton 1998, S. 752). Entscheidende Frage bei der Festlegung des Auktionspreises ist, ob die Bieter individuell den von ihnen gebotenen Preis bezahlen **(diskriminierende Auktion)**, oder alle den einheitlichen Preis, zu dem der Markt geräumt wird **(kompetitive Auktion)**.

3.2.2 Preisfestlegung bei simultanen Auktionen

Simultane Auktionen werden dahingehend unterschieden, ob die Bieter den von ihnen gebotenen Preis bezahlen oder alle einen einheitlichen Preis. Im ersten Fall spricht man von einer **diskriminierenden Auktion** *(engl.: pay-your-bid auction)*, da die Preissetzung dem Verhalten eines diskriminierenden Monopolisten entspricht, der jedem Käufer einen Preis gemäß seiner Zahlungsbereitschaft abverlangt. Wenn alle Bieter den Preis bezahlen, bei dem die Nachfrage dem Angebot entspricht, spricht man von einer **kompetitiven Auktion** *(engl.: uniform-price auction)*. Zentrale Vorraussetzung für eine kompetitive Auktion ist, dass die einzelnen Auktionsobjekte wirklich homogen sind.

In der Theorie wird häufig davon ausgegangen, dass die diskriminierende Auktion in vielen Aspekten der Erstpreisauktion entspricht: Die Akteure bieten in beiden Fällen weniger als ihre wahre Zahlungsbereitschaft, um so einen positiven Ertrag sicher zu stellen, wenn sie die Auktion gewinnen. Die kompetitive Auktion wird hingegen der Zweitpreisauktion gleichgestellt, weil die kompetitive Auktion die Bieter veranlasst, ihren wahren Reservationspreis offen zu legen (Garbade und Ingber 2005, S. 3).[56] Unter den in 3.1.2. beschriebenen Annahmen für einfache Auktionen gilt das Revenue Equivalence Theorem auch für den Vergleich von diskriminierenden mit kompetitiven Auktionen (Harris und Raviv 1981, S. 1478).

Aufgrund der Komplexität der Angebotsabgabe wurden bei simultanen Auktionen lange Zeit verdeckte Verfahren analog zur Erstpreis- und Zweitpreisauktion eingesetzt. Erst durch die Verbreitung elektronischer Medien wurde es möglich, Englischen Auktionen entsprechende **simultane ansteigende Auktionen** abzubilden und für die Bieter beherrschbar zu machen.

3.2.2.1 Kompetitive Auktionen

Kompetitive Auktionen werden in der ökonomischen Theorie oft bevorzugt, weil es gegenüber den diskriminierenden Auktionen einen Anreiz gibt, einen Preis entsprechend der wahren Zahlungsbereitschaft zu bieten (Nautz und Wolfstetter 1996, S. 12).[57] Gleichzeitig gibt es aber bei kompetitiven Auktionen einen Anreiz zur **Ver-**

[56] Diese Analogie wird teilweise abgelehnt, da bei Auktionen mehrerer Güter Bieter mit einer großen Nachfrage einen Anreiz haben, nur für geringere Mengen zu bieten (Ausubel und Cramton 2002, S. 2; siehe auch Abschnitt 3.2.2.1).

[57] Aufgrund dieser Eigenschaften schlug Milton Friedmann bereits in den sechziger Jahren vor, bei der Auktion von Schatzbriefen zum kompetitiven Verfahren zu wechseln (Friedmann 1960).

ringerung der Nachfrage *(engl.: Demand Reduction)* durch die Bieter. Die Verringerung der Nachfrage ergibt sich aus der Tatsache, dass mit steigender Nachfrage auch die Wahrscheinlichkeit steigt, dass das eigene Gebot genau das ist, zu welchem der einheitliche, markträumende Preis festgelegt wird. Die Bieter haben daher einen Anreiz, für Mengen zusätzlich zur ersten nachgefragten Einheit weniger zu bieten und steiler fallende Nachfragekurven abzugeben, als sie eigentlich haben (Ausubel und Cramton 2002, S. 4).[58] Durch dieses Verhalten steigt die Wahrscheinlichkeit, dass ein insgesamt niedrigerer den Markt räumender Preis festgelegt wird, als wenn die Bieter ihre wahren Nachfragekurven offenbaren. Man spricht in diesem Zusammenhang von impliziter Kollusion, da die Bieter davon ausgehen können, dass alle anderen Bieter sich analog verhalten, um gemeinsam einen günstigen Markpreis durchzusetzen. Im Ergebnis sinkt der Erlös für den Auktionator und gleichzeitig ist das Ergebnis nicht mehr effizient (da die Bieter eigentlich bereit gewesen wären, zu einem höheren Preis mehr zu kaufen). Die Gefahr einer solchen Verringerung der Nachfrage ist besonders hoch, wenn große, einflussreiche Bieter einen großen Anteil an der Nachfrage haben. Aber auch bei vielen kleinen Bietern können es ihre Gleichgewichtsstrategien sein, dass jeder Bieter seine Nachfrage reduziert (Milgrom 2004, S. 262).

Ob es analog zur Verringerung der Nachfrage bei einer Beschaffungsauktion auch zu einer **Verringerung des Angebotes** kommt, hängt stark von der Angebotsstruktur auf dem spezifischen Markt ab. Obwohl bei vielen Produkten die Anbieter vermutlich Probleme hätten, ein geringeres Angebot argumentativ zu begründen, ist ein solches Verhalten nicht auszuschließen. Auf deregulierten Energiemärkten wie im Vereinigten Königreich und Kalifornien wurde eine Verringerung des Angebotes in der Vergangenheit beobachtet (Ausubel und Cramton 2002, S. 28).[59]

Um die Verringerung der Nachfrage bei kompetitiven Auktionen zu vermeiden, ist versucht worden, Mechanismen zu entwickeln, die dazu führen, dass der Auktions-

---

[58] Das Verhalten der Bieter entspricht dem des monopsonistischen Nachfragers in der mikroökonomischen Theorie, der stets weniger kauft, als seiner wahren Nachfragefunktion entspricht (Milgrom 2004, S. 258).

[59] Eine ähnliche Problematik besteht bei Einkaufsauktionen bei denen ein großvolumiger Auftrag auf zwei Lieferanten verteilt werden soll und die Bieter sowohl Angebote für das Gesamtvolumen als auch für einen bestimmten Anteil abgeben. Anton und Yao zeigen, dass es Gleichgewichte gibt, bei denen die Bieter einen Anreiz haben, ihre Gebote nach oben anzupassen. Insbesondere wenn die Bieter symmetrische Informationen über die Kosten und die zu erwartenden Gebote der Konkurrenten haben, ist die Gefahr groß, dass es zu überteuerten Angeboten kommt. Im Ergebnis wird der Auftrag zu einem hohen Preis zwischen den Lieferanten aufgeteilt (Anton und Yao 1992, S. 683).

mechanismus vollkommen anreizkompatibel ist, und keine Mengenreduktion stattfindet.[60] Dies geschieht dadurch, dass die Zahlung der einzelnen Teilnehmer von der Höhe ihrer Gebote entkoppelt wird. Bei der entsprechenden Vickrey-Auktion für mehrere Güter richtet sich die Zahlung eines einzelnen Bieters nach den Opportunitätskosten, die es verursacht, ihm die Güter zukommen zu lassen, also den abgelehnten Geboten der Bieter, die nicht mehr gewonnen haben (Ausubel 2004, S. 1453). Dabei kann entweder ein verdecktes Verfahren analog zur Zweitpreisauktion (**Vickrey-Auktion für mehrere Güter**) verwendet werden, oder eine offene Englische Auktion, bei der eine Auktionsuhr ansteigt, und die Teilnehmer abhängig vom angezeigten Preis ihre Nachfrage offen legen (**Ausubel-Auktion**). Der Vorteil dieser Auktionen ist, dass es bei ihnen keinen Anreiz zur Verringerung der Nachfrage gibt, und die Bieter dazu veranlasst werden, ihre wahre Zahlungsbereitschaft offen zu legen. Im Gegensatz zu kompetitiven Auktionen sind beide Auktionen effizient. Sie sind aber nicht Erlös maximierend, da die Preise von den Bietern abhängen, die nicht gewonnen haben. Außerdem ist der Preisfindungsmechanismus deutlich komplizierter als bei kompetitiven und diskriminierenden Auktionen, so dass sie bislang nicht in der Praxis angewandt werden. Eine Übertragung dieser Auktionsmechanismen in den Beschaffungskontext erscheint auf Grund der hohen Komplexität und negativen Erlös- bzw. Preiswirkung nicht empfehlenswert.

3.2.2.2 Diskriminierende Auktionen

Bei diskriminierenden Auktionen zahlen die Bieter für jede Einheit auch den von ihnen entsprechend gebotenen Preis. Gegenüber kompetitiven Auktionen ist es hier nicht mehr attraktiv, die volle Zahlungsbereitschaft zu bieten, dass dies dazu führen würde, dass die Bieter keinen Nettogewinn aus der Auktion ziehen (Nautz 1995, S. 302). Entsprechend einer Erstpreisauktion müssen die Bieter ihre Gebote anpassen, wobei sie sich an der erwarteten Verteilung der konkurrierenden Gebote orientieren (siehe Abschnitt 3.1.1). Einige Autoren gehen davon aus, dass hier der Anreiz zur **Verringerung der Nachfrage** substantiell verringert wird, da durch geringere Gebote kein insgesamt niedrigerer Preis durchgesetzt werden kann (Klemperer 1999, S. 241). Andere Autoren weisen aber darauf hin, dass auch bei diskriminierenden Auktionen die Möglichkeit besteht, dass es zu einer Verringerung der Nachfrage

[60] Gemäß der Analysen von Vickrey und späterer Arbeiten von Clarke und Groves spricht man in diesem Zusammenhang vom Vickrey-Clarke-Groves Mechanismus, bei dem die Teilnehmer ihre wahre Wertschätzung offenbaren. Dadurch dass die Zahlung der Teilnehmer unabhängig von ihrem eigenen Gebot ist und nur von den Geboten der übrigen Bieter bestimmt wird, ist der Mechanismus anreizkompatibel (Milgrom 2004, S. 45ff.).

bzw. impliziter Kollusion kommt (Wilson 1979, S. 686). Insgesamt scheint das Risiko bei diskriminierenden Auktionen aber geringer zu sein.

Im Gegensatz zu kompetitiven Auktionen entstehen bei diskriminierenden Auktionen, ähnlich wie bei sequentiellen Auktionen, tendenziell unterschiedliche Preise. Wenn aber vergleichbare Produkte bei verschiedenen Lieferanten zu unterschiedlichen Preisen gekauft werden, so kann dies womöglich zu Legitimationsschwierigkeiten für das Beschaffungsmanagement führen. Diskriminierende Auktionen haben hier einen Nachteil gegenüber kompetitiven Auktionen. Gleichzeitig haben diskriminierende Auktionen aber den Vorteil, dass das Risiko einer Verringerung des Angebots (analog zur Verringerung der Nachfrage bei Verkaufsauktionen) insgesamt geringer ist als bei kompetitiven Auktionen. Auf Grund dieser gegenläufig gelagerten Vor- und Nachteile lässt sich für Einkaufsauktionen keine eindeutige Empfehlung für eine der beide Auktionsformen abgeben.

Arbeitshypothese 12: Für simultane Auktionen mehrerer homogener Güter lässt sich aus der Theorie kein eindeutiger Vorteil für das kompetitive bzw. das diskriminierende Auktionsverfahren ableiten.

Wenn nur einige Bieter mit großem Angebotsanteil an einer Einkaufsauktion teilnehmen, oder wenn der Wettbewerb zwischen den bestehenden Bietern nicht sehr intensiv ist, ist die Gefahr einer Angebotsverringerung durch die Bieter besonders groß. In einem solchen Umfeld sollte sowohl von diskriminierenden als auch von kompetitiven Auktionen abgesehen werden. Gegebenenfalls muss dann grundsätzlich auf Einkaufsauktionen verzichtet werden.

3.2.3 Auktionen komplementärer Güter

Die Abschnitte 3.2.1 und 3.2.2 beschreiben Auktionen, bei denen die Güter vollkommen homogen bzw. komplette Substitute sind, und die Bieter nicht unterscheiden, welches der Güter sie erhalten. Gleichzeitig ist es denkbar, dass die Güter oder einige der Güter aus Sicht der Bieter komplementär sind, d.h. der Nutzen aus Kombinationen bestimmter Güter größer ist als der addierte Nutzen der einzelnen Güter. Bei Beschaffungsauktionen kann dies der Fall sein, wenn die teilnehmenden Bieter aus bestimmten Kombinationen der Auktionsobjekte Synergien für ihre Herstellungskosten ziehen (Cantillon und Pesendorfer 2004, S. 2). So kann es sein, dass bei der Vergabe von Transportaufträgen die Bieter günstiger anbieten können, wenn sie den Zuschlag für eine ganze Gruppe nahe bei einander liegender Routen erhalten, und sie somit ihre Kapazitäten besser auslasten können. In einer solchen Situation ändern sich die beschriebenen Eigenschaften von sequentiellen Auktionen, da der Gewinner einer früheren Auktion bei folgenden Auktionen von den Synergien profitiert und einen Vorteil gegenüber den übrigen Bietern hat. Auch die beschriebenen diskriminierenden Auktionen führen zu unbefriedigenden Ergebnissen, da die Bieter ihre Gebote für einzelne Güter unabhängig davon abgeben müssen, bei welchen Gütern sie insgesamt den Zuschlag erhalten.[61]

In der Literatur sind für solche Situationen **Kombinatorische Auktionen** mit der Möglichkeit von Paketgeboten entwickelt worden. Diese Auktionen sind aber mit zunehmender Anzahl von Möglichkeiten und Kombinationen nur noch schwer zu handhaben (Milgrom 2004, S. 254). Als einfachere Alternative wurden **simultane ansteigende Auktionen** entwickelt, bei denen die Bieter nur für einzelne Güter bieten, diese aber wie bei einer Englischen Auktion immer wieder anpassen können, abhängig davon wie ihre Position bei den anderen Gütern ist. Dadurch erhalten die Bieter Flexibilität, um wie bei Kombinatorischen Auktionen ihre Gebote für bestimmte Kombinationen anzupassen (Cramton 1998, S. 747). Gegenüber einfachen simultanen Auktionen haben simultane ansteigende Auktionen außerdem den Vorteil, dass Bieter mit ihren Geboten auf die Gebote der anderen reagieren können. Dies ist wichtig, wenn die Wertschätzungen der Bieter affiliiert sind (siehe Abschnitt 3.1.2.2), und sie die Auktionsobjekte höher bewerten, wenn sie höhere Bewertungen bei anderen Bietern beobachten (Albano et al. 2001, S. 55).

3.2.3.1 Sequentielle Auktionen komplementärer Güter

Bei vielen Objekten die über sequentiellen Auktionen versteigert oder beschafft werden können, bestehen Abhängigkeiten zwischen den einzelnen Auktionsobjekten. In der Beschaffung kann es sein, dass Lieferanten positive Synergien realisieren, wenn sie bei mehreren Beschaffungsaufträgen Einsparungen durch die bessere Ausnutzung von Kapitalgütern oder gewonnenes Wissen erzielen. Umgekehrt ist es auch möglich, dass negative Synergien entstehen, z. B. wenn Unternehmen mit der Abarbeitung eines früheren Auftrags beschäftigt sind, und der Aufbau zusätzlicher Kapazitäten zu höheren Kosten führt. Die einzelnen Aufträge sind dann für die Bieter Substitute, da sie nur für ein Gut ihren günstigsten Preis anbieten können (Jofre-Bonet und Pesendorfer 2005, S. 3).

Wenn zwischen einzelnen Auktionsobjekten oder Aufträgen entsprechende positive Synergien bestehen, führt das zu einer Veränderung des Gleichgewichtes bei se-

[61] Kompetitive Auktionen sind grundsätzlich nicht geeignet, da die Güter jetzt nicht mehr vollkommen homogen sind.

quentiellen Auktion und das Revenue Equivalence Theorem gilt nicht mehr (Jeitschko und Wolfstetter 2002, S. 2). Bei positiven Synergien hat der Gewinner der ersten Auktion in den folgenden Auktionen immer einen gewissen Kostenvorteil gegenüber seinen Konkurrenten, es entsteht also eine Asymmetrie zu seinen Gunsten. Umgekehrt hat der Gewinner der ersten Auktion einen Kostennachteil, wenn negative Synergien entstehen. Da ein stärkerer Bieter von einer Englischen Auktion mit asymmetrischen Bietern profitiert (siehe Abschnitt 3.1.2.3) besteht hier bei positiven Synergien immer ein Anreiz, bereits in der ersten Runde besonders hoch zu bieten. Der Gewinner der ersten Auktion sichert sich nicht nur das entsprechende Auktionsobjekt, sondern zusätzlich auch einen Kostenvorteil für die folgenden Auktionen. Für den Fall negativer Skalenerträge hat der Gewinner der ersten Auktion in den folgenden Auktionen immer einen Kostennachteil, die Lieferanten werden daher entsprechend vorsichtig bieten.

Für das Beschaffungsmanagement bedeutet das, dass wenn sequentielle Auktionen eingesetzt werden, die Charakteristika der Herstellungskosten bei den Lieferanten berücksichtigt werden sollte.

3.2.3.2 Simultane ansteigende Auktionen komplementärer Güter

Bei der simultan ansteigenden Auktion geben die Bieter analog zur einfachen simultanen Auktion zeitgleich Preise für die einzelnen Güter bzw. Auktionsobjekte ab. Im Folgenden werden dann für jedes Gut das jeweils höchste Gebot und der entsprechende Bieter angezeigt. Im Gegensatz zur einfachen simultanen Auktion haben die Bieter aber die Möglichkeit ihre Gebote in weiteren Verlauf anzupassen. Um sicherzustellen, dass die Teilnehmer nicht am Anfang Informationen zurückhalten, und erst später anfangen zu bieten, wird in der Regel eine **Aktivitätsregel** festgelegt. Die Aktivitätsregel schreibt vor, dass die Teilnehmer ihre Mengen nicht erhöhen können und dass Gebote, die nicht das beste Gebot darstellen, verbessert werden müssen. Werden die Gebote nicht verbessert, kann der Bieter für dieses Gut, bzw. bei homogenen Gütern für diesen Mengenanteil überhaupt nicht mehr bieten (Cramton 1998, S. 745). Unterschiedliche Ausgestaltungsmöglichkeiten bestehen hinsichtlich des Auktionsendes, welches individuell für die einzelnen Güter erfolgen kann, wenn für sie über mehrere Runden nicht mehr geboten wird, oder kollektiv, erst wenn insgesamt keine weiteren Gebote abgegeben werden. Für den Fall, dass komplementäre Beziehungen zwischen einzelnen Gütern relevant sind, wird ein einheitliches Auktionsende empfohlen, damit die Bieter bis zur letzten Runde die Möglichkeit haben ihre Gebote anzupassen (Milgrom 2004, S. XVII).

Auch bei simultanen ansteigenden Auktionen kommt es wie in Abschnitt 3.2.2.1 zur Problematik der **Verringerung der Nachfrage**. Es lässt sich sogar zeigen, dass die Nachfragereduktion nicht nur durch kollusives Verhalten zustande kommt, sondern eine Gleichgewichtsstrategie eines nicht-kooperativen Spieles sein kann, also nur durch rationales Verhalten der Spieler entsteht (Grimm et al. 2001, S. 17). Folglich ist auch bei simultanen ansteigenden Auktionen zu prüfen, ob ein hinreichend intensiver Wettbewerb zwischen den Bietern sichergestellt ist.

3.2.3.3 Kombinatorische Auktionen

In Folge der erfolgreichen Auktionen für Mobilfunklizenzen Anfang der 1990er Jahre in den USA sind Kombinatorische Auktionen seit Mitte der 1990er Jahre verstärkt in den Blickwinkel der Forschung geraten.[62] Dabei wurde eine Reihe besonderer Herausforderungen Kombinatorischer Auktionen identifiziert sowie eine Vielzahl von Lösungsansätzen für entsprechende Auktionsverfahren entwickelt. Aufgrund der erhöhten mathematischen Anforderungen sind Kombinatorische Auktionen zusätzlich zur Spieltheorie ein Themenschwerpunkt in der Informatik und im Operations Research geworden (Pekec und Rothkopf 2003, S. 1486).

Die zentralen Herausforderungen bei Kombinatorischen Auktionen sind im Wesentlichen durch die mit der Anzahl der versteigerten Güter stark steigende Anzahl möglicher Ergebniskombinationen verbunden. Wenn die Bieter ein Gebot für insgesamt m verschiedene Güter und alle möglichen Kombinationen anbieten können, so müssen sie insgesamt $2^m - 1$ Gebote spezifizieren (Bichler et al. 2005, S. 127). Der Auktionator muss im Folgenden für alle Bieter die $2^m - 1$ Gebote miteinander vergleichen und die optimale Lösung berechnen. Die Identifikation der optimalen Lösung bedarf eines komplexen Algorithmus', da der Gesamterlös aus den einzelnen Geboten, den kombinierten Geboten und allen denkbaren Kombinationen aus einzelnen und kombinierten Geboten maximiert werden muss. In der Literatur spricht man vom **Winner Determination Problem**, also dem Problem, die Auktionsgewinner festzulegen. Ein zusätzliches Problem ist die Tatsache, dass der Erfolg eines Gebotes auf eine bestimmte Kombination auch von den Geboten auf die übrigen Kombinationen bzw. einzelnen Güter abhängt. Eine mögliche Kooperation zwischen den Bietern wird damit gegenüber gewöhnlichen Auktionen attraktiver (Pekec und Rothkopf 2003, S. 1488). Auch die Effizienz wird durch dieses Phänomen ge-

[62] Die ersten kombinatorischen Auktionen werden i.d.R. auf die Autoren Rassenti, Bulfin und Smith zurückgeführt, die bereits 1982 einen Vorschlag für kombinatorische Auktionen für die Auktionierung von Start- und Landegenehmigungen auf Flughäfen entwickelten (Milgrom 2004, S. 301).

fährdet, der günstigste Anbieter für ein einzelnes Gut kann sich ggf. nicht durchsetzen, da für die anderen Güter einzeln nur ungünstige Gebote vorliegen, und gleichzeitig ein Anbieter mit einem kombinierten Angebot insgesamt besser abschneidet (Cantillon und Pesendorfer 2004, S. 9). Neben der Festlegung der Auktionsgewinner bestehen weitere Fragestellungen, die sich aus den Berechnungs- und Programmierungsanforderungen ergeben. Dazu ist mittlerweile eine Vielzahl von Arbeiten aus dem Bereich der Mathematik und Informatik entwickelt worden. Übersichten dazu finden sich bei De Vries und Vohra 2000 und bei Kalagnanam und Parkes 2004.

Für die Durchführung von Kombinatorischen Auktionen wurde eine Reihe von verschiedenen Auktionsformaten entwickelt, die aus Platzgründen hier nur kurz beschrieben werden, eine ausführliche Diskussion der verschiedenen Formate findet sich in Cramton et al. 2006.

- Das einfachste Verfahren für Kombinatorische Auktionen sind **verdeckte Erstpreisauktionen**, bei denen die Bieter die Möglichkeit haben neben einzelnen Geboten auch für Kombinationen zu bieten. Dabei gilt oft als Nebenbedingung, dass die Gebote für Kombinationen günstiger sein müssen, als die Gebote für die einzelnen Bestandteile der Kombination. Dieses Verfahren wurde bereits für Busrouten in London eingesetzt (Cantillon und Pesendorfer 2004, S. 5 f.).
- Ein weiteres Verfahren sind **iterative Kombinatorische Auktionen,** bei denen die Bieter in mehreren Runden bieten, und über die Gebote der Mitbewerber informiert werden. Dieses Verfahren ist ähnlich wie die Englische Auktion vorteilhaft, wenn davon ausgegangen wird, dass die Wertschätzungen der Bieter affiliert sind, sie also tendenziell höher bieten, wenn sie höhere Gebote der anderen Teilnehmer beobachten. Die Transparenz während der Gebotsphase erhöht allerdings auch die Gefahr von impliziter Kollusion zwischen den Bietern.
- Um die Gefahr von Kollusion zu verringern, sind **ansteigende Proxy-Auktionen** entwickelt worden, bei denen die Bieter ihre Wertschätzung für einzelne Güter und Kombinationen einem elektronischen Bietagenten mitteilen. Die Bietagenten überbieten sich dann in einer ansteigenden Auktion und das Ergebnis entspricht dem einer Englischen Auktion.
- Komplexere Verfahren sind **Proxy-Auktionen mit Auktionsuhr,** bei denen in der ersten Phase mit Hilfe einer Uhr wie in einer Ticker-Auktion die Anzahl der Bieter sukzessive reduziert wird. In der zweiten Phase haben die übrigen Bieter die Möglichkeit, ein finales Gebot mit Hilfe eines Proxy-Agenten abzugeben. Dieses Verfahren reduziert die Gefahr von Kollusion oder Nachfragereduzierung am stärksten.
- Ein in der ökonomischen Theorie viel zitiertes Verfahren ist der **Vickrey-Clarke-Groves-Mechanismus**, bei dem die Bieter eine Subvention erhalten, abhängig

davon um wie viel ihr Gebot die Gebote der übrigen Bieter übersteigt. Durch diese Subvention wird die Auktion anreizkompatibel, d.h. die Bieter haben einen starken Anreiz, ihr wahre Zahlungsbereitschaft zu bieten und es kommt so zu einem effizienten Ergebnis. Dieses Verfahren ist auf Grund der Subventionszahlungen nicht erlösmaximierend und bietet starke Anreize für Absprachen zwischen den Bietern. Es ist folglich für die praktische Anwendung wenig relevant.

Erste praktische Anwendungen von Kombinatorischen Auktionen finden sich vor allem bei der Beschaffung im gewerblichen Transportgewerbe so wie im Nahverkehr, wo Synergien bei den einzelnen Strecken bzw. Routen eine wichtige Rolle spielen (Sheffi 2004, S. 247; Cantillon und Pesendorfer 2004; de Vries und Vohra 2000, S. 4). Es gibt mittlerweile mit den Firmen CombiNet, NetExchange und Trade Extensions auch Softwarehäuser, die eine entsprechende Software für Kombinatorische Auktionen in der betrieblichen Beschaffung anbieten. Dabei werden in der Regel iterative Kombinatorische Auktionsverfahren eingesetzt, und es besteht die Möglichkeit betriebliche Richtlinien (z.B. zur minimalen und maximalen Anzahl der Lieferanten) als Nebenbedingungen während der Auktion zu berücksichtigen (Bichler et al. 2005, S. 132; siehe auch Abschnitt 6.4.3.2).

Kombinatorische Auktionen und simultan ansteigende Auktionen sind für das Beschaffungswesen immer dann attraktiv, wenn eine Vielzahl von Gütern oder Dienstleistungen beschafft wird, bei denen die Lieferanten ihre Kosten senken können, wenn sie bestimmte Kombinationen der Güter liefern. Beispiele können neben Transportleistungen und klassischen Kuppelprodukten auch Kleinmaterialien (Schrauben, Bleche, Nägel etc.), Büromaterialien oder Verpackungsmaterialien sein. Ein weiteres Anwendungsfeld für die Beschaffung kann in der Belieferung verschiedener Standorte liegen, wenn die Transportkosten eine große Rolle spielen und die Lieferanten immer nur für einige Standorte optimale Preise anbieten können. In vielen dieser Bereiche verlassen sich Unternehmen auf Single Sourcing Lieferanten, die den Unternehmen eine komplette Sortimentsabdeckung anbieten, wodurch auch die einzelnen Bestellvorgänge und Abrechnungsprozesse beim beschaffenden Unternehmen vereinfacht werden. Durch Kombinatorische Auktionen können dann Einsparungen erzielt werden, wenn zu erwarten ist, dass die verschiedenen Anbieter bei unterschiedlichen Produkten deutliche Kostenvorteile haben. Gleichzeitig muss aber der steigende Prozessaufwand und der Aufwand für die Gestaltung Kombinatorischer Auktionen berücksichtigt werden. Folglich sind Kombinatorische Auktionen dort attraktiv wo Unternehmen in großem Umfang ähnliche Güter mit Kostensynergien bei der Herstellung beziehen.

Arbeitshypothese 13: Kombinatorische und simultan ansteigende Auktionen sind attraktiv für Unternehmen, die in großem Umfang Güter oder Dienstleistungen beziehen, bei denen Kostensynergien bei der Herstellung bestehen.

3.3 Theorie Multiattributer Auktionen

Die bisherigen Auktionen eines oder mehrerer Güter wurden stets anhand des Preises entschieden. Insbesondere bei der betrieblichen Beschaffung sind aber oft weitere Kriterien bei der Vergabeentscheidung zu berücksichtigen, wie z.B. Qualitätskomponenten, Design/Anmutung, Lieferzeiten, etc. ... (siehe Abschnitt 2.2.1). Für den Fall, dass wichtige Kriterien nicht für alle Lieferanten vollkommen standardisierbar sind, ist es notwendig, sie innerhalb der Auktion angemessen zu berücksichtigen. Für diesen Zweck sind Multiattribute[63] Auktionen entwickelt worden, bei denen die Bieter nicht nur in der Dimension des Preises bieten sondern auch in weiteren Dimensionen wie z.B. der Qualität. Obwohl weithin anerkannt wird, dass Multiattribute Auktionen für die Beschaffung äußerst sinnvoll sind, und bereits eine Vielzahl von Softwarefirmen entsprechende Auktionssoftware entwickelt hat, finden sich insgesamt nur wenige ökonomische Analysen Multiattributer Auktionen (Seifert und Strecker 2003, S. 2; David et al. 2002, S. 3; Teich et al. 2003, S. 17).[64] Eine mögliche Ursache dafür ist, dass mit den zusätzlichen Kriterien die Komplexität solcher Auktionen stark zunimmt, abhängig davon, ob die verschiedenen Kriterien voneinander abhängen und welche Informationen darüber den Bietern zur Verfügung stehen.

Ein wesentlicher Vorteil Multiattributer Auktionen ist, dass sie es den Lieferanten ermöglichen, ihre spezifischen Wettbewerbsvorteile unabhängig vom Preis (wie z.B. höhere Qualität oder schnellere Lieferzeiten) in der Auktion geltend zu machen. Damit bieten Multiattribute Auktionen Spielraum für win-win Siuationen, bei denen sich sowohl Lieferant als auch Käufer besser stellen. Win-win Situationen entstehen immer dann, wenn der Käufer bestimmte Leistungsverbesserungen wie

---

[63] Einige Autoren verwenden in diesem Zusammenhang auch die Begriffe Multidimensionale-, Multivariate-, Mehrattributive- oder Multikriterien Auktionen (Seifert und Strecker 2003, S. 2). In der Praxis wird häufig der Begriff Parametrische Auktion oder Scoring Auktion verwendet.

[64] Die wichtigsten und am häufigsten zitierten ökonomischen Arbeiten hierzu sind Che 1993 und Branco 1997.

z. B. schnellere Lieferzeiten höher bewertet, als zusätzliche Kosten beim Lieferanten anfallen. Durch die Leistungsverbesserung entsteht ein Mehrwert, der zwischen Käufer und Lieferant aufgeteilt werden kann, beide profitieren davon. Multiattribute Auktionen können so die Profitabilität von Auktionen für die Lieferanten vergrößern und durch die zusätzliche Attraktivität für eine größere Beteiligung an der Auktion sorgen (Milgrom 2004, S. 247). Dies hat dann wiederum positiven Einfluss auf die Wettbewerbsintensität und den erzielbaren Preis für den Käufer.[65] Als Nachteil ist zu berücksichtigen, dass Multiattribute Auktionen deutlich komplexer sind und entsprechend höhere Anforderungen an die Auktionsteilnehmer stellen, als Verhandlungen oder als einfache Auktionen.

Um die Vergleichbarkeit der Gebote bei einer Multiattributen Auktion sicher zu stellen, muss vorab eine **Scoringfunktion** definiert werden, die festlegt, welches Gewicht den unterschiedlichen Kriterien und dem Preis bei der Bewertung der Auktionsgebote zugeordnet wird. Die Scoringfunktion ermöglicht es dann, die verschiedenen Kriterien bzw. Argumente zu einer einheitlichen und vergleichbaren Größe zusammenzufassen. Dabei kann die Scoringfunktion entweder den tatsächlichen Nutzen des Käufers widerspiegeln oder aus strategischen Gründen bestimmte Präferenzen verzerren, wie im Falle der **Qualitätsdiskriminierung**. Unabhängig von der Scoringfunktion bieten sich verschiedene **Formen der Standardauktionen** an, um die Auktion durchzuführen. Eine weitere entscheidende Frage bei den Auktionen ist, welche **Informationstransparenz** über die Bieter, ihre Gebote und die Beschaffenheit der Scoringfunktion zugelassen wird.

3.3.1 Festlegung von Scoringfunktionen

Erster Schritt bei der Vorbereitung einer Multiattributen Auktion ist die Festlegung der Scoringfunktion, die beschreibt mit welchem Gewicht die einzelnen Kriterien bei der Auktion berücksichtigt werden. In der ökonomischen Theorie ist hierfür die Multiattribute-Nutzentheorie *(engl.: multi-attribute utility theory – MAUT)* entwickelt worden. Weitere theoretische Ansätze zur Identifikation der Scoringfunktion sind der Analytical Hierarchy Process (AHP) und die so genannte Conjoint Analysis (Bichler et al. 1999, S. 8). Zur einfacheren Handhabbarkeit wird dabei davon ausgegangen, dass die einzelnen Kriterien voneinander unabhängig sind und additiv zu-

[65] Inwieweit Multiattribute Auktionen zu besseren Ergebnissen führen, als entsprechende Verhandlungen über mehrere Attribute mit mehreren Parteien, ist nach Wissen des Autors bislang nicht untersucht worden.

sammengefasst werden können (Talluri und Ragatz 2004, S. 55).[66] Beispielhaft lässt sich eine Scoringfunktion dann wie folgt darstellen:

Gesamtscore = W * Preis + X * Qualitätsindex + Y * Lieferzeit + Z * Garantielänge

Dabei beschreiben W, X, Y, und Z die entsprechenden Gewichte, die den einzelnen Attributen zugeordnet werden. Die Art und Anzahl der für den spezifischen Beschaffungsvorgang notwendigen Entscheidungskriterien muss vorab festgelegt werden. Dabei muss berücksichtigt werden, dass mit steigender Anzahl von Kriterien die Komplexität für die Bieter exponentiell zunimmt.

Die Festlegung der Gewichte und vor allem die Relation zwischen ihnen kann in der Regel nicht durch das Beschaffungsmanagement alleine erfolgen, da nur gemeinsam mit den tatsächlichen Nutzern bestimmt werden kann, welche Trade-offs zwischen den Kriterien zugelassen werden können und welche nicht. Da mit der Festlegung der Scoringfunktion letztendlich die Entscheidung getroffen wird, wie die Angebote bewertet werden, und welches Angebot gewinnt, ist es hilfreich anhand fiktiver Angebote zu simulieren, zu welchen Ergebnissen die Scoringfunktion führt. Darüber hinaus müssen in der Scoringfunktion Unter- und Obergrenzen für einzelne Attribute festgelegt werden, da es sonst zu Verzerrungen bei der Bewertung kommen kann.

3.3.2 Qualitätsdiskriminierung

Wie im vorigen Abschnitt dargestellt, muss für die Durchführung einer Multiattributen Auktion vom beschaffenden Unternehmen eine Scoringfunktion festgelegt werden, die die verschiedenen Kriterien gemeinsam mit dem Preis gewichtet, und sie zu einer einheitlichen Größe zusammenfasst. Ein solches Verfahren wird in Europa auch bei großen öffentlichen Ausschreibungen vorgegeben, bei denen vorab festgelegt werden sollte, anhand welcher Kriterien die Vergabe erfolgt, und wie diese Kriterien gewichtet werden (Asker und Cantillon 2004, S. 2).

Bei der Festlegung der Scoringfunktion kann der Einkauf entweder die wahren Präferenzen im Unternehmen heranziehen oder versuchen, durch eine Manipulation der Scoringfunktion das Einkaufsergebnis zu verbessern. Durch eine **Diskriminierung der Qualitätskomponente** innerhalb der Scoringfunktion kann der Einkäufer den Preiswettbewerb zwischen Anbietern mit hohen Qualitätsgrenzkosten und sol-

[66] In der Wirklichkeit treffen diese Annahmen nicht immer zu, da man z. B. von einer Firma mit niedriger Qualität ggf. eine längere Garantiefrist erwartet, um die Qualitätsrisiken zu kompensieren. Die beiden Kriterien sind in diesem Fall voneinander abhängig.

chen mit geringen Qualitätsgrenzkosten verstärken. Abhängig vom Unterschied zwischen den erwarteten Qualitätsgrenzkosten der Anbieter sollte die Diskriminierung umso größer ausfallen, je größer das Kostendifferential zwischen den Anbietern ist.[67] Dabei sollte aber die Anzahl der Bieter berücksichtigt werden, da bei steigender Anzahl der Wettbewerb auch ohne Diskriminierung hinreichend groß wird (David et al. 2002, S. 12). Insgesamt kann durch die Qualitätsdiskriminierung ein günstigeres Gesamtergebnis für das beschaffende Unternehmen erzielt werden (Che 1993, S. 675). Problematisch ist nur, dass die Qualitätsdiskriminierung dazu führen kann, dass ein ineffizientes Ergebnis erreicht wird, bei dem der Einkäufer ex-post ein Interesse hat, zu einer Lösung mit höherem Preis und höherer Qualität zu wechseln (Che 1993, S. 675).

Grundsätzlich ist es zweifelhaft, ob eine solche Qualitätsdiskriminierung im Beschaffungsmanagement durchgesetzt werden kann. Erstens ist mit Widerstand der innerbetrieblichen Bedarfsträger bzw. Nutzer zu rechnen, für die häufig andere Kriterien als der Preis eine größere Relevanz haben. Zweitens ist mit Widerspruch bei den Lieferanten zu rechnen, die ein solches Verfahren sicherlich als unfair empfinden werden. Letzteres kann dazu führen, dass die Lieferanten mittelfristig das Interesse an entsprechenden Auktionen verlieren und die Teilnehmerzahl sinkt, was wiederum zu schlechteren Auktionsergebnissen führen würde. Wie in Abschnitt 2.4 gezeigt, ist es für die teilnehmenden Lieferanten äußerst wichtig, das Einkaufsauktionen grundsätzlich fair verlaufen.

3.3.3 Formen Multiattributer Auktionen

Grundsätzlich hängt die Wahl der Auktionsform davon ab, in welchem Zusammenhang die Angebote und die Kosten der Bieter zueinander stehen. Für den Fall unabhängiger Kosten analog zum IPV-Modell zeigt Che, dass eine **Firstscore-Auktion** ebenso wie eine **Secondscore-Auktion** zu einem optimalen Ergebnis für den Auktionator führen, wenn er wie in 3.3.2 beschrieben, Qualitätsdiskriminierung vor-

[67] Bei einer Englischen Auktion mit aufeinander folgenden Gebotsrunden besteht eine weitere Möglichkeit darin, die Scoringfunktion im Verlauf mehrerer Runden auf Basis der Gebote der Vorrunden zu optimieren. Da das beschaffende Unternehmen in der Regel nicht weiß, wie die Kostenstrukturen der verschiedenen Bieter beschaffen sind, kann es auf Basis der Gebote der ersten Runden Abschätzungen über die Qualitätsgrenzkosten der einzelnen Bieter treffen. Auf Basis dieser Abschätzungen kann in einer letzten Runde eine optimierte Scoringfunktion berechnet werden, die den Abstand zwischen dem besten und dem zweitbesten Bieter minimiert und so den resultierenden Nutzen für den Einkäufer maximiert (Beil und Wein 2003, S. 1544).

nimmt (Che 1993, S. 675). Die Firstscore-Auktion funktioniert analog zur Erstpreisauktion, es gewinnt das höchste Scoring-Ergebnis, und eine Leistung entsprechend dem Ergebnis muss erbracht werden. Bei der Secondscore-Auktion, muss der Auktionsgewinner eine Leistung erbringen, die dem Scoringergebnis des zweitbesten Auktionsteilnehmers entspricht.[68] In Ergänzung zu der Arbeit von Che wurde eine **Englische Scoringauktion** entwickelt, bei der die Bieter die Möglichkeit haben, auf die Gebote der anderen Teilnehmer zu reagieren, und ihre Gebote anzupassen (David et al. 2002; Seifert und Strecker 2003). Für ein solches Verfahren[69] muss auf Basis der Preis- und Qualitätsgebote zeitnah der entsprechende Wert der Scoringfunktion berechnet werden, damit die Bieter wissen, wie ihr Gebot gegenüber den Wettbewerbern positioniert ist.

Asker und Cantillon zeigen, dass Secondscore- und Englische Scoringauktionen grundsätzlich anderen Verfahren vorzuziehen sind. Sie vergleichen die Scoring-auktionen mit so genannten Menu-Auktionen, bei denen die Bieter verschiedene Kombinationen aus Preis und Qualität anbieten, und mit Standardausschreibungen mit Mindestniveaus für die Qualitätskriterien (Asker und Cantillon 2004, S. 15–16). Insbesondere das Ausschreibungsverfahren mit Mindestniveaus für die Qualitätskriterien führt im Vergleich zu schlechteren Ergebnissen. Ursache dafür ist, dass es keinen Anreiz mehr für die Bieter gibt, die Qualitäten an den tatsächlichen Bedarf anzupassen, auch wenn der Käufer bereit wäre, mehr zu bezahlen. Das Ergebnis bei solchen Verfahren ist fast immer ineffizient. Der Vergleich der Second-score- und der Englischen Auktion mit der Firstscore-Auktion erweißt sich als schwierig, da die Autoren zusätzlich multidimensionale Kostenstrukturen modellieren, die eine mathematische Lösung erschweren.[70] **Holländische Auktionen** wurden im Kontext

---

[68] Alternativ dazu schlägt Che eine **„second-preferred-offer-Auktion"** vor, bei der der Auktionsgewinner exakt die Preis-Qualitätskombination des zweitbesten Bieters nachbilden muss; das Verfahren ist aber nicht mehr optimal für den Auktionator (Che 1993, S. 675).

[69] Als weiterer Ansatz wurde der Einsatz so genannter Bieterkredite untersucht. Dabei wird allen Lieferanten ein zusätzlicher Geldtransfer angeboten, der nur dem Auktionsgewinner tatsächlich gewährt wird. Die Geldtransfers orientieren sich an der ex ante evaluierten Qualität der einzelnen Lieferanten, und es werden Lieferanten mit hoher Qualität bzw. günstigeren Qualitätskosten durch geringere Transfers diskriminiert. Dadurch wird der Wettbewerb zwischen den Bietern intensiviert (siehe auch Abschnitt 3.3.2). Im Ergebnis kann durch ein solches Verfahren ein günstigeres Ergebnis aus Sicht des Einkäufers erzielt werden, wobei dies zu Lasten des Profites des Lieferanten und der ökonomischen Effizienz erfolgt (Shachat und Swarthout 2003, S. 23).

[70] Branco modelliert korrelierte Qualitätskosten, bei denen es optimal ist, im Anschluss an eine Firstscore-Auktion die optimale Qualität zu berechnen, und diese vom Auktionsgewinner einzufordern (Branco 1997, S. 71).

Multiattributer Auktionen bislang nicht untersucht. Es wäre aber denkbar, dass bei einer Beschaffungsauktion eine Auktionsuhr den Gesamtscore Schritt für Schritt absenkt, bis die erste Firma signalisiert, dass sie bereit ist zu diesem Scoringergebnis zu liefern. Die Firmen müssten aber zeitgleich auf ein Rechenprogramm zurückgreifen können, um den für sie maximalen Scoringwert zu berechnen. Aus ökonomischer Sicht ist zu erwarten, dass sich die Teilnehmer verhalten wie in einer First-score-Auktion.

Insgesamt ist die ökonomische Durchdringung Multiattributer Auktionen noch sehr lückenhaft und unvollständig. Es lässt sich aber zusammenfassen, dass solche Auktionen eine viel versprechende Perspektive bieten, insbesondere wenn es darum geht, komplexere Güter mit Hilfe von Auktionen zu beschaffen. Bedauerlicherweise gibt es keine Arbeit, die das Thema Multiattribute Auktionen in einen Zusammenhang zum Konzept der affiliierten Wertschätzungen von Milgrom und Weber setzt. Analog zu den Erkenntnissen aus 3.1.2.2 lässt sich vermuten, dass in einem stark kompetitiven Umfeld mit homogenen Kostenstrukturen die Bieter ihre Qualitätsleistung anpassen, wenn sie eine höhere Leistung bei ihren Wettbewerbern beobachten. Es ist anzunehmen, dass Lieferanten entsprechend reagieren, wenn in einer Beschaffungsauktion die Konkurrenten sich qualitativ besser darstellen (z. B. kürzere Lieferzeiten oder längere Garantiefristen bieten). In einem solchen Umfeld würden dann Englische Scoringauktionen zu besseren Ergebnissen für das beschaffende Unternehmen führen, da die Lieferanten die Möglichkeit haben, ihre Gebote und entsprechende qualitative Leistungsmerkmale dem Gebotsniveau der Wettbewerber anzupassen. Dieser Effekt ist allerdings nur erreichbar, wenn während der Auktion Transparenz über die Höhe der jeweiligen Gebote (oder zumindest den entsprechenden Score) in allen Kriterien besteht, damit Lieferanten sehen können, in welchen Bereichen sie besser werden müssen.

Arbeitshypothese 14: Bei Multiattributen Auktionen in einem homogenen und stark kompetitiven Umfeld sollten für ein optimales Beschaffungsergebnis Englische Scoringauktionen verwendet werden.

3.3.4 Informationstransparenz bei Multiattributen Auktionen

Unabhängig von der Auktionsform ist zu entscheiden, welche wesentlichen Informationen zur Auktion das beschaffende Unternehmen weitergeben sollte. Wesentliche Informationen sind vor allem die Scoringfunktion und die Gewichte für die einzelnen Kriterien sowie die Anzahl der Bieter. Bei einer Englischen Scoringauktion kommen dazu noch das Gesamtscoringergebnis und gegebenenfalls die Scores zu einzelnen Attributen für alle Bieter nach jeder Angebotsrunde. Dabei kann unterschieden werden zwischen **Angebotsseitigen Informationen** wie den Geboten der anderen Bieter und ihrem Scoringergebnis sowie **Nachfrageseitigen Informationen** wie der Zusammensetzung der Scoringfunktion bzw. ihren Gewichten. Verbesserte Transparenz über Angebotsseitige Informationen hilft den Anbietern ihre Wettbewerbsposition im Verhältnis zu den Konkurrenten zu bestimmen, wodurch der Wettbewerb verstärkt wird und die Wahrscheinlichkeit erhöht wird, dass der günstigste Anbieter die Auktion gewinnt. Eine bessere Transparenz über die Scoringfunktion bzw. ihre Gewichte hilft den einzelnen Anbietern vor allem, ein für den Käufer optimales Angebot zu spezifizieren, und unterstützt damit die win-win Komponente der Multiattributen Auktion (Koppius und van Heck 2003, S. 11). Insgesamt erscheint es also sinnvoll, eine möglichst große Informationstransparenz bei Multiattributen Auktionen herzustellen. Voraussetzung dafür bleibt aber, dass ein hinreichender Wettbewerb zwischen den Lieferanten sichergestellt ist. Besteht dieser nicht, so können die Informationen gegebenenfalls die Verhandlungsmacht einzelner Lieferanten stärken.

4 Forschungshypothesen und Vorgehen der empirischen Untersuchung

4.1 Forschungshypothesen für die empirische Untersuchung

Im folgenden Kapitel soll auf Basis der in Kapitel 2 und 3 zusammengetragenen Erkenntnisse und Arbeitshypothesen zu Beschaffungsmanagement und Auktionstheorie ein System von Forschungshypothesen zur Beantwortung der eingangs beschriebenen Forschungsfragen entwickelt werden. Da eine Überprüfung der Forschungshypothesen mit Hilfe von Interviews mit Fachleuten aus der Einkaufs- und Auktionspraxis erfolgt, wird bei der Formulierung dieser Forschungshypothesen versucht, Termini der Spieltheorie soweit wie möglich durch betriebswirtschaftliche bzw. umgangssprachliche Formulierungen zu ersetzen. Um die Durchführung der Interviews und die Diskussion der Ergebnisse zu erleichtern, werden die in diesem Abschnitt herausgearbeiteten Forschungshypothesen außerdem zu vier grundsätzlichen Themenbereichen zusammengefasst.

Auswahl von Lieferanten und Preisverhandlungen sind zentrale Aufgaben des operativen Beschaffungsmanagements (siehe Abschnitt 2.2.1). Dabei gibt es durch das Internet mittlerweile die Möglichkeit sowohl die Auswahl eines Lieferanten als auch die Preisfindung mit Hilfe von Online-Auktionen abzuwickeln. Auktionen haben im Vergleich zu herkömmlichen Verhandlungen wie in Abschnitt 3.1 dargestellt den Vorteil, dass der Auktionator seine Verhandlungsmacht durch die verbindliche Festlegung auf einen Entscheidungsmechanismus stärkt. Das bedeutet, dass Auktionen im Vergleich zu Verhandlungen effektiver sind bei der Durchsetzung günstiger Preise. Verfolgt das Beschaffungsmanagement bei einem Beschaffungsvorgang als zentrales Ziel die Durchsetzung günstiger Preise, ist es folglich sinnvoll, Einkaufsauktionen zu verwenden. Da in der betrieblichen Beschaffung auch andere Aspekte außer günstigen Preisen vergaberelevant sind, wie z.B. Qualität, Liefertreue oder das Vertrauensverhältnis, beschränken sich die Vorteile von Einkaufsauktionen vermutlich auf Ausschnitte des Beschaffungsvolumens, sie werden Verhandlungen daher nur in gewissem Umfang ersetzen.

Forschungshypothese 1: Einkaufsauktionen werden klassische Verhandlungen zu einem gewissen Umfang ersetzen, um günstigere Preise am Beschaffungsmarkt durchzusetzen.

Die Durchführung von E-Procurement Anwendungen wie Online-Auktionen kann wie in Abschnitt 2.3.2 dargestellt auch helfen, Verhandlungen mit verschiedenen Lieferanten deutlich zu verkürzen. Auktionen können somit dazu beitragen, die Prozesskosten im Beschaffungsmanagement zu senken und die Effizienz des Einkaufs zu erhöhen. In Einkaufsbereichen, in denen dieses Motiv wichtig ist, sind folglich Einkaufsauktionen ebenso sinnvoll.

Forschungshypothese 2: Neben der Senkung der Einkaufspreise werden Auktionen auch zur Senkung der Kosten im Einkaufsprozess eingesetzt.

Grundsätzlich sind Einkaufsauktionen nur dann sinnvoll, wenn hinreichender Wettbewerb am Beschaffungsmarkt besteht. Ist diese Vorraussetzung erfüllt, sind Auktionen im Vergleich zu Verhandlungen **effektiver bei der Preisdurchsetzung** und Durchsetzung von Marktmacht und **effizienter bei der Prozessabwicklung**. Gemäß dem von Kraljic entwickelten Portfolioansatz des strategischen Beschaffungsmanagements (siehe Abschnitt 2.2.2) soll bei der Entwicklung von Beschaffungsstrategien unterschieden werden, ob hinreichender Wettbewerb am Beschaffungsmarkt herrscht oder nicht. In den Bereichen, in denen hinreichender Wettbewerb herrscht, sollte in wichtigen Bereichen versucht werden, die Marktmacht zu nutzen (Schlüsselprodukte), in weniger wichtigen Bereichen sollten die Prozesskosten gesenkt werden (unkritische Produkte). Da Auktionen helfen, die Marktmacht zu nutzen und die Prozesskosten zu senken, ist ihr Einsatz sowohl für die Beschaffung von unkritischen Produkten als auch für die von Schlüsselprodukten sinnvoll. Folglich müssten Auktionen nicht nur im Bereich der C-Teile Beschaffung mit geringen Auftragsvolumina, sondern auch bei hochwertigen Beschaffungsaufträgen eine Rolle spielen.

Forschungshypothese 3: Es werden auch hochwertige und komplexere Güter mit Hilfe von Einkaufsauktionen beschafft, und nicht nur einfache und standardisierte Teile (z. B. C-Teile).

Da vor allem bei hochwertigen Beschaffungsaufträgen neben dem Preis auch andere Kriterien in den Vordergrund treten oder die Aufträge häufiger in einzelne Lose unterteilt werden, ist zu erwarten, dass auch komplexere Auktionsformen wie in den Abschnitten 3.2 und 3.3 beschrieben, eingesetzt werden.

Forschungshypothese 4: Bei Einkaufsauktionen werden auch komplexere Auktionen für mehrere Lose oder unterschiedliche Attribute eines Beschaffungsobjekts eingesetzt.

Die **Forschungshypothesen 1–4** werden im Folgenden als Fragestellungen zum **Themenbereich Perspektiven von Einkaufsauktionen** zusammengefasst. Dieser Themenbereich behandelt in ausführlicher Form die erste in Abschnitt 1.1 genannte Forschungsfrage, in welchem Ausmaß Auktionen Verhandlungen ersetzen werden. Die spezifischen Erkenntnisse der Auktionstheorie spielen bei diesem Themenbereich noch keine zentrale Rolle.

Ein zentrales Ergebnis der Auktionstheorie ist das Revenue Equivalence Theorem und seine Ausnahmen, auf deren Basis abgeschätzt werden kann, wann welche Auktionsform vorteilhaft ist. Gemäß den in den Abschnitt 3.1.1–3.1.2.3 entwickelten Arbeitshypothesen 2, 3 und 5 sind Holländische- oder Erstpreisauktionen unter den folgenden drei Umständen vorteilhaft:

1. Wenn die Auktionsergebnisse nicht allzu stark schwanken sollen (Varianzminimierung)
2. Wenn zu erwarten ist, dass einzelne Bieter die Auktion auf keinen Fall verlieren wollen (Risikoaversion)
3. Wenn ein Bieter wesentlich stärker bzw. kostengünstiger als die anderen Bieter ist (Asymmetrie)

Da zu erwarten ist, dass bei Beschaffungsvorgängen gelegentlich einer der drei Umstände relevant ist, sollten Holländische- oder Erstpreisauktionen grundsätzlich als Auktionsform im Beschaffungsmanagement anzutreffen sein. Da zu erwarten ist, dass für die Durchführung von Einkaufsauktionen entsprechende Auktionsfachleute entweder im Unternehmen oder bei Beratungsfirmen konsultiert werden, sollten die oben beschriebenen Umstände unter denen solche Auktionen vorteilhaft sind, den verantwortlichen Einkäufern bewusst sein.

Forschungshypothese 5: Bei Einkaufsauktionen werden auch Holländische- oder Erstpreisauktionen eingesetzt.

Forschungshypothese 6: Wenn Holländische- oder Erstpreisauktionen eingesetzt werden, dann unter den Umständen Varianzminimierung, Risikoaversion oder Asymmetrie.

Eine der entscheidenden Einschränkungen des Revenue Equivalence Theorems ist das in Abschnitt 3.1.2.2. beschriebene Konzept der affilierten Wertschätzungen (bzw. Kosten) der Bieter von Milgrom und Weber. Wie in Arbeitshypothese 4 dargestellt sind Englische Auktionen vorteilhaft, wenn die Bieter ihre Wertschätzung von den Geboten der übrigen Bieter abhängig machen. In stark kompetitiven Beschaffungsmärkten lässt sich folglich erwarten, dass Englische Auktionen besser abschneiden als Erstpreis- oder Holländische Auktionen.

Forschungshypothese 7: Englische Auktionen werden im Beschaffungsmanagement für Auktionen in stark kompetitiven Märkten eingesetzt.

Die **Forschungshypothesen 5–7** beschäftigen sich ausschließlich mit der kontextabhängigen Wahl einer geeigneten Auktionsform, sie werden daher im Folgenden zu dem **Themenbereich Auswahl einzelner Auktionsformen** zusammengefasst.

Neben der Auktionsform sind in der Auktionstheorie aber auch eine Reihe anderer wichtiger Gestaltungsparameter von Auktionen diskutiert worden. Ein zentrales Ergebnis der Auktionstheorie ist die in Arbeitshypothese 1 (Abschnitt 3.1.1) beschriebene Erkenntnis, dass das Auktionsergebnis durch die Anzahl der Bieter positiv beeinflusst wird. Im Beschaffungsmanagement sollte bei der Durchführung von Auktionen daher grundsätzlich versucht werden, so viele Bieter wie möglich für einzelne Einkaufsauktionen zu gewinnen.

Forschungshypothese 8: Das Beschaffungsmanagement versucht, die Anzahl der Bieter in einer Auktion zu maximieren.

Wie in Arbeitshypothese 6 (Abschnitt 3.1.2.3) beschrieben, ist es bei Auktionen mit einzelnen stärkeren Bietern vorteilhaft, diese durch Diskriminierung (z. B. durch Prämien für schwächere Bieter) zu aggressiveren Geboten anzureizen. Folglich kann das Beschaffungsmanagement bei bekannten Kostenunterschieden versuchen, durch die systematische Auswahl von Prämien oder Diskriminierungen, das Auktionsergebnis zu verbessern.

Forschungshypothese 9: Das Beschaffungsmanagement kann bestehende Kostenunterschiede der Lieferanten durch gezielte Diskriminierung und Prämien nivellieren, um das Auktionsergebnis zu verbessern.

Gemäß dem in Abschnitt 3.1.2.4 beschriebenen Ansatz aus der Theorie optimaler Auktionen kann das Auktionsergebnis verbessert werden, wenn ein ambitionierter Reservationspreis gesetzt wird, mit dem die Auktion eröffnet wird. Um bei der empirischen Befragung begriffliche Irritationen zu vermeiden, wird im Gegensatz zu der zugrunde liegenden Arbeitshypothese 7 bei der Befragung der Begriff Anfangspreis anstatt Reservationspreis genutzt.

Forschungshypothese 10: Bei Einkaufsauktionen wird durch ambitionierte Anfangspreise das Auktionsergebnis positiv beeinflusst.

Eine entscheidende Vorraussetzung für den Erfolg einer Auktion ist die Abwesenheit von Absprachen bzw. kollusivem Verhalten zwischen den Auktionsteilnehmern (Abschnitt 3.1.2.5). Die Gefahr, dass es zu solchem Verhalten kommt, ist insbesondere bei wiederholten Auktionen mit beschränktem und einheitlichem Bieterkreis groß, wie in Arbeitshypothese 8 dargestellt. Das Beschaffungsmanagement sollte daher in einem solchen Kontext sorgfältig prüfen, ob die Gefahr von Kartellen oder Kollusion besteht, und Maßnahmen erwägen, um die resultierenden Risiken bei Auktionen zu vermindern.

Forschungshypothese 11: Das Beschaffungsmanagement trifft entsprechende Gegenmaßnahmen bei Auktionen, bei denen die Gefahr von Kartellbildung seitens der Bieter besteht.

Eines der jüngeren Ergebnisse der Auktionstheorie ist der in Abschnitt 3.1.3.1 beschriebene Effekt später Gebote *(engl. sniping)*, der bei Auktionen mit einem zeitlichen fixierten Endpunkt besteht. Um den negativen Einfluss dieses Effektes auf das Auktionsergebnis zu vermeiden, sollte bei Einkaufsauktionen gemäß der Arbeitshypothese 9 kein zeitlich fixierter Endpunkt gesetzt werden.

Forschungshypothese 12: Bei Einkaufsauktionen wird kein zeitlich fixierter Endpunkt gesetzt.

Wie in Arbeitshypothese 10 (Abschnitt 3.1.3.5) beschrieben, ist es mitunter sinnvoll die Teilnehmer einer Auktion im Unklaren darüber zu lassen, wie viele Bieter an der Auktion teilnehmen, um sie so zu aggressiveren Geboten zu bewegen. Das bedeutet, dass beim Design einer Einkaufsauktion und des entsprechenden Online-Tools versucht werden sollte, die entsprechenden Informationen für die Bieter zu beschränken.

Forschungshypothese 13: Die Bieter werden in einer Einkaufsauktion nicht darüber informiert, wie hoch die Anzahl der Bieter insgesamt ist.

Forschungshypothesen 8–13 beschreiben eine Vielzahl unterschiedlicher Aspekte die bei der Ausgestaltung von Auktionen berücksichtigt werden müssen, sie werden im weiteren zum **Themenbereich Gestaltungsmerkmale einzelner Auktionen** zusammengefasst.

Die bislang beschriebenen Forschungshypothesen beschränken sich auf die Untersuchung von einfachen Auktionen. Es bleibt daher weiterhin zu Überprüfen, in welchem Umfang auch die in den Abschnitten 3.2 und 3.3 beschriebenen komplexeren Auktionen für mehrere Güter oder mehrere Attribute eines Gutes in der Praxis eingesetzt werden. Wie bereits in Forschungshypothese 4 formuliert, ist grundsätzlich zu erwarten, dass auch komplexere Auktionsformen beim Einsatz von Auktionen im Beschaffungsmanagement eine Rolle spielen. Bei der Vergabe von mehreren Aufträgen oder von Aufträgen, die in einzelne Lose unterteilt sind, stellt sich zu erst die Frage, ob diese nacheinander (sequentiell) oder gleichzeitig (simultan) durch Einkaufsauktionen vergeben werden sollen. Wie in Abschnitt 3.2.1 herausgearbeitet, besteht bei sequentiellen Auktionen einheitlicher Güter das Risiko stark schwankender Einzelpreise. Sequentielle Auktionen sollten daher wie dargestellt (Arbeitshypothese 11) im Beschaffungsmanagement nicht eingesetzt werden.

Forschungshypothese 14: Sequentielle Auktionen werden im Beschaffungsmanagement nicht verwendet.

Bei der Durchführung von simultanen Auktionen ist grundsätzlich zu erwägen, ob das kompetitive Verfahren mit einem einheitlichen Preis oder das diskriminierende Verfahren angewendet werden soll, bei dem die Preise von den individuellen Geboten der Bieter bestimmt werden. Wie bereits in der Arbeitshypothese 12 dargelegt, gibt es aus der Theorie keine eindeutige Empfehlung für eines der beiden Verfahren. Folglich lässt sich in dieser Hinsicht keine eindeutige Forschungshypothese sondern nur eine Forschungsfrage hinsichtlich des Einsatzes der beiden Auktionsformen formulieren.

Forschungsfrage 15: Wird bei simultanen Auktionen gleicher Aufträge das kompetitive oder das diskriminierende Auktionsverfahren eingesetzt?

Eine unterschiedliche Situation ergibt sich, wenn verschiedene Aufträge bzw. Lose mit potenziellen Synergien bei den Herstellkosten der einzelnen Lose vergeben werden. Bei solchen Auktionen können die Teilnehmer höhere Gebote abgeben, wenn sie genau auf die Kombination von Einzelaufträgen bieten können, die aus Sicht ihrer Herstellungsprozesse kostenoptimal zusammen passt. In einem solchen Umfeld lässt sich durch Kombinatorische Auktionen ein insgesamt besseres Ergebnis erzielen, als durch einfache simultane Auktionen. Da es wie in 3.2.3.3 dargestellt auch schon erste kommerzielle Anbieter für entsprechende Auktionssoftware gibt, ist zu erwarten, dass entsprechende Kombinatorische Auktionen bereits in Bereichen eingesetzt werden, in denen Synergien bei den Herstellkosten relevant sind (Arbeitshypothese 13).

Forschungshypothese 16: In Bereichen mit potenziellen Synergien bei den Herstellkosten für einzelne Aufträge oder Lose werden Kombinatorische Auktionen eingesetzt.

Für den Fall, dass neben dem Preis auch andere Kriterien bei der Vergabe entscheidend sind, wurden so genannte Multiattribute Auktionen entwickelt. Bei solchen Auktionen kann nicht nur für den Preis, sondern zusätzlich auch für andere vorab festgelegte Attribute wie zum Beispiel Qualität oder Lieferzeit geboten werden. Wie in Abschnitt 3.3 dargestellt, können solche Auktionen nicht nur für das Beschaffungsmanagement attraktiver sein als herkömmliche Auktionen, sondern auch für die teilnehmenden Lieferanten. Die Lieferanten haben bei solchen Auktionen eher die Möglichkeit ihre spezifischen Wettbewerbsvorteile in anderen Bereichen als dem Preis geltend zu machen. Unabhängig von den in Arbeitshypothese 14 in Abschnitt 3.3.3 dargestellten Vorteilen einer spezifischen Form Multiattributer Auktionen muss aber erst überprüft werden, ob und in welchem Umfang Multiattribute Auktionen in der Praxis überhaupt eingesetzt werden.

Forschungshypothese 17: Multiattribute Auktionen werden im Einkauf für die Beschaffung komplexerer Einzelbedarfe eingesetzt.

Die Forschungshypothesen 14–17 die sich ausnahmslos mit komplexeren Auktionen für mehrere Güter, Kombinationen von Gütern oder mehrere Attribute bei einem Gut beschäftigen, werden im Folgenden im **Themenbereich Einsatz komplexer Auktionsformen** zusammengefasst.

4.2 Vorgehen der empirischen Untersuchung

Zur Überprüfung der in Abschnitt 4.1. dargestellten Forschungshypothesen wurden drei Reihen von Experteninterviews und eine Unternehmensbefragung zum Einsatz von Auktionen durchgeführt. Dabei wurde in der ersten Phase mit 19 Fachleuten aus Dienstleistungsunternehmen[71] für Einkaufsauktionen im Rahmen strukturierter Experteninterviews gesprochen. In der zweiten Phase wurden 100 in Deutschland börsennotierte Unternehmen zum grundsätzlichen Einsatz von Einkaufsauktionen befragt. In der dritten Phase wurden 29 Interviews geführt, bei denen mit Experten für Einkaufsauktionen aus Unternehmen gesprochen wurde, die Auktionen in der Beschaffungspraxis tatsächlich einsetzen. In einer abschließenden 4. Phase wurden die Ergebnisse der vorigen Befragungen zur Validierung mit 5 Führungskräften diskutiert, die über langjährige Erfahrungen im Bereich Einkaufsauktionen verfügen, und in gehobener Stellung in ihren Unternehmen für das Thema verantwortlich sind.

[71] Überwiegend Service Provider von Software für Einkaufsauktionen oder Unternehmen die entsprechende Beratungsleistungen beim Einsatz der Auktionen anbieten.

4.2.1 1. Phase: Experteninterviews mit Auktionsanbietern

Zielsetzung der 1. Untersuchungsphase war es, einen grundsätzlichen Eindruck zum Einsatz von Auktionen in der Praxis zu bekommen, und zu überprüfen, inwieweit die in Abschnitt 4.1 genannten Forschungshypothesen Relevanz für die Auktionspraxis besitzen. Zusätzlich wurde durch entsprechende offene Fragen geprüft, inwieweit es in der Praxis noch weitere wichtige Aspekte zu Einkaufsauktionen gibt, die durch die theoretische Betrachtung bislang unberücksichtigt geblieben sind. Auf Grund der Breite der Interviews mit möglichst vielen Anbietern von Auktionslösungen können die Ergebnisse außerdem zur Überprüfung der Validität der in der 3. Phase durchgeführten Experteninterviews mit Nutzern von Einkaufsauktionen herangezogen werden. Im Sinne der klassischen Konzeption von Validität können Ergebnisse einer Untersuchung durch die Überprüfung mit Ergebnissen einer anderen Untersuchungsreihe auf ihre Übereinstimmungsvalidität hin überprüft werden (Kvale 1995, S. 427).

Für die Interviews der 1. Phase wurde ein Interviewleitfaden entwickelt, der sich an den in Abschnitt 4.1 beschriebenen 4 Themenbereichen orientiert, und dabei alle 17 Forschungshypothesen teils als offene, dichotome oder als geschlossene Fragen aufnimmt. Um weitere Aspekte zu erfassen, wurde jeder Themenbereich außerdem um eine offene Frage dahingehend erweitert, ob es zu diesem Bereich weitere wichtige Aspekte gibt. Der Interviewleitfaden wurde physisch so gestaltet, dass neben jeder Frage hinreichend Platz ist, um die Antworten der Befragten und zusätzliche Notizen zu erfassen. Ein Abdruck der in der 3. Phase leicht überarbeiteten Version des Fragebogens findet sich in Anhang 1.

Zur Identifikation geeigneter Experten wurde im Mai 2006 die vom Bundesverband für Materialwirtschaft, Einkauf und Logistik, BME durchgeführte Fachmesse *e_procure&supply* besucht. Die *e_procure&supply* ist eine seit 6 Jahren durchgeführte Fachmesse, auf der neue IT und Softwarelösungen sowie Beratungsleistungen für das Beschaffungs- bzw. Supply Chain Management angeboten werden. 2006 nahmen insgesamt 168 Aussteller und über 3.000 Besucher an der Messe teil (Messe Nürnberg 2006b). Gemäß dem Messekatalog waren unter den Ausstellern insgesamt 37 Unternehmen, die Lösungen zum Thema Auktionen in der Beschaffung anbieten (Messe Nürnberg 2006a, S. 150). Von den 37 Unternehmen die alle im Verlauf eines zweitägigen Besuches der Messe angesprochen wurden, äußerten 13, dass sie im Bereich Einkaufsauktionen bislang nicht wirklich tätig geworden sind, und entsprechend keine Erfahrungen in diesem Bereich gesammelt haben. Von den übrigen 24 Unternehmen hatten 5 keinen geeigneten Fachmann für das Thema Auktionen auf der Messe vor Ort. Bei 19 Unternehmen konnte ein entsprechender Experte im

Rahmen eines 30–40-minütigen Interviews anhand des beschriebenen Leitfadens gesprochen werden. Als zusätzlichen Anreiz für die Teilnahme wurde allen Befragten zugesichert, dass sie eine Zusammenfassung der Ergebnisse nach Abschluss der Untersuchung erhalten.

Im Ergebnis der Befragung zeigte sich, dass die Fragen grundsätzlich verständlich sind und die meisten Fragestellungen, die bei Einsatz und Gestaltung von Auktionen geklärt werden müssen, berücksichtigt werden. Die spezifischen Ergebnisse werden im Folgenden im Kapitel 5 in Zusammenhang mit der Befragung von Auktionsnutzern diskutiert. Unabhängig von den spezifischen Ergebnissen zeigte sich in der 1. Phase Anpassungsbedarf beim Fragebogen an den folgenden drei Punkten:

1. Nicht alle Unternehmen, die Einkaufsauktionen durchführen, behandeln das Auktionsergebnis dahingehend verbindlich, dass der beste Bieter den Auftrag zum gebotenen Preis erhält. Eine Reihe von Unternehmen nutzt das Auktionsformat im Rahmen so genannter Biddings, wo der Auftrag nach Ermessen des Einkäufers an einen der besten zwei oder drei Bieter vergeben wird. Folglich wurde für die 3. Phase eine zusätzliche **Forschungsfrage 1b** aufgenommen, die abfragt inwieweit die **Auktionsergebnisse als verbindlich gehandhabt werden.**
2. Fast alle Anbieter von Auktionssoftware bieten die klassische Englische Auktion in verschiedenen Ausgestaltungsformen an. Je nach Ausgestaltung erhalten die Bieter Informationen über die Höhe des besten Gebotes oder aller einzelner Gebote, oder nur Informationen hinsichtlich des Ranges ihres Gebotes. Bei dieser letzten, Rangauktion genannten Form wissen die Bieter ab dem 2. Rang nicht, wie groß die tatsächliche Gebotsdifferenz ihres Gebotes zum führenden Gebot ist. Darüber hinaus werden auch Ampelauktionen eingesetzt (führendes Gebot: grünes Licht, nahe folgende Gebote gelbes Licht, abgeschlagene Gebote: rotes Licht) und so genannte Drittelauktionen, bei denen die Bieter nur erfahren, ob ihr aktuelles Gebot im 1., 2. oder 3. Drittel aller Gebote liegt. Für die 3. Phase wurde daher im Interviewleitfaden eine zusätzliche **Forschungsfrage 7b zu Vorgehen und Motivation bei der Auswahl von Varianten der Englischen Auktionen aufgenommen.**
3. Viele der befragten Anbieter von Auktionssoftware und entsprechender Beratungslösungen berichteten, dass der Einsatz von Auktionen bei vielen Einkäufern auf starke Vorbehalte stößt. Den Aussagen zufolge ist die Einführung von Auktionen im Einkauf mit Widerständen verbunden und nur bei hinreichendem Druck aus der Unternehmensführung erfolgreich. Folglich wurde bei den Interviews in der 3. Phase **zusätzlich zu Ursachen für Umsetzungsschwierigkeiten und entsprechende Gegenmaßnahmen gefragt.**

4.2.2 2. Phase: Allgemeine Unternehmensbefragung

In der 2. Phase wurden allgemeine Unternehmen kontaktiert und hinsichtlich ihres Einsatzes von Auktionen befragt, um so erstens zu überprüfen, inwieweit Auktionen tatsächlich in der Praxis eingesetzt werden, und zweitens um geeignete Experten für die 3. Phase der empirischen Untersuchung zu identifizieren. Um ein grundsätzlich repräsentatives Sample von Unternehmen zusammenzustellen, wurden dazu die 130 börsennotierten Unternehmen ausgewählt, die in den drei deutschen Standardindizes DAX, MDAX und SDAX vertreten sind. Da es keinen Grund zu der Annahme gibt, dass zwischen der Rechts- und Finanzierungsform eines Unternehmens und seinem Beschaffungsmanagement systematische Zusammenhänge bestehen, erscheint die Beschränkung auf börsennotierte Unternehmen unproblematisch. Durch die Berücksichtigung der drei von der Deutschen Börse entwickelten Größensegmente für die größten Unternehmen (DAX), für mittlere Unternehmen (MDAX) und für kleinere börsennotierte Unternehmen (SDAX), kann bei der Befragung außerdem der Effekt der Unternehmensgröße grundsätzlich berücksichtigt werden.[72] Bei dieser Betrachtung sind herkömmliche kleinere und mittlere Unternehmen unterberücksichtigt, da diese normalerweise keine börsennotierten Aktiengesellschaften sind. Diese Verzerrung wird in Kauf genommen, da insbesondere bei kleinen Unternehmen davon auszugehen ist, dass es dort kein organisatorisch verankertes Beschaffungsmanagement gibt.

Von den insgesamt 130 börsennotierten Unternehmen wurden vorab 17 Unternehmen aus dem Finanz- und Immobiliensektor[73] ausgeklammert, die sich auf spezielle Finanztransaktionen konzentrieren. Bei diesen Unternehmen kann davon ausgegangen werden, dass sie über kein signifikantes Beschaffungsvolumen im herkömmlichen Sinne verfügen. Es erscheint daher nicht sinnvoll, sie zum Einsatz spezialisierter Beschaffungsinstrumente wie z. B. Einkaufsauktionen zu befragen. Große und breit aufgestellte Finanz- und Versicherungsinstitute wie die Deutsche Bank oder die Allianz wurden aber berücksichtigt, da bei ihnen schon allein zur Ausstattung ihrer vielen Mitarbeiter ein signifikantes Einkaufsvolumen zu erwarten ist. Von den übrigen 113 Unternehmen lehnten 13 eine Teilnahme an der Befragung ab bzw. antworteten auch nach dreifacher schriftlicher Anfrage nicht. Insgesamt konnten 100 der insgesamt 130 Unternehmen befragt werden.

---

[72] Hierbei muss einschränkend darauf hingewiesen werden, dass für die Börse das relevante Größenmerkmal die Marktkapitalisierung ist, während man Unternehmen gewöhnlich nach ihrer Umsatzgröße klassifiziert.

[73] Zu den Unternehmen gehören die Deutsche Börse, die Hypo Real Estate, verschiedene Venture Capital Gesellschaften sowie weitere Gesellschaften für die Immobilienfinanzierung (siehe Anhang 2).

Bei allen Unternehmen wurde in einem ersten Schritt die allgemeine Telefonzentrale angerufen, und nach einem Ansprechpartner für den elektronischen Einkauf im zentralen oder im strategischen Einkauf gefragt. Für den Fall, dass es keine entsprechende Funktion im Unternehmen gab, wurde nach einem Ansprechpartner vom Einkauf für Informationstechnologie, IT[74] gefragt. Bei den so identifizierten Personen wurde gefragt, wer im Unternehmen der Fachmann für den Einsatz elektronischer Beschaffungsinstrumente wie zum Beispiel Einkaufsauktionen sei. Bei kleineren Unternehmen wurde man dabei häufig direkt an einen entsprechenden Leiter aus dem Einkaufsbereich verwiesen. Die letztendlich als geeigneter Fachmann identifizierte Person wurde grundsätzlich nach dem Einsatz von Auktionen im Unternehmen befragt. Bei Holding-Unternehmen oder Unternehmen ohne zentrale Einkaufsfunktion wurde nach einer entsprechenden Funktion im größten Tochterunternehmen gefragt. Von den 100 befragten Unternehmen setzten nach eigener Auskunft 35 Unternehmen Auktionen in der Beschaffung ein, während 65 Unternehmen bislang keine Auktionen in der Beschaffung einsetzten.

4.2.3 3. Phase: Experteninterviews mit Nutzern von Einkaufsauktionen

Von den Fachleuten aus den 35 identifizierten Unternehmen, die Auktionen in der Beschaffung einsetzen, erklärten sich 29 Experten für ein umfassendes Telefoninterview bereit. Die durchschnittlich 30–40-minütigen Interviews wurden gemäß dem bereits in der 1. Phase eingesetzten, aber nun überarbeiteten Interviewleitfaden geführt. Die Fachleute erhielten vorab eine elektronische Version des Interviewleitfadens für die Vorbereitung und das eigentliche Interview per Email zugesandt. Als Anreiz für die Teilnahme wurde außerdem allen Interviewteilnehmern eine Zusammenfassung der Ergebnisse zugesagt. Die Antworten und weiteren Aussagen der Teilnehmer wurden bereits während der Telefoninterviews direkt auf den Interviewleitfäden mitgeschrieben, durch die Gestaltung des Interviewleitfadens war es möglich, den Großteil der Aussagen und Antworten direkt den einzelnen Themenbereichen zu zuordnen.

4.2.4 4. Phase: Validierung der Ergebnisse mit erfahrenen Führungskräften

Die Ergebnisse der vorigen Befragungsphasen wurden zum Abschluss in Gesprächen mit erfahrenen Führungskräften in einer zusätzlichen Untersuchungsphase

[74] Auf Grund der inhaltlichen und technischen Nähe von Software-Tools für den Einkauf und dem IT-Einkauf kann man davon ausgehen, dass IT-Einkäufer grundsätzlich wissen, ob solche Software bei ihnen eingesetzt wird.

validiert. Als Grundlage für die Validierungsgespräche wurden die in Kapitel 5 dargestellten Ergebnisse stichpunktartig auf 15 Seiten zusammengefasst, den ausgewählten Führungskräften zugesandt, und gemeinsam mit ihnen diskutiert. Die entsprechenden Telefongespräche dauerten durchweg 60 Minuten und länger und umfassten alle hier behandelten Ergebnisse. Zusätzlich zur Validierung der Ergebnisse wurde in den Gesprächen auch gefragt, inwieweit die Ergebnisse aus Deutschland auf andere Länder übertragbar sind, worauf abschliessend in Kapitel 8 kurz eingegangen wird. Diese Frage war möglich, da die Führungskräfte alle sowohl in Deutschland als auch in anderen Ländern Erfahrungen mit Einkaufsauktionen gesammelt haben. Die Auswahl der Führungskräfte erfolgte auf Empfehlung von Unternehmen die Auktionen einsetzen und von Anbietern von Auktionssoftware. Außerdem wurde aktiv nach einem Ansprechpartner beim US-Unternehmen General Electric, GE gesucht. GE machte bereits im Jahr 2000 Schlagzeilen, weil es schon damals in umfassendem Maß Einkaufsauktionen einsetzte. Die Führungskräfte wurden durchweg als besonders erfahrene Spezialisten zum Thema Auktionsnutzung und Auktionsgestaltung beschrieben, und verfügen alle über mindestens 5 Jahre Erfahrung im Bereich von Einkaufsauktionen. Namen, Position und Unternehmen der Führungskräfte befinden sich in Anhang 3.

4.3 Methodische Anmerkungen zur empirischen Untersuchung

4.3.1 Auswahl Experten und Durchführung der Befragung

In der empirischen Sozialforschung wird in der Regel angestrebt, die Erhebung von Untersuchungsdaten auf Basis einer repräsentativen Stichprobe aus der Grundgesamtheit durchzuführen. Bei der Anwendung entsprechender Methoden auf betriebswirtschaftliche Fragestellungen ist die Sicherstellung der **Repräsentativität** schwierig, da die Grundgesamtheit meist nicht klar spezifiziert ist. In der 2. und 3. Phase der empirischen Erhebung konnte durch die breite Auswahl der kontaktierten Unternehmen die Repräsentativität grundsätzlich sichergestellt werden, auch wenn es sich nicht um eine tatsächliche Zufallsstichprobe im Sinne der empirischen Sozialforschung handelt (siehe Schnell et al. 2005, S. 304). Es kann aber davon ausgegangen werden, dass die 3 Börsenindizes DAX, MDAX und SDAX ein vergleichsweise repräsentatives Bild der deutschen Wirtschaft darstellen. Dabei wird allerdings bewusst in Kauf genommen, dass die vielen, nicht an der Börse notierten Kleinunternehmen und die vielen staatlichen und kommunalen Unternehmen unberücksichtigt bleiben. Bei den Kleinunternehmen kann davon ausgegangen werden, dass das Beschaffungswesen nicht hinreichend betrieblich ausgebaut ist. Die staatlichen und kommunalen Unternehmen sollten auf Grund des Einflusses von politischen Entscheidungsträgern und den Vorgaben des europäischen Vergaberechts grundsätzlich getrennt betrachtet werden.

Bei der Befragung von Auktionsexperten während einer mehrtägigen Fachmesse in der 1. Phase der empirischen Untersuchung handelt es sich stattdessen um das Verfahren einer bewussten Auswahl von Experten. Durch ein solches Verfahren ist die Anwendung **inferenzstatistischer Methoden**[75] für Rückschlüsse auf eine Grundgesamtheit nicht möglich (Schnell et al. 2005, S. 298), es bleibt aber trotzdem ein in der empirischen Sozialforschung weit verbreiteter und akzeptierter Ansatz. Auf Grund der geringen Stichprobe sind Schlüsse hinsichtlich **kausaler Zusammenhänge** (z. B. wer länger Auktionen einsetzt, setzt auch gezielter unterschiedliche Auktionsformen ein; nur wer in großem Umfang Auktionen einsetzt, setzt auch komplexere Auktionen ein; ...) nur sehr begrenzt möglich, z. B. wenn sehr ausgeprägte Zusammenhänge bei den Antworten auftreten. Die Identifikation von kausalen Zusammenhängen steht aber nicht im Vordergrund, um die übergreifenden Forschungshypothesen zu überprüfen und die zugrunde liegenden Forschungsfragen zu beantworten. Eine Ausnahme stellt Abschnitt 5.6 zur Untersuchung von Zusammenhängen beim Auktionseinsatz in einzelnen Unternehmen da.

Die in der 1. und 3. Phase durchgeführten **Experteninterviews** sind eine in der Sozialforschung stark verbreitete Forschungsmethode, die mittlerweile von verschiedenen Autoren auf ihre methodischen Besonderheiten hin untersucht worden ist (z. B. Gläser und Laudel 2004, Bogner et al. 2005). Dabei wird häufiger darauf hingewiesen, dass es je nach Untersuchungsgegenstand unterschiedliche Konzeptionen von Experteninterviews geben kann. Gemäß der Typologie von A. Bogner und W. Menz lassen sich die hier durchgeführten Interviews den **systematisierenden Experteninterviews** zuordnen, bei denen die Gewinnung vergleichbarer Informationen über objektive Tatbestände im Vordergrund steht. Wichtig sind dabei vor allem umfassendes Handlungs- und Erfahrungswissen der Befragten und die systematische oder standardisierte Durchführung der Befragung, um so eine thematische Vergleichbarkeit der Ergebnisse zu gewährleisten (Bogner und Menz 2005, S. 37). Beide Vorraussetzungen sind bei den hier erstellten Untersuchungen erfüllt, alle Befragten verfügen über mehrjährige Praxiserfahrung, und bei allen Interviews wurde ein standardisierter Leitfaden verwendet. Zur Sicherstellung der Expertise der Be-

[75] Da es ebenso schwierig ist, von den in den deutschen Standardindizes notierten börsennotierten Unternehmen auf die Gesamtheit von Unternehmen in Deutschland zu schließen, werden inferenzstatistische Methoden in dieser Arbeit grundsätzlich nicht systematisch angewendet.

fragten wurde außerdem in der 1. und der 3. Phase zuerst nach einem Fachmann für Auktionen gefragt, der bereits umfassende Erfahrungen bei der Durchführung von Auktionen gesammelt hat. Darüber hinaus wurde der Interviewpartner am Ende der Befragung stets über eine mögliche auktionstheoretische Ausbildung sowie über die Dauer seiner Erfahrung mit Einkaufsauktionen befragt. Die Dauer der Expertise oder Tätigkeit in einer Funktion wird in empirischen Befragungen sehr häufig als globale Maßgröße für Kompetenz herangezogen (Kaufmann 2001, S. 164). Bei beiden Befragungen hatten bis auf vier Ausnahmen alle Interviewteilnehmer zwei oder mehr Jahre Erfahrungen mit Einkaufsauktionen sammeln können, eine hinreichende Expertise der Befragten ist also sichergestellt.

Für die Themenbereiche „Auswahl von Auktionsform“, „Gestaltung von Auktionen“ und „Einsatz komplexer Auktionsformen“ kann ausgeschlossen werden, dass Eigeninteresse oder andere **subjektive Faktoren** die Beantwortung der Fragen beeinflusst hat. In diesen drei Bereichen spielte lediglich die bisherige Erfahrung der Befragten eine Rolle, und es ist nicht zu erwarten, dass dabei ihre subjektive Einschätzung zu systematischen Verzerrungen geführt hat. Die einzige Ausnahme stellen die Fragen zu den Perspektiven zum Einsatz von Auktionen dar. Hier besteht die Möglichkeit, dass insbesondere die Befragten, die selber Softwarelösungen für Einkaufsauktionen oder entsprechende Beratungsleistungen verkaufen, die aktuelle Nutzung beziehungsweise die Entwicklungschancen von Auktionen überschätzen. Um diese mögliche Verzerrung zu vermeiden, werden die Ergebnisse der eigenen Erhebung mit Daten und Ergebnissen aus anderen Untersuchungen zum Einsatz von Einkaufsauktionen im Kapitel 6 in den entsprechenden Unterabschnitten abgeglichen.

Ein weiterer Verzerrungseffekt bei Befragungen und Interviews kann dadurch entstehen, dass diejenigen die nicht an der Befragung teilgenommen haben, systematisch andere Positionen vertreten als die Befragten. In der Sozialforschung spricht man in diesem Zusammenhang vom so genannten **Non-response bias** (Gomm 2004, S. 84). Vor allem bei der in der 2. Phase durchgeführten Unternehmensbefragung besteht die Möglichkeit einer Verzerrung, wenn die Unternehmen die nicht an der Befragung teilgenommen haben, entweder in sehr starkem oder sehr geringem Maß Einkaufsauktionen einsetzen würden. Bei der Befragung lehnte aber die Mehrheit der Unternehmen, die nicht teilnahmen, jegliche Teilnahme an Befragungen oder wissenschaftlichen Untersuchungen grundsätzlich und mit Hinweis auf entsprechende interne Regelungen ab. Die Ablehnung erfolgte meistens bevor das Untersuchungsthema zur Sprache kam. Ein systematischer Non-response bias kann dadurch auch ohne weitere Tests ausgeschlossen werden.

Bei der Durchführung der Experteninterviews in der 1. und 3. Phase wurde stets auf einen strukturierten **Interviewleitfaden** zurückgegriffen, der nicht nur dem Interviewer, sondern auch dem Befragten zur Verfügung gestellt wurde. Durch den Einsatz des standardisierten Leitfadens soll vor allem die **Vergleichbarkeit der Antworten** sichergestellt werden. Außerdem kann so vermieden werden, dass der Interviewer im Verlaufe der Untersuchungen beginnt, die Fragen umzuformulieren, da er bereits bestimmte Antworten vermutet (Gläser und Laudel 2004, S. 138/139). Darüber hinaus gelten Leitfäden als hilfreich, um dem Gegenüber **inhaltliche Kompetenz** zu signalisieren. Um den grundlegenden Prinzipien der qualitativen Sozialforschung gerecht zu werden, wurde aber den Befragten stets die Möglichkeit gelassen, offen zwischen einzelnen Themenfeldern oder für sie wichtigen Aspekten zu springen und über Themen zu sprechen, die nicht im Leitfaden thematisiert wurden (Meuser und Nagel 2005, S. 77/78). Zusätzlich wurde am Ende jedes Themenfeldes offen nach weiteren Anmerkungen gefragt.

Im Gegensatz zu den Experteninterviews der 1. Phase wurden die Interviews in der 3. Phase telefonisch durchgeführt. Der **Wechsel** von direkten *(engl.: Face-to-Face oder F2F)* **zu telefonischen Befragungen** ist methodisch grundsätzlich nicht irrelevant, die potenziellen Effekte können aber im Kontext der vorliegenden Arbeiten vernachlässigt werden. Verschiedene Arbeiten zeigen, dass es auf Grund mehrerer Effekte bei einem Wechsel der Befragungsform zu Verzerrungen kommen kann. Die Verzerrungen auf Grund eines Wechsels der Grundgesamtheit bzw. der Stichprobenziehung (Schulte 2000, S. 42) sind hier irrelevant, da es sich bei beiden Interviewreihen um unterschiedliche Grundgesamtheiten handelt. Andere Autoren weisen auf Verzerrungen hin, die dadurch entstehen, dass Befragte am Telefon kürzer und flüchtiger, aber dafür seltener mit „unentschieden“ antworten (Petersen 2000, S. 25). Solche Effekte konnten bei dieser Untersuchung nicht festgestellt werden, sowohl die mündlichen als auch die telefonischen Interviews dauerten in der Regel 30–40 Minuten. Einzelne Abweichungen nach oben (Maximal 60–70 Minuten) und nach unten (Minimal 15–20 Minuten) gab es in beiden Untersuchungsphasen. Fragen mit skalierten Antworten, bei denen es zwischen zwei Extremen ein „unentschieden“ gibt, treten im Interviewleitfaden nicht auf.

4.3.2 Auswertung der Ergebnisse

Bei der **Auswertung von qualitativen Interviews** muss grundsätzlich unterschieden werden, ob es um die tiefergehende Analyse kontextabhängiger Sinnstrukturen oder die Identifikation von Häufigkeiten und inhaltlichen Verflechtungen geht. Insbesondere im ersten Fall ist es wichtig, dass auch die Auswertung der Interviews sich an den Prinzipien und Methoden der qualitativen Sozialforschung orientiert, bei denen das Interpretieren der Aussagen eine wichtige Rolle spielt (Froschauer und Lueger 2003, S. 89ff.). Bei der hier vorliegenden Untersuchung hingegen, ist es sinnvoll sich an quantitativen Verfahren zu orientieren, da es im Wesentlichen um Verbreitung und Häufigkeitsverteilung von bestimmten Auktionen, Auktionsformen und Gestaltungsmerkmalen geht. Dementsprechend liegt der Schwerpunkt der Auswertung der Interviews auf der Identifikation von Gemeinsamkeiten oder verbreiteten Vorgehensweisen beim Einsatz von Auktionen im Beschaffungsmanagement. Dazu wurden die Aussagen der Befragten den abgefragten Themenbereichen zugeordnet, und innerhalb der einzelnen Zuordnung klassifiziert. Zusätzliche Aussagen, die sich nicht den vorab definierten Themenbereichen eindeutig zuordnen ließen, wurden in einem ersten Arbeitsschritt paraphrasiert, und in einem zweiten neu geschaffenen Themenbereichen zusammengefasst.[76] Ein solches Vorgehen kann als durchaus typisch für Experteninterviews angesehen werden, bei denen es weniger um das Individuelle und Besondere als vielmehr um die Gemeinsamkeiten innerhalb einer bestimmten Fachgruppe geht (Meuser und Nagel 2005, S. 80ff.). Für die einfachere Identifikation solcher Gemeinsamkeiten wurde bereits bei der Formulierung des Interviewleitfadens darauf geachtet, dass sich die Aussagen der Interviewten sowohl den übergeordneten Themenbereichen als auch nach Möglichkeit den einzelnen Forschungshypothesen zuordnen lassen. Innerhalb der einzelnen Themenbereiche und Forschungshypothesen lassen sich daher grobe **quantitative Aussagen** treffen, wie verbreitet der Einsatz bestimmter Auktionsformen oder Gestaltungsmerkmale ist.

Neben der Auswertung der direkten Antworten zu einzelnen Forschungshypothesen wurde außerdem geprüft, ob es Abhängigkeiten zwischen den Antworten in bestimmten Antwortkategorien gibt. Solche Abhängigkeiten könnten ein Hinweis darauf sein, dass es bestimmte Typen von Auktionsnutzern oder Typen von Anwendungsmustern in den Unternehmen gibt. So wäre es durchaus realistisch zu erwarten, dass Unternehmen, die Auktionen intensiver nutzen, eher mit verschiedenen Auktionsformen und auch mit komplexeren Auktionen arbeiten. Gleichzeitig wäre es nicht überraschend, wenn Teilnehmer, die nur in geringem Umfang Einkaufsauktionen verwenden, nur mit einer Auktionsform arbeiten und keine komplexen Auktionen einsetzen. Um solche Zusammenhänge zu überprüfen, wird in Abschnitt 5.6

[76] Wichtige neu geschaffene Themenbereiche sind zum Beispiel Schwierigkeiten bei der Einführung von Einkaufsauktionen und die Maßnahmen zur Überwindung dieser Implementationsbarrieren.

untersucht inwieweit es systematische Zusammenhänge zwischen den Antworten zu einzelnen Forschungshypothesen gibt.

Die Antworten zu diesen Forschungshypothesen entsprechen grundsätzlich dem Konzept einer nominalen Skalierung und nicht dem Konzept einer Kardinalskalierung (Bamberg und Baur 1989, S. 6). Dementsprechend lassen sich die klassischen statistischen Konzepte Korrelation und Kovarianz für die Identifikation von Zusammenhängen zwischen Variablen hier nicht ohne weiteres anwenden. Stattdessen wurde mit Hilfe des korrigierten Kontingenzkoeffizienten überprüft, ob es systematische Zusammenhänge bei Auktionseinsatz und Nutzung bestimmter Auktionsformen gibt.[77] Der korrigierte Kontingenzkoeffizient lehnt sich an den von Pearson entwickelten Kontingenzkoeffizienten zur Messung von Zusammenhängen nominaler Variablen an. Im Gegensatz zum einfachen Kontingenzkoeffizienten wird beim korrigierten Kontingenzkoeffizienten berücksichtigt, wie viele Ausprägungen die betrachteten Variablen annehmen können (Clauß et al. 1994, S. 86). Durch diese Korrektur können theoretisch auch Tabellen mit einer unterschiedlichen Anzahl von Variablen verglichen werden. Die Ergebnisse dieser gesonderten Untersuchung werden im Abschnitt 5.6. diskutiert.

4.3.3 Überprüfung der Ergebnisse

Die Überprüfung der Untersuchungsergebnisse erfolgt auf insgesamt zwei Wegen. Zum ersten wurden in der 4. Phase die Untersuchungsergebnisse in ihrer Gesamtheit mit erfahrenen Führungskräften diskutiert, um sie auf ihre Plausibilität und Allgemeingültigkeit hin zu prüfen. Diese Form der Validierung legt den Schwerpunkt auf den Austausch der Erkenntnisse mit Personen, von denen vergleichbares Fachwissen erwartet werden kann. In der Sozialforschung spricht man in diesem Zusammenhang von Kommunikativer Validierung (Kvale 1995, S. 429) beziehungsweise von Validierung durch Diskurs (Reichertz, 2000, S. 18). Um dabei eine einheitliche Kommunikation sicherzustellen, wurde allen 5 beteiligten Führungskräften eine einheitliche Zusammenfassung der Untersuchungsergebnisse zur Verfügung gestellt.[78] Da die befragten Führungskräfte an verschiedensten Stellen in Europa (London, Paris, Budapest, Frankfurt am Main) arbeiteten, wurden alle Gespräche per Telefon

[77] Die alternative Maßzahl für Zusammenhänge zwischen nominalskalierten Variablen, der Phi-Koeffizient, kann an dieser Stelle nicht verwendet werden, weil er nur dann angewendet werden kann, wenn die Variablen jeweils nur zwei Ausprägungen annehmen können (Schlittgen 1991, S. 171).

[78] Für drei der befragten Fachleute wurde eine englischsprachige Übersetzung angefertigt.

geführt. Um ein einheitliches Verständnis der Zielsetzung sicherzustellen, enthielt die Zusammenfassung der Ergebnisse eine einleitende Seite, die die Ziele der Untersuchung insgesamt und die Ziele der Validierungsgespräche beschrieb. Um eine doppelte Beschreibung aller Sachverhalte zu vermeiden, werden die Ergebnisse der Validierung nicht in einem gesonderten Kapitel aufgeführt. Stattdessen werden sie an den Stellen, wo sie besondere Relevanz für die Ergebnisse besitzen, insbesondere in Kapitel 7, beschrieben.

Zusätzlich zur Validierung durch Expertengespräche, werden im Kapitel 6 die Ergebnisse zu allen einzelnen Fragestellungen mit Ergebnissen anderer empirischer Untersuchungen verglichen. Neben den bereits in 2.4 zitierten Arbeiten zu Einkaufsauktionen werden in diesem Kapitel vor allem die vielen ökonomischen Arbeiten zitiert, die einzelne Fragestellung der Auktionstheorie anhand empirischer Daten oder durch Laborexperimente überprüfen. Zu jeder der Forschungshypothesen kann so überprüft werden, inwieweit die Aussagen oder Empfehlungen zumindest in einem anderen Kontext bestätigt werden. In seinen Grundzügen entspricht dieses Vorgehen dem Konzept der Triangulation, bei dem versucht wird, einen Forschungsgegenstand aus verschiedenen Perspektiven zu betrachten, um so eine insgesamt größere Validität der Ergebnisse zu erzielen (Flick 2004, S. 11). Eine schematische Gegenüberstellung der eigenen Untersuchungsergebnisse und der Ergebnisse aus anderen Untersuchungen findet sich dann abschließend in Abschnitt 6.6.

5 Ergebnisse der empirischen Untersuchung

In den folgenden Abschnitten werden die Ergebnisse der 2. und 3. Befragungsphasen entlang der in Kapitel 4 entwickelten Themenbereiche und Forschungshypothesen vorgestellt. Dabei werden die Forschungshypothesen soweit wie möglich beantwortet, und kurz die wichtigsten Zusammenhänge zu Beschaffungsmanagement und Auktionstheorie dargestellt. Eine weiterführende Überprüfung der Forschungshypothesen und der Untersuchungsergebnisse anhand von bereits veröffentlichten empirischen Untersuchungen oder Ergebnissen von Laborexperimenten zu Auktionen erfolgt im anschließenden Kapitel 6.

Die Gliederung der Ergebnisse der empirischen Untersuchung orientiert sich an den im vorigen Kapitel beschriebenen grundsätzlichen 4 Themenbereichen zu Perspektiven von Auktionen, Auktionsformen, Gestaltungsmerkmalen und komplexen Auktionen. Zusätzlich dazu ist ein weiterer Abschnitt 5.5. zur Umsetzungsproblematik aufgenommen worden. Dort werden die Schwierigkeiten bei der Einführung von Auktionen im Unternehmen und im Zusammenspiel mit Lieferanten sowie entsprechende Maßnahmen zur Überwindung dieser Schwierigkeiten beschrieben. Da diese Aspekte in der diskutierten Literatur zu Beschaffungsmanagement und Auktionen bislang keine Rolle gespielt haben, werden die Ergebnisse zu drei zusätzlichen Forschungshypothesen zusammengefasst. Im abschließenden Abschnitt 5.6 wird untersucht, ob es systematische Zusammenhänge zwischen einzelnen Antwortkategorien beziehungsweise im Einsatz von Auktionen in den Unternehmen gibt.

5.1 Perspektiven von Auktionen im Beschaffungsmanagement

5.1.1 Verbreitung von Auktionen

Bei der Unternehmensbefragung in der 2. Phase der Untersuchung zeigte sich, dass von den 100 Unternehmen, die an der Befragung teilgenommen haben, nur 35 also **ca. ein Drittel der Unternehmen Auktionen in der Beschaffung einsetzt**. Dabei gibt es allerdings große Unterschiede in den einzelnen Börsensegmenten wie die folgende Abbildung 4 zeigt. Von den 24 befragten DAX-Unternehmen setzen 20 Unternehmen (entspricht 83%) Auktionen in der Beschaffung ein. Bei den 39 befragten MDAX Unternehmen werden Auktionen nur von 10 Unternehmen (entspricht 26%) eingesetzt. Im SDAX finden sich mit 5 der 37 befragten Unternehmen (entspricht 14%) die wenigsten Nutzer von Einkaufsauktionen. Folglich scheint die Größe eines Unternehmens ein wichtiger Indikator für die Verbreitung von Auktionen zu sein.

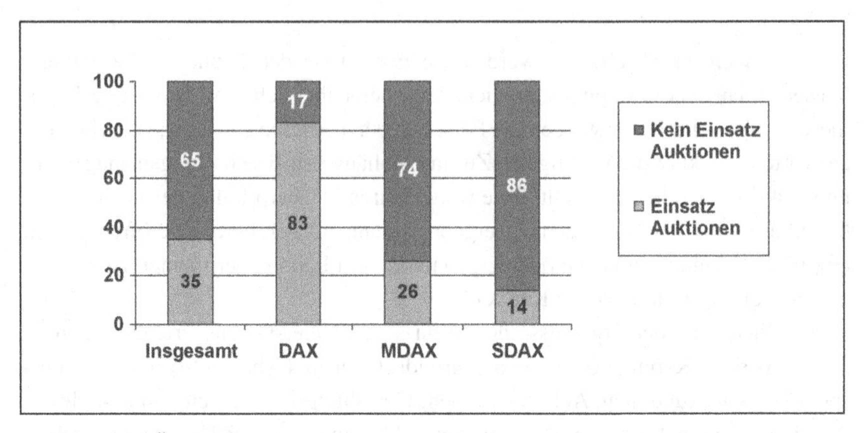

Abbildung 4: Übersicht zur Verbreitung der Auktionsnutzung (in Prozent aller befragten Unternehmen pro Börsensegment) Quelle: Eigene Erhebung, Stand Juni/Juli 2006

Bei den Interviews mit 29 Auktionsnutzern in der 3. Phase der Erhebung sagte knapp über ein Drittel der Befragten (37%) aus, dass in ihrem Unternehmen Auktionen zur Zeit und auch in näherer Zukunft nur punktuell und in geringem Maß eingesetzt werden. Ein knappes Drittel der Befragten (30%) äußerte, dass in naher Zukunft zu erwarten ist, dass Auktionen zu einem signifikanten Anteil von rund 5% des Einkaufsvolumens eingesetzt werden.[79] Ein Drittel der Befragten (33%) äußerte, dass bereits heute oder in naher Zukunft sogar 10% oder ein noch größerer Anteil am Einkaufsvolumen über Auktionen beschafft werden. In allen drei Kategorien äußerte die Mehrzahl der Befragten, dass der Einsatz von Auktionen in ihrem Unternehmen noch in einer Entwicklungsphase ist, und dass Einkaufsauktionen zukünftig in stärkerem Maße eingesetzt werden als bisher.

[79] Im Rahmen des Interviewleitfadens wurde gefragt, ob Auktionen in naher Zukunft für einen signifikanten Anteil des Einkaufsvolumens im Unternehmen eingesetzt werden. Um dabei ein einheitliches Verständnis von „signifikant" sicher zu stellen, wurde in Anlehnung an die statistischen Signifikanztests die Größenordnung von 5% des Einkaufsvolumens als „signifikant" definiert.

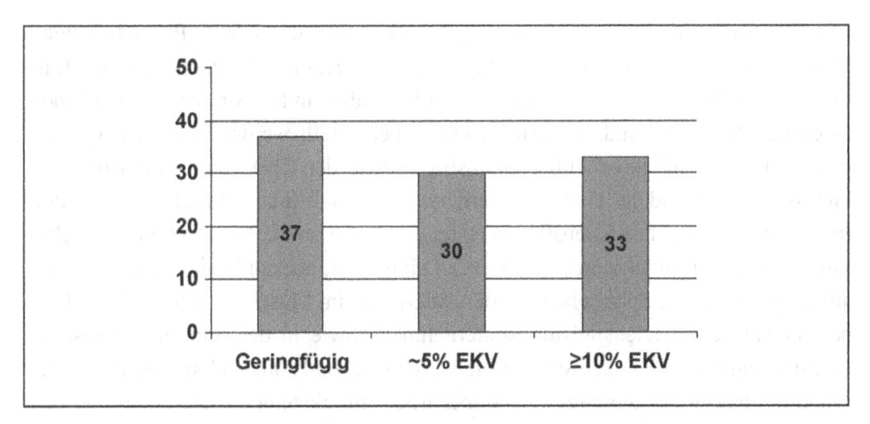

Abbildung 5: Intensität des Einsatzes von Auktionen in Unternehmen
(Anteil an den befragten Unternehmen in Prozent, EKV = Einkaufsvolumen)
Quelle: Eigene Erhebung, Stand Juni/Juli 2006

Die in der 1. Phase befragten Anbieter von Auktionslösungen waren hinsichtlich der Verbreitung von Auktionen sogar noch pessimistischer, nur 10% der Befragten glaubte hier, dass Unternehmen Auktionen für 10% oder mehr ihres Einkaufsvolumens einsetzen. Insgesamt 50% der Anbieter von Auktionslösungen ging davon aus, dass Auktionen nur punktuell und in geringem Maße eingesetzt werden.

Insgesamt zeigt sich, dass **Einkaufsauktionen zur Zeit nur eine begrenzte Rolle in der Beschaffung spielen**, und der Anteil des Einkaufsvolumens, der über Auktionen abgewickelt wird, im Durchschnitt im einstelligen Prozentbereich liegt. Dabei ist aber zu berücksichtigen, dass insbesondere die vielen im DAX notierten Unternehmen, die Auktionen einsetzen, durchweg über Einkaufsvolumina von mehreren und teilweise zweistelligen Milliarden Euro Beträgen verfügen. Das bedeutet, dass insgesamt große Volumina über Auktionen abgewickelt werden und somit **die Forschungshypothese 1, nach der Auktionen Verhandlungen im Einkauf in gewissem Umfang ersetzen, grundsätzlich bestätigt wird.** Sowohl der Anteil von Unternehmen die Auktionen überhaupt einsetzen, als auch der Anteil zu dem Auktionen innerhalb des Beschaffungsportfolios eines Unternehmens eingesetzt werden, ist aber insgesamt relativ gering. Eine mögliche Ursache für die begrenzte Verbreitung von Auktionen können die von vielen Befragten genannten Schwierigkeiten bei der Einführung von Auktionen in Unternehmen sein. Dieser Aspekt und die entsprechenden Aussagen aus den Interviews werden im Abschnitt 5.5 ausführlicher diskutiert.

Bei der Betrachtung der Branchenzugehörigkeit der 100 in der 2. Phase befragten Unternehmen zeigt sich, dass auch die Branchenzugehörigkeit einen gewissen Einfluss auf den Einsatz von Auktionen hat. Insbesondere in Industriezweigen in denen in großen Mengen standardisierte Produkte hergestellt werden, wie in der Automobilindustrie (inklusive Zulieferindustrie) sowie der Chemischen Industrie, der Pharmaindustrie und der Konsumgüterherstellung sind Auktionen relativ verbreitet. In den verschiedensten Dienstleistungsunternehmen sowie bei Banken, Versicherungen und im Handel werden Auktionen eingesetzt, aber offensichtlich nicht von allen Unternehmen. Sehr selten werden Auktionen im Maschinen und Anlagenbau, bei spezialisierten Dienstleistungsunternehmen sowie in der Bau- und Baustoffindustrie eingesetzt.[80] Insbesondere im Maschinen- und Anlagenbau wurde zur Begründung häufig auf die enge Zusammenarbeit mit einzelnen Lieferanten und den fehlenden Wettbewerb am Beschaffungsmarkt verwiesen.

5.1.2 Verbindlichkeit des Auktionsergebnisses

Wie in Abschnitt 4.2.1 dargestellt, wurde im Anschluss an die 1. Phase der Untersuchung eine zusätzliche Forschungsfrage 1b hinsichtlich der Verbindlichkeit des Auktionsergebnisses aufgenommen. Es zeigt sich, dass bei knapp **Dreiviertel der befragten Unternehmen (73%) Auktionen verbindlichen Charakter besitzen**, und der Auktionsgewinner den Zuschlag zu dem in der Auktion festgestellten Preis erhält. Anschließende Verhandlungen finden wenn überhaupt, nur noch für einzelne Fragen der Liefer- und Zahlungskonditionen statt. In der Regel werden diese Konditionen aber vorab festgelegt und müssen von allen Auktionsteilnehmern akzeptiert werden, so dass keine weiteren Verhandlungen notwendig sind. Das übrige Viertel der Befragten (27%) setzt hingegen nur oder zumindest teilweise **unverbindliche Auktionen** ein, bei denen über die Auktion eine Vorauswahl getroffen wird, es aber durchaus üblich ist, dass auch der zweit- oder drittplatzierte Bieter den Zuschlag erhält. Dieses Verfahren wird von den Unternehmen die sowohl verbindliche als auch unverbindliche Auktionen durchführen, häufig unter der Bezeichnung „Bidding“ als Alternative zu Auktionen mit verbindlichem Ergebnis genutzt. Als Motiv für dieses offenere Verfahren wurde angeführt, dass ein solches offeneres Verfahren bei den Einkäufern im eigenen Untenehmen auf größere Akzeptanz stößt, da ihnen mehr Freiheitsgrade bei der Vergabeentscheidung bleiben als bei verbindlichen Auktionen.

[80] Genauere quantitative Aussagen werden an dieser Stelle vermieden, da sonst Rückschlüsse auf den Auktionseinsatz einzelner Unternehmen möglich würden.

Gemäß der in Abschnitt 3.0.3 vorgestellten Kategorisierung von Auktionen muss auch die Allokationsregel, also die Frage welcher Bieter den Zuschlag erhält, bei der Auktionsgestaltung berücksichtigt werden. Im Gegensatz zu den theoretischen Arbeiten, bei denen immer der Bieter mit dem höchsten Gebot gewinnt, spielen in der Praxis offensichtlich auch offenere Allokationsregeln eine gewisse Rolle. Da eine verbindliche Allokation und Vergabeentscheidung aus theoretischer Sicht als wichtige Vorraussetzung für den Vorteil von Auktionen gegenüber Verhandlungen gesehen wird (Abschnitt 3.1.1), wäre es interessant zu überprüfen, ob die unverbindlichen Auktionen im Durchschnitt zu ebenso großen Preissenkungen führen wie die verbindlichen Auktionen. Unternehmen, die in größerem Umfang beide Verfahren einsetzen und die über entsprechendes Datenmaterial verfügen, sollten versuchen die Ergebnisse beider Auktionsformen systematisch zu vergleichen.

5.1.3 Motive für den Einsatz von Einkaufsauktionen

Hinsichtlich der Motive für den Einsatz von Auktionen sprachen alle Unternehmensexperten in der 3. Phase der Erhebung davon, dass die **Senkung der Einkaufspreise ein wesentliches Ziel** von Einkaufsauktionen ist. Die Hälfte der befragten Experten (50%) sagte aus, dass die **Senkung der internen Prozess- bzw. Verhandlungskosten** eine genauso wichtige Rolle spielt, wie die Senkung der Einkaufspreise. Die andere Hälfte der Befragten war der Meinung, dass die Senkung der internen Prozesskosten eher den Charakter eines sekundären Ziels hat. 3 Befragte wiesen darauf hin, dass bei der Einführung von Auktionen in einem Einkaufsbereich in der Regel die stärksten Preissenkungen zu beobachten sind, mit zunehmender Nutzungsdauer dieser Effekt aber stark ab nimmt. Es bilden sich neue „Marktpreise" heraus, und signifikante Preissenkungen sind bei längerer Anwendung eher die Ausnahme. Im Gegensatz dazu ist in der Einführungsphase häufig mit einem Mehraufwand bei der Durchführung zu rechnen, um ein hinreichendes Funktionieren der ersten Auktionen sicherzustellen. Mit zunehmender Dauer der Auktionsnutzung und stärkerer Eingewöhnung von Einkäufern und Lieferanten treten aber immer mehr die Effekte der Prozessverbesserung in den Vordergrund.[81] Das bedeutet, dass Preissenkungen in der Einführungsphase der entscheidende Nutzen aus Auktionen sind,

[81] Die positiven Effekte hinsichtlich der Prozesskosten wurden von einem der Befragten durch eine interessante Beobachtung bestätigt. In seinem Unternehmen werden immer vor der Ferienzeit verstärkt Auktionen eingesetzt. Anscheinend werden sie von vielen Einkäufern bevorzugt eingesetzt, um noch vor dem Urlaub zügig Vergaben abzuschließen.

und Senkungen der Prozesskosten sich erst bei der wiederholten Nutzung von Einkaufsauktionen einstellen.

Bei den in der 1. Phase interviewten Anbietern von Auktionslösungen spielte das Thema Prozesskosten nur eine untergeordnete Rolle, hier waren 79% der Befragten der Meinung, dass die Senkung der Einkaufspreise das zentrale Ziel ist. Nur 21% der Befragten äußerte, dass die Senkung der Prozesskosten ein ebenso relevanter Vorteil der Einführung von Auktionen sein kann. Da den Aussagen der Nutzer von Auktionen hier ein größerer Stellenwert eingeräumt wird, **kann die 2. Forschungshypothese nach der Auktionen auch zur Senkung der Kosten im Einkaufsprozess eingesetzt werden, voll bestätigt werden.**

Ein weiteres Motiv für den Einsatz von Auktionen, das aber nur von einzelnen Unternehmensexperten geäußert wurde, ist die **Erhöhung der internen Transparenz** über Vergabeentscheidungen und die damit gestiegene **Revisionssicherheit**. Durch die Dokumentation von Auktionsverlauf und Ergebnis lässt sich klar belegen, warum eine Vergabeentscheidung für einen Lieferanten getroffen wurde. Die Gefahr, dass persönliche Bevorzugung einzelner Lieferanten bei der Vergabe eine Rolle spielt, sinkt durch den systematischen Einsatz von Auktionen erheblich. Die in 2006 aufgedeckten Bestechungsskandale in verschiedenen Wirtschaftszweigen wie z.B. in der Automobilindustrie[82] könnten demnach die Verbreitung von Auktionen weiter fördern.

5.1.4 Beschaffungsobjekte in Einkaufsauktionen

Von den in der 3. Phase befragten Unternehmensexperten sagten ca. 60% aus, dass bei ihnen im Unternehmen bereits komplexere Auktionen für mehrere Lose, Kombinationen von Losen oder für mehrere Attribute eines Gutes eingesetzt werden. Die mit Forschungshypothese 3 verbundene Gegenfrage, ob Auktionen auf die Beschaffung einfacher standardisierter Teile (z.B. C-Teile) beschränkt sind, wurde von fast allen Teilnehmern verneint. Den Aussagen der meisten Befragten zufolge werden Auktionen in allen Einkaufsbereichen eingesetzt. Sowohl direkte Materialien als auch indirekte Materialien, Handelswaren und Dienstleistungen werden über Auktionen beschafft, mitunter werden auch Aufträge über mehrstellige Millionenbeträge mittels Einkaufsauktionen vergeben. In einigen Unternehmen allerdings werden

[82] Im Jahr 2006 wurden sowohl im Handel als auch in der Industrie und vor allem der Automobilindustrie eine Reihe von Fällen bekannt, bei denen Einkäufer bei ihrer Vergabeentscheidung durch Bestechungsgelder beeinflusst wurden. Für eine Übersicht über einzelne Fälle siehe Financial Times Deutschland vom 20.11.2006.

Auktionen vor allem im Bereich der indirekten Materialien und Dienstleistungen eingesetzt, da bei der Beschaffung von direkten Materialien häufiger eng mit den Zulieferern kooperiert wird. Da aber trotzdem viele Unternehmen auch direkte Materialien per Auktion beschaffen, **kann die Forschungshypothese 3 als voll bestätigt angesehen werden**. In den Interviews wurde von den Befragten eine Vielzahl höchst unterschiedlicher Objekte genannt, die in ihrem Unternehmen mit Hilfe von Einkaufsauktionen beschafft werden. Dabei zeigt sich, dass es sich im Gegensatz zur häufig geäußerten Meinung nicht nur um einfache und standardisierbare Güter und Leistungen handelt. Im Folgenden findet sich daher eine beispielhafte Übersicht von Objekten, die bereits von einzelnen oder mehreren Unternehmen mittels Auktionen beschafft werden.

a) Produktionsmaterial
Produktionsmaschinen, sonstige Investitionsgüter, Fabrikgebäude, chemische und pharmazeutische Vorprodukte, Werkzeuge, Betriebsmittel (Schrauben, Schmierstoffe, etc. ...), technische Gase, Vorprodukte aus der Metallindustrie, sonstiges Produktionsmaterial in der Fahrzeugindustrie

b) Indirekte Materialien
Büromaterial, Kopierer (mit Wartung, Toner und Papier), Drucker, Computer und sonstiges IT-Equipment, Fahrzeuge (teilweise auch Leasingverträge), Bauleistungen, technische Instandhaltungsarbeiten, Heizöl, Energie, Verpackungsmaterial, Druckerzeugnisse

c) Dienstleistungen
Leistungen von Unternehmensberatungen, IT-Dienstleistungen, Marketing- und Agenturleistungen, Gebäudereinigung und Facility Management, Logistik- und Transportdienstleistungen, Sicherheitsdienste, Ingenieurleistungen

d) Handelswaren
Lebensmittel, Baustoffe, Textilien, Elektroartikel, Haushaltswaren

5.1.5 Perspektiven komplexer Auktionsformen

Wie im vorigen Abschnitt beschrieben, setzen 60% der befragten Unternehmen bereits komplexere Auktionen ein. **Die Forschungshypothese 4 wird also grundsätzlich bestätigt.** Von den in der 1. Phase befragten Anbietern von Auktionslösungen bieten rund 70% entsprechende Softwarelösungen und Beratungsleistungen für komplexere Auktionen an. Eine ausführliche Diskussion, welche Mechanismen dabei überwiegend eingesetzt werden findet sich in Abschnitt 5.4.

5.2 Auswahl von Auktionsformen

5.2.1 Einsatz von Holländischen- und Erstpreisauktionen

In der Befragung von Auktionsnutzern zeigte sich, dass nur 29% der Unternehmen Holländische Auktionen einsetzen. Erstpreisauktionen wurden sogar nur von zwei Unternehmen (entspricht 7%) eingesetzt, die ebenso Holländische Auktionen einsetzen. Sonstige Formate wie Tickerauktionen bzw. Japanische Auktionen werden nur von einzelnen Unternehmen verwendet. Die große Mehrheit der Unternehmen nutzt ausschließlich Englische Auktionen, die in der Praxis häufig auch als „Reverse Auctions" beschrieben werden. Die Unternehmen die Holländische Auktionen einsetzen, nutzen diese auch wesentlich seltener als die Englische Auktion. **Insgesamt hat sich die Englische Auktion als Hauptform durchgesetzt**, andere Auktionsformen werden nur vereinzelt und in wenigen Unternehmen genutzt. **Folglich muss die Forschungshypothese 5 teilweise revidiert werden, Holländische und Erstpreisauktionen werden nur selten genutzt.**

Die Unternehmen, die Holländische Auktionen einsetzen, wiesen (bis auf ein Unternehmen) alle als Motiv darauf hin, dass Holländische Auktionen vorteilhaft sind, wenn die erwarteten **Gebote weit auseinander liegen** und insbesondere ein Lieferant deutlich stärker ist als die übrigen Lieferanten (asymmetrische Kostenverteilung). Dieser Aspekt ist in der Auktionstheorie erst Ende der 1990er Jahre durch die Arbeiten von Maskin und Riley herausgearbeitet worden, gegebenenfalls ist dies ein Grund dafür, dass die Vorteile von Holländischen- oder Erstpreisauktionen bislang so wenig genutzt werden (siehe Abschnitt 3.1.2.3). Die übrigen in Forschungshypothese 6 zusammengefassten Umstände Varianzminimierung und Risikoaversion, unter denen Holländische Auktionen vorteilhaft sind, spielen in der Beschaffungspraxis nach Auskunft der Befragten keine Rolle. **Die Forschungshypothese 6 wird also nur teilweise bestätigt.**

Ein weiterer von einigen Befragten genannter Vorteil Holländischer Auktionen ist, dass die übrigen Teilnehmer nicht herausfinden können, wie viele Bieter insgesamt teilnehmen. Holländische Auktionen werden daher auch bevorzugt eingesetzt, wenn es nur 2–3 Bieter gibt. Einzelne Befragte berichten sogar von Holländischen Auktionen mit nur einem Bieter, bei denen dann ein geheimer Reservationspreis gesetzt wird, den der Bieter erreichen muss, damit ein Zuschlag erfolgt. Der Zuschlag erfolgt dann nur, wenn der Bieter diesen Reservationspreis unterschreitet. Der **Vorzug für Holländische Auktionen bei wenigen Bietern** ist insofern interessant, da er bislang noch nicht explizit in der Auktionstheorie behandelt wurde. Unter dem Begriff „Auktionen mit einer stochastischen Anzahl Bieter" wurde darauf hingewiesen, dass risikoaverse Bieter in Holländischen- oder Erstpreisauktionen aggressiver bieten, wenn sie nicht wissen, wie viele Konkurrenten an der Auktion teilnehmen (McAfee und McMillan 1987b, siehe Abschnitt 3.1.3.5). Der Umkehrschluss, dass es bei wenigen risikoaversen Bietern sinnvoll ist, eine Holländische- oder Erstpreisauktion ohne Bekanntgabe der Anzahl der Bieter durchzuführen, ist bislang noch nicht hervorgehoben worden. In diesem Zusammenhang wäre es interessant durch empirische Untersuchungen oder Laborexperimente zu überprüfen, wie groß der entsprechende Effekt im Vergleich zu andere offenen Auktionsformaten ist.

Einige der befragten Auktionsexperten verwiesen darauf, dass sie gezielt keine Holländischen Auktionen einsetzen, da das Format mit verschiedenen Nachteilen verbunden ist. Da bei einer Holländischen Auktion beim ersten Gebot der Zuschlag fällt, erhalten sowohl die Einkäufer als auch die teilnehmenden Lieferanten keine Information darüber, wie hoch die übrigen Bieter geboten hätten. Aber gerade diese Markttransparenz darüber, wie viele Bieter zu verschiedenen Preisniveaus bieten, wird von beiden Seiten als einer der zentralen Vorteile von (Englischen) Einkaufsauktionen gesehen: der Einkäufer bekommt eine besseres Gefühl für den Markt und der Lieferant kann die Konkurrenzsituation präziser einschätzen. Darüber hinaus bevorzugen nach Aussagen einiger Interviewteilnehmer Lieferanten eher das Englische Auktionsformat, da sie bei der Holländischen Auktion keine Reaktionsmöglichkeiten mehr besitzen, wenn ein Teilnehmer mit einem aggressiven Gebot einsteigt. Die Auktion und der damit verbundene Auftrag können so leichter „verloren" gehen. Als weiteres Hindernis für die Verbreitung von Holländischen Auktionen wurde von einigen Befragten darauf verwiesen, dass die Englische Auktion sowohl Einkäufern wie Lieferanten geläufiger ist (z. B. kennen die meisten Ebay oder Kunstauktionen), und somit eine höhere Akzeptanz besitzt als andere weniger bekannte Auktionsformate wie die Holländische Auktion.

5.2.2 *Einsatz und Gestaltung Englischer Auktionen*

Wie bereits beschrieben, ist die Englische Auktion die am weitesten verbreitete Auktionsform. Bis auf eines der befragten 29 Unternehmen setzen alle Unternehmen sie am häufigsten für Einkaufsauktionen ein.[83] Der aus der Auktionstheorie beschriebene Hintergrund, nach dem Englische Auktionen vorteilhaft sind, wenn sich die Bieter ähneln und ihre Gebote tendenziell voneinander abhängig machen (sieh Ab-

[83] Eines der Unternehmen setzt mittlerweile als Hauptform die Hybride Auktion ein (siehe Abschnitt 5.2.3).

schnitt 3.1.2.2) ist dabei nur ca. 15% der Befragten geläufig. **Die Forschungshypothese 7 kann folglich neu formuliert werden: Englische Auktionen werden im Beschaffungsmanagement als Regelformat eingesetzt.**

Interessant im Zusammenhang mit Englischen Auktionen ist die Tatsache, dass sich eine Reihe unterschiedlicher Varianten der Englischen Auktion herausgebildet hat. Neben der **klassischen Englischen Auktion**, bei der jeder Bieter die Gebote der anderen Bieter beobachten kann, werden im Einkauf sehr häufig Auktionen verwendet, bei denen jeder Bieter nur seinen Rang kennt, aber nicht die Gebote der anderen Bieter. Bei dieser **Rang- oder Rankingauktion** wird dann noch unterschieden, ob die Bieter die Höhe des jeweils besten Gebotes erfahren oder nicht. Zwei Unternehmen verwiesen auf interne Auswertungen, welche zeigten, dass **Rangauktionen ohne Anzeige des besten Preises** im Vergleich mit anderen Formaten zur höchsten Bietdynamik und den besten Auktionsergebnissen geführt haben. Ursache dafür kann sein, dass die Bieter bei Kenntnis des besten Gebotes dieses immer nur leicht unterbieten, während sie bei Unkenntnis des besten Gebotes eine Abschätzung treffen müssen, und dabei anscheinend das beste Gebot häufig stärker als notwendig unterbieten.

Neben herkömmlichen Englischen Auktionen und Rangauktionen werden von den in der 1. Phase befragten Anbietern auch so genannte **Ampelauktionen, Drittelauktionen** und **Bestpreisauktionen** angeboten. Bei der Ampelauktion sehen die Bieter nur ein grünes Licht wenn ihr Gebot das Beste ist, ein gelbes Licht wenn es sich in der Nähe des besten Gebotes befindet, und ein rotes Licht wenn es weit abgeschlagen ist. Bei der Drittelauktion erfahren die Bieter nur, ob sie sich im besten Drittel der Auktionsteilnehmer befinden, oder im zweit- oder drittbesten Drittel. Bei der Bestpreisauktion sehen alle Bieter nur das beste und das eigene Gebot. Nach Aussage der in der 3. Phase befragten Unternehmen werden diese drei Auktionsformen aber selten in der Praxis eingesetzt, auch in theoretischen Arbeiten sind sie bisher nicht thematisiert worden.

Diese unterschiedlichen Varianten haben bislang in der spieltheoretischen Modellierung von Englischen Auktionen keine Rolle gespielt. Es ist daher schwierig, entsprechende theoretisch fundierte Empfehlungen abzugeben, welche Variante der Englischen Auktion wann vorteilhaft ist. Auf die Frage, unter welchen Umständen welche Variante eingesetzt wird, gab es bei den Interviews in der 3. Phase widersprüchliche Antworten. Einige Befragte empfehlen die Anzeige des besten Preises bei nah beieinander liegenden Ursprungsangeboten, andere Befragte empfehlen es im entgegengesetzten Fall, bei weit auseinander liegenden Ursprungsangeboten. Die in Abschnitt 4.2.1 formulierte **zusätzliche Forschungsfrage 7b, nach Vorgehen**

und Motivation bei der Auswahl von Varianten der Englischen Auktionen kann auf Basis der Interviewergebnisse nicht beantwortet werden. Am häufigsten werden anscheinend klassische Englische Auktionen und Rangauktionen in der Praxis verwendet. Ein konkreter Vorschlag für eine systematische Unterscheidung, wann welches Auktionsformat vorteilhaft ist, wird auf Basis weiterer Überlegungen im Abschnitt 7.2.1 entwickelt.

5.2.3 Nutzung weiterer Auktionsformate

Die in der Theorie viel diskutierten Erstpreisauktionen werden in der Praxis sehr selten eingesetzt und die von Vickrey bevorzugte Zweitpreisauktionen gar nicht. Auch die Japanischen oder Tickerauktionen, die in der Regel als Varianten der Englischen Auktion betrachtet werden, werden sehr selten verwendet. Ein Anbieter von Auktionslösungen berichtete, dass er eine abgewandelte **verdeckte Japanische Auktion** empfiehlt, wenn nur sehr wenige Bieter an der Auktion teilnehmen. Im Gegensatz zur klassischen Japanischen und auch zur Englischen Auktion informiert er dabei aber die Teilnehmer auch während der Auktion nicht, wie viele Bieter noch an der Auktion teilnehmen. Das bedeutet, dass auch der letzte und günstigste Bieter so lange die Auktionsuhr weiterlaufen lassen muss, bis er entscheidet, dass er nicht mehr weiter bieten will. Das bedeutet aber gleichzeitig, dass er sich nicht darauf verlassen kann, den Zuschlag in der Höhe des zweitbesten Gebotes (bzw. der Wertschätzung des zweitstärksten Bieters) zu erhalten. Das von Vickrey beschriebene Optimierungskalkül für eine Englische Auktion funktioniert in einer solchen geheimen Japanischen Auktion nicht mehr. Vermutlich würde der Bieter sein optimales Gebot in ähnlicher Form berechnen wie bei Holländischen- oder Erstpreisauktionen. Da er während des Auktionsverlaufs keine Informationen erhält, muss er ein für ihn optimales Gebot unter Berücksichtigung der erwarteten Gebote der anderen Auktionsteilnehmer abschätzen (siehe Abschnitt 3.1.1).

Ein Unternehmen verwies darauf, dass es am häufigsten Auktionen mit einer abschließenden „sealed-bid Runde" einsetzt, die dem Konzept der **Hybriden Auktion** entsprechen. Die Hybride Auktion verläuft in einer ersten Phase wie eine Englische Auktion bis zu dem Punkt, wo nur noch zwei Bieter aktiv Gebote abgeben. Ist dieser Punkt erreicht, werden in der zweiten Phase die beiden letzten Bieter gebeten nochmals ein finales und geheimes Gebot abzugeben, welches nicht weiter verbessert werden kann. Das Format der Hybriden Auktion (auch Anglo-Dutch Auction genannt), wurde ursprünglich von dem englischen Spieltheoretiker Paul Klemperer für die Versteigerung von UMTS Lizenzen in Großbritannien entwickelt (Klemperer

2001, S. 18). Vorteil einer solchen Auktion ist, dass schwächere Bieter eine größere Chance haben, sich in der letzten Runde mit Hilfe des geheimen Gebotes doch noch durchzusetzen. Ein solches Format kann folglich die Attraktivität einer Auktion und die Teilnehmerzahl erhöhen, und zu besseren Ergebnissen führen als eine einfache Englische Auktion. Ein zusätzlicher Vorteil Hybrider Auktionen liegt darin, dass bei Asymmetrien stärkere Bieter in der abschließenden Erstpreisauktion aggressiver bieten als bei einer klassischen Englischen Auktion. Ein systematischer Vergleich der Ergebnisse von solchen Hybriden Auktionen mit in ähnlichem Kontext durchgeführten Englischen Auktionen könnte hilfreich sein, um zu überprüfen, ob die Hybriden Auktionen tatsächlich zu besseren Ergebnissen führen.

Eine weitere Auktionsform, die von zwei befragten Untenehmen in der Praxis eingesetzt wird, ist die so genannte **Brasilianische Auktion**. Bei dieser Auktion veröffentlicht das Beschaffungsmanagement einen fixen Preis, zu dem die Bieter Mengenangebote abgeben, und sich wie bei einer klassischen Englischen Verkaufsauktion mit ihren Mengen gegenseitig überbieten können. Solche Auktionen werden aber nur begrenzt eingesetzt, da in der Regel eher die Beschaffungsmenge als der Preis durch das einkaufende Unternehmen festgelegt ist. Einige der befragten Unternehmen setzten außerdem **Verkaufsauktionen** ein, wenn es darum geht Schrott, Altmaterialien oder sonstige Produktionsüberschüsse zu verkaufen. In den Verkaufsauktionen konnten in der Regel bessere Preise erzielt werden, als bei den zuvor geführten Verhandlungen mit potenziellen Abnehmern.

5.3 Gestaltungsmerkmale einzelner Auktionen

5.3.1 Anzahl der Teilnehmer in einer Auktion

Hinsichtlich der Anzahl der Teilnehmer berichtete sowohl in der 1. als auch in der 3. Phase jeweils nur gut die Hälfte der Befragten (52%), dass sie versuchen bei jeder Auktion so viele (qualifizierte) Bieter wie möglich zuzulassen. Da es eine der grundlegenden Erkenntnisse der Auktionstheorie ist, dass das Auktionsergebnis mit zunehmender Anzahl Teilnehmer besser wird, überrascht dieses Ergebnis. Allerdings wiesen von der anderen Hälfte der Befragten viele darauf hin, dass es häufig nur eine begrenzte Anzahl von qualifizierten Teilnehmern gibt. 30% der Befragten äußerten aber, dass die Anzahl der Teilnehmer grundsätzlich begrenzt wird, häufig auf 4–8 Bieter. Als zentraler Grund für die Beschränkung der Teilnehmer wurde geäußert, dass die in der Regel notwendige Überprüfung der Qualifikation der Beteiligten sehr aufwendig ist. Um diesen Mehraufwand im Rahmen zu halten, wird von einer Maximierung der Teilnehmerzahl abgesehen. Eine Reihe der Unternehmen sortiert daher vorab all die Lieferanten aus, die ein zu hohes Ursprungsangebot in der Vorphase der Auktion abgegeben haben. Dies ist möglich, da in aller Regel die Auktionen im Anschluss an Ausschreibungen durchgeführt werden, und gewöhnlich bereits Angebote vorliegen. Eine Überprüfung der Qualifikation der Teilnehmer ist notwendig, um zu vermeiden, dass Lieferanten nur aus strategischen Gründen an einer Auktion teilnehmen (siehe Abschnitt 3.1.3.6).

Zusammenfassend lässt sich die in Forschungshypothese 8 formulierte Empfehlung, die Anzahl der Bieter zu maximieren, nur teilweise bestätigen. Da eine Überprüfung der Qualifikation der Lieferanten häufig aufwändig ist, erscheint es sinnvoll, diese Kosten bei der Festlegung der Bieterzahl zu berücksichtigen.

5.3.2 Einsatz von Diskriminierung und Prämien in Auktionen

Die Hälfte der in der 3. Phase befragten Unternehmensexperten nutzt im eigenen Unternehmen so genannte „**Bonus-Malussysteme**" mit denen die Gebote einzelner Lieferanten gewichtet werden können. Lieferanten mit Qualitätsproblemen, höheren Transportkosten oder noch zusätzlich bevorstehenden Qualifizierungs- oder Zertifizierungskosten erhalten einen Malusfaktor, andere günstigere oder bevorzugte Lieferanten einen entsprechenden Bonusfaktor. Die Faktoren werden meist automatisch im Auktionssystem eingerechnet, so dass dort bereits bereinigte Gebote mit einander verglichen werden. Insbesondere bei Rankingauktionen ohne Anzeige des besten Preises ist ein solches Vorgehen unproblematisch, da die Bieter nicht sehen können, wie die einzelnen Gebote durch die Boni- und Mali verzerrt werden. Einige Unternehmen rechnen die Boni- und Mali erst am Ende in das Auktionsergebnis ein, allerdings werden sie allen Teilnehmern vorab kommuniziert, damit sie wissen, um wie viel jeder einzelne besser sein muss als die übrigen Bieter. Eine strategische Setzung von Boni- und Mali, um einzelne starke Bieter zu aggressiveren Geboten an zu bewegen, wird nach Aussage der Interviewteilnehmer nicht genutzt. Auf Grund des allgemeinen Fairnessgebotes setzen die Befragten Boni- und Mali nur dort ein, wo tatsächliche Qualitäts- oder Kostenunterschiede ausgeglichen werden sollen. **Die Forschungshypothese 9 wird daher nur teilweise bestätigt.** Der Einsatz von Diskriminierung und Prämien erfolgt nicht zur gezielten Verbesserung des Auktionsergebnisses, sondern nur dazu tatsächliche Unterschiede zwischen den Lieferanten und ihren Angeboten auszugleichen.

Einige Nutzer von Bonus- Malussystemen verwiesen auf Differenzen, die häufig zwischen Einkauf und Fachstelle/Bedarfsträger bei der Festlegung der Boni entstehen. Fachstellen/Bedarfsträger versuchen nach Aussage der befragten Untersuchungsteilnehmer häufig einzelne, bevorzugte Lieferanten zu übervorteilen, während die Einkäufer eher versuchen die Vergleichbarkeit im Sinne einer fairen und sinnvollen Vergabeentscheidung sicherzustellen. Zur Umgehung solcher Differenzen wird daher eine sachlich fundierte Herleitung der Höhe einzelner Boni und Mali verlangt.

5.3.3 Festlegung von Anfangspreisen

Gemäß der Theorie optimaler Auktionen ist es sinnvoll, eine Auktion bereits mit einem ambitionierten Anfangspreis zu eröffnen, um so das Niveau der Gebote in der Auktion insgesamt zu verbessern. In der betrieblichen Praxis finden Auktionen meist im Anschluss an eine zuvor durchgeführte Ausschreibung statt, so dass bereits auf Basis der Ausschreibungsergebnisse ein angemessenes Niveau für den Anfangspreis festgelegt werden kann. Trotzdem haben sich bei den Unternehmen unterschiedliche Praktiken bei der Wahl des Einstandspreises entwickelt:

- Ein Viertel der Befragten beginnt die Auktion i. d. R. mit den individuellen Ursprungsangeboten (jeder Lieferant beginnt mit seinem Preis).
- Ein Viertel der Befragten beginnt die Auktion i. d. R. mit dem besten Ursprungsangebot, dass bedeutet, es findet eine **gewisse Ambitionierung des Anfangspreises statt,** da alle Teilnehmer dieses Anfangsgebot im weiteren Verlauf unterbieten müssen.
- Nur ein Viertel der Befragte setzt gemäß der Theorie optimaler Auktionen einen absichtlich ambitionierten Startpreis, bei dem das beste **Ursprungsangebot zusätzlich ambitioniert (abgesenkt) wird.** Nach Auskunft von drei Befragten wird dabei das beste Ursprungsangebot nochmals um 3–5% abgesenkt.
- Die übrigen Befragten legen sich nicht eindeutig fest oder verweisen darauf, dass die Wahl des Startpreises von der Anzahl der Teilnehmer abhängt. Bei wenigen Teilnehmern sollte ein wenig ambitionierter Preis gesetzt werden, um hinreichend Dynamik zu erzeugen. Bei vielen Bietern sollte hingegen ein ambitionierter Einstandspreis gewählt werden.

Die Ergebnisse zeigen, **dass die theoretisch abgeleitete Forschungshypothese 10 nicht voll bestätigt wird**, insgesamt verwendet rund die Hälfte der Befragten ambitionierte Anfangspreise. Die andere Hälfte der Befragten bevorzugt hingegen individuelle Preise oder kontextabhängige Lösungen. Auch hier wäre es interessant, auf Basis umfassender Auktionsdaten quantitativ zu analysieren, ob eine der unterschiedlichen Vorgehensweisen zu signifikant besseren Ergebnissen führt.

Zusätzlich und unabhängig vom Anfangspreis wird bei einer Reihe von Unternehmen ein geheimer Reservationspreis gesetzt. Erst wenn das Niveau dieses Reservationspreises von den Geboten erreicht wird, findet tatsächlich eine Vergabe auf Basis des endgültigen Auktionsergebnisses statt. Ob ein solcher geheimer Reservationspreis genutzt wird, wird den Bietern i. d. R. vor der Auktion mitgeteilt.

5.3.4 Bieterkartelle

Der Umgang mit Bieterkartellen ist bei 85% der befragten Fachleute grundsätzlich kein im Zusammenhang mit Auktionen diskutiertes Thema. Einige der Befragten aus dieser Gruppe äußerten die Meinung, dass der Umgang mit möglichen Kartellen eher ein grundsätzliches Problem im Einkauf ist, was aber im Rahmen des Strategischen Beschaffungsmanagements diskutiert und angegangen wird. Die übrigen 15% der Befragten äußerten, dass bei ihnen im Unternehmen ein Kartellverdacht ein grundsätzliches Argument dafür ist, keine Auktion durchzuführen. Ein Unternehmen berichtete außerdem, dass es versucht, bei wiederholten Auktionen dafür zu sorgen, dass stets ein unterschiedlicher Bieterkreis besteht. Durch diesen systematischen Wechsel der teilnehmenden Lieferanten wird die Gefahr einer Kartellbildung bzw. von Kollusion verringert. **Insgesamt zeigen die Ergebnisse aber, dass die Forschungshypothese 11 nicht bestätigt wird**.

5.3.5 Beendigung von Auktionen

Keines von den befragten Unternehmen die Auktionen in der Beschaffung nutzen, setzt vorab einen endgültigen zeitlichen Endpunkt wie es beispielsweise beim Auktionshaus Ebay üblich ist. Alle Unternehmen nutzen bei ihren Auktionen ein festes Zeitfenster und eine so genannte Verlängerungsregel, der zufolge sich die Gebotszeit automatisch verlängert, wenn Gebote erst in den letzten Minuten des vorab festgelegten Zeitfensters abgegeben werden. Auch die in der 1. Phase befragten Anbieter von Auktionslösungen empfehlen durchweg die Nutzung einer solchen Verlängerungsregel. Ein solches Verfahren ist nach Auskunft vieler Interviewteilnehmer wichtig, da es meistens erst zum Ende einer Auktion zu aggressiven Geboten und einer entsprechend wünschenswerten Dynamik in der Auktion kommt. **Die Forschungshypothese 12, nach der kein zeitlich fixierter Endpunkt gesetzt werden soll, wird demnach vollständig bestätigt.** Zwei der befragten Experten aus Unternehmen berichteten aber einschränkend, dass die Anzahl der automatischen Verlängerungen bei ihnen beschränkt wird, um den Zeitraum der Auktion insgesamt nicht ausufern zu lassen.

5.3.6 *Information über die Anzahl der Teilnehmer*

Gemäß der Theorie ist es bei Erstpreis- und Holländischen Auktionen mit risikoaversen Bietern sinnvoll, die Bieter im Unklaren darüber zu lassen wie viele Bieter insgesamt an der Auktion teilnehmen. Die Unternehmen, die Holländische Auktionen in der Praxis einsetzen, geben dementsprechend auch nicht die Anzahl der Teilnehmer bekannt. Obwohl es bei Englischen Auktionen der Theorie zufolge irrelevant ist, ob die Teilnehmer wissen wie viele Konkurrenten Gebote abgeben, lassen auch bei dieser Auktionsform 73% aller Befragten die Bieter im ungewissen. Inwieweit ein möglicher Effekt bei den häufig verwendeten Rangauktionen zu erwarten ist, ist bislang nicht untersucht worden. Bei diesem Format können die Bieter aber durch anfängliches Abwarten und Zurückfallen im Rang Informationen über die Teilnehmerzahl aus dem Auktionsverlauf erhalten. Ein möglicher Grund für das Zurückhalten der Information über die Anzahl der Bieter könnte auch sein, dass sich die Einkäufer nicht in die Karten schauen lassen wollen, wie viele potenzielle Lieferanten sie insgesamt haben. Demzufolge hätte das Verhalten eher langfristig strategische Gründe als eine direkte auktionstheoretische Motivation. **Unabhängig davon kann aber die Forschungshypothese 13 als weitestgehend bestätigt gesehen werden**, nur 15% der Bieter sagten aus, dass sie die Anzahl der Bieter in der Regel veröffentlichen. Die übrigen 12% der Befragten sagten, dass es bei ihnen je nach Präferenz des verantwortlichen Einkäufers, der die Auktion durchführt, gehandhabt wird.

Einige Unternehmen berichteten außerdem, dass sie bei Auktionen für bestimmte Gütergruppen die Namen der beteiligten Lieferanten veröffentlichen, wenn diese damit einverstanden sind. Diese Offenlegung führt anscheinend zu einem intensiveren Bietwettbewerb, da die Teilnehmer nicht nur den Auftrag gewinnen wollen, sondern außerdem zu verhindern suchen, dass ein ihnen bekannter Konkurrent den Auftrag erhält. Das weist darauf hin, dass die zuerst von Jehiel und Moldovanu beschriebenen Externalitäten zwischen Bietern eine wichtige Rolle spielen (siehe Abschnitt 3.1.3.3). Wenn solche negativen Externalitäten bestehen, kann das Auktionsergebnis durch Veröffentlichung der Namen der teilnehmenden Lieferanten verbessert werden. Allerdings wird dabei riskiert, dass sich Lieferanten selber schädigen, wenn sie zu aggressiv bieten, um Konkurrenten abzuschrecken.

5.3.7 *Sonstige Gestaltungsmerkmale von Einkaufsauktionen*

Ein weiteres Gestaltungsmerkmal welches von mehreren Teilnehmern betont wurde, ist die Vorgabe für die Mindesthöhe der einzelnen Gebotsschritte (in der Auktionstheorie spricht man von den Inkrementen der Gebote). Durch eine entsprechende

Vorgabe kann vermieden werden, dass die Bieter sich gegenseitig immer nur um Minimalbeträge überbieten, und sich die Auktion insgesamt unnötig in die Länge zieht. Allerdings kann durch zu groß festgelegte Gebotsschritte auch ein negativer Effekt entstehen, wenn einzelne Bieter ihr Gebot nicht weiter verbessern, da der nächste notwendige Mindestschritt ihre Möglichkeiten übersteigt. In den Interviews wurde von einigen der Befragten empfohlen, die **Gebotsschritte auf 0,5–1% des Anfangspreises** festzulegen.

Zusätzlich zu den Gebotsschritten wurde von einzelnen Befragten auf folgende Aspekte zur Vorbereitung und zur technischen Gestaltung von Auktionen hingewiesen, die in der spieltheoretischen Betrachtung in der Regel als erfüllt angesehen werden:

- Genaue und detaillierte Spezifikation des Vergabeobjektes, um zu vermeiden, dass Gebote abgegeben werden, auf deren Basis keine Beschaffung erfolgen kann.
- Für die Lieferanten einfach zu handhabendes Auktionstool, um die Möglichkeit von Bedienungsfehlern zu minimieren
- Durchführung von Schulungsauktionen mit den Lieferanten
- Saubere und exakte Abwicklung der einzelnen Prozessschritte durch die verantwortlichen Einkäufer
- Regelungen für mögliche technische Probleme während der Auktion wie zum Beispiel den Ausfall der Internetverbindung

5.4 Einsatz von komplexeren Auktionsformen

Insgesamt setzen nur 60% der befragten Unternehmen komplexere Auktionsformen ein, bei denen verschiedene Lose eines Auftrags, verschiedene Aufträge parallel, oder Aufträge mit verschiedenen relevanten Attributen auf einmal vergeben werden. Die übrigen 40% der Befragten beschränken sich beim Einsatz von Einkaufsauktionen auf einfache Auktionen, bei denen jeweils nur ein Auftrag auktioniert wird, und nur der Preis relevantes Vergabekriterium ist. Einige der Unternehmen aus der Gruppe die keine komplexen Auktionen einsetzen, berichten, dass die Bündelung bei einzelnen Aufträgen zur Erreichung größerer Volumina dabei das zentrale Motiv ist.

5.4.1 Nutzung sequentieller und simultaner Auktionen

Wenn im Rahmen eines Auftrags verschiedene Lose vergeben werden, so setzt knapp die Hälfte der Unternehmen die komplexere Auktionen nutzen (28% aller

Unternehmen) **simultane Auktionen** ein, bei denen die Bieter parallel für verschiedene Lose Gebote abgeben können. Die etwas größere andere Hälfte der Unternehmen (32% aller Unternehmen) setzt dagegen **sequentielle Auktionen** ein, bei denen die einzelnen Lose nacheinander versteigert werden. Nur 2 Unternehmen verwenden beide Verfahren für die Vergabe mehrerer Lose. Dies überrascht insofern, als dass in verschiedenen theoretischen Arbeiten abgeleitet wird, dass sequentielle Auktionen mit dem Risiko verbunden sind, dass die Teilnehmer in den ersten Gebotsrunden falsche Gebote abgeben, um die übrigen Teilnehmer zu täuschen (siehe Abschnitt 3.2.1.1). Ein Grund für den Einsatz sequentieller Auktionen ist nach Auskunft der Befragten die Befürchtung, dass eine simultane Vergabe die Bieter überfordern könnte. Da eine hinreichende Erfahrung der Lieferanten mit dem Bietverfahren notwendige Vorraussetzung für den Erfolg einer Auktion ist, erscheint diese Einschränkung plausibel. Außerdem berichten die meisten Befragten, dass es sich nur selten um die Vergabe tatsächlich gleicher Aufträge oder gleicher Auftragslose handelt. In der Regel werden unterschiedliche Lose oder Aufträge in einer sequentiellen Auktion vergeben, so dass die in 3.2.1 beschriebenen theoretischen Risiken nicht eindeutig auf die Mehrheit der praktischen Fälle übertragbar sind. **Folglich muss die Forschungshypothese 14 revidiert werden**. Unter den oben beschriebenen Umständen geringer Lieferantenqualifikation oder unterschiedlicher Einzellose erscheint ein Einsatz sequentieller Auktionen im Beschaffungsmanagement insgesamt wenig problematisch.

Einige Unternehmen, die im Rahmen des Dual- oder Triple Sourcing für ein Beschaffungsobjekt zwei oder mehrere Lieferanten suchen, nutzen dafür ein drittes, alternatives Verfahren. Anstatt der Aufteilung in mehrere Lose, für die in einzelnen Auktionen geboten wird, führen sie dazu eine Auktion durch, bei denen der **Zweit- und ggf. auch der Drittplatzierte** Anteile am Auftragsvolumen erhält. Der beste Bieter erhält den vorab festgelegten größten Anteil am Auftragsvolumen und der zweitplazierte Bieter den zweitgrößten Anteil, etc. ... Die jeweilige Aufteilung des Auftragsvolumens wird vorab kommuniziert, so dass einzelne Bieter auch gezielt darauf bieten können, nur Zweiter oder Dritter in der Auktion zu werden. Die Auswertung der befragten Unternehmen zeigt, dass der Einsatz solcher Auktionen offensichtlich in der Chemie- und Pharmabranche verbreitet ist, wo es häufiger Kapazitätsbeschränkungen bei den Lieferanten gibt.

Bei den Unternehmen, die einfache simultane Auktionsverfahren nutzen, werden diese häufig als so genannte „**Cherry Picking Auction**" bezeichnet, da die Lieferanten selber wählen können, auf welche Einzellose sie Gebote abgeben wollen.

5.4.2 *Einsatz kompetitiver simultaner Auktionen*

Weder die in der 1. Phase befragten Anbieter von Auktionstools noch die in der 3. Phase befragten Auktionsnutzer berichteten vom Einsatz kompetitiver Auktionen für die Vergabe mehrerer Aufträge/Lose. Das bedeutet, **dass die Forschungsfrage 15 eindeutig beantwortet werden kann: Das kompetitive Auktionsverfahren findet keine Anwendung in der Beschaffungspraxis.** Laut Auskunft einiger Interviewteilnehmer würde ein solches Verfahren mit einem einheitlichen Preis für alle Lieferanten sowohl im eigenen Unternehmen als auch bei den Lieferanten schwer vermittelbar sein. Die meisten Befragten waren mit der Methodik kompetitiver Auktionen, bei denen ein einheitlicher, Angebot und Nachfrage ausgleichender Preis festgelegt wird, grundsätzlich nicht vertraut.

5.4.3 *Verbreitung Kombinatorischer Auktionen*

Nur 14% der Befragten berichteten, dass sie bei simultanen Auktionen einzelner Lose oder Aufträge den Lieferanten die Möglichkeit geben, kombinierte Angebote für eine selbst definierte Gruppe von Losen/Aufträgen abzugeben. Dieses Verfahren wird von vielen Theoretikern als vorteilhaft bei der Beschaffung von Gütern oder Leistungen mit Synergien bei den Herstellkosten angesehen (siehe auch Abschnitt 3.2.3.3). Aber auch die wenigen Anwender des Verfahrens aus der eigenen Untersuchung berichten, dass Kombinatorische Auktionen in ihrem Unternehmen nur selten eingesetzt werden. Die **insgesamt geringe Nutzung Kombinatorischer Auktionen** wird von einigen der Befragten damit begründet, dass sie sowohl von technischer Seite her als auch hinsichtlich der Bedienbarkeit durch die Bieter ein insgesamt sehr anspruchsvolles und komplexes Verfahren sind. **Die Forschungshypothese 16 zum Einsatz Kombinatorischer Auktionen muss auf Grund des insgesamt sehr geringen Einsatzes tendenziell abgelehnt werden.**

Immer noch 28% der befragten Auktionsnutzer berichteten aber, dass sie vorab versuchen die Lose/Aufträge so zuzuschneiden, dass mögliche Synergien bei den Herstellkosten berücksichtigt werden. Zwei der Befragten berichteten außerdem, dass sie gelegentlich neben der Auktion für einzelne Lose parallel einen gebündelten Auftrag für alle Lose versteigern. Am Ende beider Auktionen wird dann entschieden, ob es eine Vergabe der einzelnen Lose an unterschiedliche Lieferanten gibt, oder ob eine Vergabe des gebündelten Auftrags an einen Lieferanten erfolgt.

5.4.4 Einsatz Multiattributer Auktionen

Multiattribute Auktionen, bei denen die Bieter neben dem Preis auch für andere Merkmale des Beschaffungsobjektes Gebote abgeben, werden insgesamt von 50% der befragten Unternehmen eingesetzt. Alle Unternehmen die Kombinatorische Auktionen einsetzen, setzen auch Multiattribute Auktionen ein. Überraschenderweise spielen bei den meisten der Unternehmen die Multiattribute Auktionen nutzen nicht Qualitätsattribute eine relevante Rolle, sondern weitere **Preisattribute**. Neben dem Einzel-, Stück- oder Auftragspreis innerhalb der Auktion werden zusätzlich Gebote für Werkzeugkosten oder zukünftige Einsparraten (bei Produktionsmaterialien) beziehungsweise für Wochenend- oder Spezialistenzuschläge (bei Dienstleistungen) abgegeben. Über eine vorab definierte Bewertungsformel wird dann berechnet, welches Angebot insgesamt das günstigste ist. Den Befragten zufolge sind solche Auktionen vor allem bei der Vergabe von Rahmenverträgen für Dienstleistungen relevant, wo ein Lieferant häufig verschiedene Stunden- oder Tagessätze je nach Qualifikation der benötigten Mitarbeiter oder Anforderung der jeweiligen Einzelaufgabe berechnet. Die verschiedenen Stunden- oder Tagessätze sind dabei die einzelnen Attribute der Multiattributen Auktion.[84] 70% der Nutzer von Multiattributen Auktionen sagten aus, dass solche Auktionen nur für unterschiedliche Preisattribute eingesetzt werden. Unterschiedliche Qualitätsstufen spielen hingegen keine Rolle, da diese vorab festgelegt werden. **Insgesamt kann die Forschungshypothese 17 nur in modifizierter Form bestätigt werden**: Multiattribute Auktionen werden weniger für komplexe Bedarfe als vielmehr für Bedarfe mit unterschiedlichen Preisbestandteilen eingesetzt.

Alternativ zu dem obigen Verfahren setzen einige Unternehmen „**Listen Auktionen**" ein, bei denen die Lieferanten anhand eines Berechnungsschemas **einen Gesamtpreis aus Einzelpositionen** berechnen können. Während der Auktion wird nur für den Gesamtpreis geboten, die Lieferanten können mittels des Berechnungsschemas aber parallel kalkulieren, wie sie die Einzelpreise anpassen müssen, um einen gewünschten Gesamtpreis zu erhalten. Nach Beendigung der Auktion müssen die Teilnehmer die befüllten Berechnungsschemas beim Einkäufer einreichen, so dass dieser Transparenz über die tatsächlichen Einzelpreise erhält. Im Grunde genommen entspricht ein solches Verfahren den Multiattributen Auktionen, nur erfolgt hierbei die Berechnung des Gesamtscores selbständig durch die Lieferanten, die dafür das einheitliche Berechnungsschema erhalten.

[84] Bei einigen Befragten wird für solche Auktionen der Begriff „Parametrische Auktion" eingesetzt, der Begriff Parameter wird dabei synonym zum hier eingesetzten Begriff „Attribute" verwendet.

5.5 Umsetzungsschwierigkeiten bei der Einführung von Einkaufsauktionen

Ein Vorteil qualitativer Befragungsverfahren gegenüber standardisierten quantitativen Abfragen ist die grundsätzliche Offenheit für Aussagen der Befragten, die nicht in direktem Kontext zu den gestellten Fragen stehen. Bei den hier durchgeführten Interviewreihen in der 1. Phase mit Anbietern von Auktionstools und in der 3. Phase mit Nutzern von Einkaufsauktionen kam es zu einer Vielzahl von Äußerungen hinsichtlich der Umsetzungsschwierigkeiten bei der Einführung von Einkaufsauktionen. Bei diesen Schwierigkeiten muss grundsätzlich zwischen denen, die das eigene Unternehmen und die eigenen Mitarbeiter betreffen, und solchen die sich vornehmlich auf die Lieferanten beziehen, unterschieden werden. Diese Probleme werden neben der häufigen Nennung bei der eigenen Befragung auch in anderen empirischen Untersuchungen genannt (siehe Abschnitte 6.5.1 und 6.5.2). Im Folgenden werden daher **drei zusätzliche Forschungshypothesen formuliert**, die die wichtigsten Erkenntnisse der eigenen Untersuchung hinsichtlich der Einführung von Einkaufsauktionen zusammenfassen.

5.5.1 Umsetzungsschwierigkeiten im eigenen Unternehmen

Größtes Problem bei der Einführung von Auktionen im Beschaffungsmanagement ist den meisten Befragten zufolge die **geringe Akzeptanz der Einkäufer,** Auktionen in ihrem Einkaufsgebiet einzusetzen. Nach Auskunft der meisten Befragten ist die interne Einführung eines solchen neuen Verfahrens kein sich selbstständig durchsetzender Prozess, sondern mit einer Vielzahl von Widerständen seitens der betroffenen Einkäufer, die Auktionen einsetzen sollen, verbunden.[85] Nach Auskunft vieler Befragter sind diese Widerstände sogar der zentrale Grund dafür, dass Auktionen noch nicht in dem Umfang in der Beschaffung eingesetzt werden, wie ursprünglich erwartet. Als **Ursachen für die Widerstände** wurden von den Befragten die folgenden Gründen aufgeführt:

- Die Angst der Einkäufer auf ihre Kernkompetenz „Verhandlungen" verzichten zu müssen

[85] Einer der Befragten berichtete von einer Informationsveranstaltung, auf der folgende symptomatische Einstellung der Einkäufer zu beobachten war: Die Frage ob Einkaufsauktionen grundsätzlich sinnvoll sind, wurde von allen Einkäufern bejaht. Die Frage, ob Einkaufsauktionen für die Beschaffung im eigenen Unternehmen sinnvoll sind, wurde auch von allen Einkäufern bejaht. Die direkte Frage ob Einkaufsauktionen in ihrem spezifischen Einkaufsbereich sinnvoll sind, wurde von jedem Einkäufer verneint.

- Befürchtungen der Einkäufer, dass die eigene Entscheidungsfreiheit durch den Auktionsmechanismus zu stark eingeschränkt wird
- Probleme der Einkäufer damit, bereits vorab alle Spezifikationen eindeutig festzulegen, anstatt diese erst in Verhandlungen endgültig abzustimmen
- Befürchtungen, dass der persönlichen Kontakt zu den Lieferanten verloren geht
- Die Angst vor Mehrarbeit durch das neue Verfahren
- Begrenzte Bereitschaft der Einkäufer moderne IT-Anwendungen zu nutzen
- Qualifikationsdefizite bei den Einkäufern und eine begrenzte Bereitschaft den eigenen Tätigkeitsbereich über die reine Abwicklung von herkömmlichen Einkaufsprozessen und -verhandlungen auszudehnen

Die genannten Ursachen zeigen, dass Auktionen im Beschaffungsmanagement von vielen Einkäufern offensichtlich nicht als Erleichterung oder Unterstützung, sondern vielmehr als problematisch angesehen werden. Den Befragten zufolge wird die Einführung von Auktionen vor allem mit zusätzlicher Arbeit und gleichzeitigem Verlust von gestalterischen Freiheitsgraden verbunden. Neben vielen Anbietern von Auktionssoftware berichtet auch die Mehrheit der Nutzer von Einkaufsauktionen von entsprechenden Umsetzungsschwierigkeiten. Somit zeigt sich, dass menschlichen und psychologischen Aspekten einer solchen Erneuerung ebenso viel Aufmerksamkeit geschenkt werden sollte, wie den ökonomischen Gestaltungsparametern. Die folgende neue Forschungshypothese 18 fasst daher die Probleme der Einführung von Auktionen zusammen:

Forschungshypothese 18: Bei der Einführung von Einkaufsauktionen im Unternehmen muss mit Widerständen der eigenen Einkäufer, die Kompetenzverlust und Mehrarbeit befürchten, gerechnet werden.

Zum Umgang mit den beschriebenen Schwierigkeiten berichteten die befragten Auktionsnutzer über die folgenden **Maßnahmen,** die **zur Überwindung der Widerstände** im eigenen Unternehmen eingesetzt wurden.

- Festschreiben der Auktionsnutzung in den Zielvereinbarungen der einzelnen Mitarbeiter.
- Kontinuierliches Einfordern der Auktionsnutzung durch das Management und insbesondere durch die oberste Führungsebene.
- Einführung eines umfassenden Change Management Ansatzes wie bei der Einführung neuer Produktionssysteme oder interner Prozesse.
- Umfassende inhaltliche und technische Schulungen der Einkäufer.

- Durchführung von einzelnen Auktionen als „Public Event“ per Videobeamer, so dass alle Einkäufer Vorgehen und Auktionserfolge mitbekommen.
- Systematische und intensive Bearbeitung von Beschaffungsvorgängen aus Einkaufsbereichen, bei denen Auktionen als ungeeignet gelten, um entsprechende *Best-Practice* Beispiele zu schaffen.
- Einsatz so genannter Biddings bzw. unverbindlicher Auktionen, bei denen die Einkäufer am Ende mit den zwei bis drei Lieferanten verhandeln, die die besten Gebote im Bidding abgegeben haben.

Es zeigt sich, dass die Einführung von Auktionen im Beschaffungsmanagement durch umfassende Maßnahmen begleitet werden muss, um die Durchsetzung des neuen Preisfindungsmechanismus sicherzustellen. Anscheinend sollte bei diesen Maßnahmen einerseits durch Anreize und Informationen die Bereitschaft der Einkäufer erhöht werden, Auktionen einzusetzen, und andererseits durch Druck und Zielvereinbarungen die Ablehnung der Auktionsnutzung sanktioniert werden.

Forschungshypothese 19: Zur Überwindung der Widerstände gegen die Einführung von Einkaufsauktionen im eigenen Unternehmen sollten sowohl Anreiz- als auch Druckmechanismen genutzt werden.

5.5.2 *Umsetzungsschwierigkeiten bei den Lieferanten*

Eine Reihe der Befragten wies in den Interviews darauf hin, dass bei der Einführung von Auktionen die Überzeugung der Lieferanten eine weitere Herausforderung darstellt. Die meisten Lieferanten stehen der Einführung von Auktionen eher skeptisch gegenüber. Durch die Auktionen wird der Preiswettbewerb zwischen den konkurrierenden Lieferanten verschärft, und es wird für die einzelnen Lieferanten schwieriger, spezifische Wettbewerbsvorteile gegenüber den Konkurrenten hervorzuheben. Außerdem berichteten einige der Interviewteilnehmer, dass Lieferanten mitunter negative Erfahrungen mit Einkaufsauktionen gesammelt haben. Zu solchen Erfahrungen zählt, dass Auktionen nicht in eine Vergabe mündeten, sondern das Auktionsergebnis nur als Grundlage genutzt wurde, um mit bestehenden Hauslieferanten aggressiver zu verhandeln. Darüber hinaus gibt es immer wieder Befürchtungen, dass die Einkäufer den Verlauf der Auktion mit gefälschten Geboten beeinflussen. Auf Grund der tendenziell ablehnenden Haltung der Lieferanten müssen entsprechende **Maßnahmen zur Überzeugung von Lieferanten** entwickelt werden. Im Folgenden werden die Maßnahmen aufgeführt, von deren Einsatz Auktionsnutzer im Rahmen der Untersuchung berichteten:

- Hinweis darauf, dass die Beteiligung an Auktionen allen betroffenen Lieferanten vom eigenen Unternehmen vorgeschrieben wird
- Umfassende technische und inhaltliche Schulungen der Lieferanten
- Intensiver persönlicher Kontakt bis hin zum Coaching einzelner Lieferanten
- Nutzung externer Service Provider als „unabhängige und ehrliche Makler", die die Fairness des Auktionsablaufes sicherstellen
- Sicherstellung einer fairen[86] und verbindlichen Auktion durch festgelegte Regularien bzw. einen Verhaltenskodex im beschaffenden Unternehmen
- Gelegentliche direkte Vergabe von Aufträgen an Lieferanten, die häufig an Auktionen teilnehmen
- Darstellung der Vorteile von Einkaufsauktionen für die Lieferanten:
  - Verbesserte Transparenz über Markt- und Wettbewerbsituation („Wo steht der Lieferant im Wettbewerb")
  - „Ehrliches" und transparentes Vergabeverfahren, mit geringerer Gefahr einer Übervorteilung einzelner Lieferanten
  - Zeitersparnis beim Verkaufs- und Verhandlungsprozess und deutlich geringerer Reiseaufwand und somit die Möglichkeit mehr Verkäufe zu tätigen bzw. neue Abnehmer zu finden

Im Gegensatz zur Überwindung der Widerstände im eigenen Unternehmen zeigt die obige Aufstellung, dass zur Überzeugung der Lieferanten überwiegend Maßnahmen eingesetzt werden, die die Akzeptanz von Auktionen bei den Lieferanten erhöhen. Dabei scheint es vor allem wichtig zu sein, einen fairen Auktionsablauf sicherzustellen.

Forschungshypothese 20: Zur Überzeugung von Lieferanten sollten Maßnahmen eingesetzt werden, die die Akzeptanz von Einkaufsauktionen bei den Lieferanten erhöhen.

Überraschenderweise wurde die Überzeugung der Lieferanten von der überwiegenden Mehrheit der Befragten aber als weniger kritisch betrachtet als die Überzeugung der Einkäufer im eigenen Unternehmen. Darüber hinaus berichteten mehrere Befragte, dass die Akzeptanz der Lieferanten für Einkaufsauktionen im Verlauf der Zeit zugenommen hat. Dabei spielt nach Aussage einiger Befragter die zusätzliche

[86] Aus Sicht er Lieferanten erfordert eine faire Auktion in der Regel die folgenden drei Aspekte: 1. Es findet tatsächlich eine Vergabe statt; 2. Alle Bieter sind hinreichend qualifiziert und vergleichbar; 3. Es werden keine gefälschten Gebote abgegeben, um den Preis nach oben zu treiben (siehe auch Abschnitt 2.4).

Transparenz, die die Lieferanten über den Markt und das Vergabeverfahren erhalten, eine wichtige Rolle.

5.6 Systematische Zusammenhänge beim Einsatz von Auktionen

Anhand der beschriebenen Ergebnisse der empirischen Untersuchung wird offensichtlich, dass es in einigen Bereichen deutliche Unterschiede beim Einsatz von Auktionen in den Unternehmen gibt. Insofern erscheint es sinnvoll zu überprüfen, ob diese Unterschiede auf systematische Zusammenhänge beim Einsatz von Auktionen in einzelnen Unternehmen hinweisen. Um dies zu untersuchen, wurden die Antworten zu den Fragen Intensität des Einsatzes von Auktionen, Einsatz von Holländischen Auktionen[87], Motivation beim Einsatz von Holländischen Auktionen, Einsatz von Kombinatorischen Auktionen und Einsatz von Multiattributen Auktionen gesondert untersucht. Hintergrund dieser Auswahl ist die Vermutung, dass Unternehmen die besonders intensiv Auktionen einsetzen, bereits stärker und bewusster[88] mit verschiedenen Auktionsformen arbeiten. Außerdem lässt sich vermuten, dass solche Unternehmen auch schon in stärkerem Maße komplexe Auktionen, insbesondere Kombinatorische und Multiattribute Auktionen, einsetzen. Zur systematischen Überprüfung ob solche Zusammenhänge existieren wurden die Antworten zu den entsprechenden Fragen codiert, und die Unternehmen mit einheitlichen Antworten (Codes) zusammengefasst. Dabei entstanden drei Themenkategorien: Intensität des Einsatzes von Auktionen, Nutzung von Auktionsformen und Einsatz komplexer Auktionen, die im Folgenden auf Zusammenhänge überprüft werden. In jeder einzelnen dieser drei Kategorien lassen sich alle Unternehmen einem von drei unterschiedlichen Typen zuordnen, die in der folgenden Tabelle 2 dargestellt werden.

Um zu überprüfen, ob es zwischen den Unternehmenstypen in den einzelnen Kategorien systematische Zusammenhänge gibt, werden im Folgenden die entsprechenden Kontingenztabellen (siehe Bamberg und Baur 1989, S. 32) dargestellt, die die Häufigkeiten der einzelnen Ausprägungen in Abhängigkeit einer anderen Themenkategorie darstellen. Darüber hinaus wird für jeden potenziellen Zusammen-

[87] Die Holländische Auktion ist die einzige Auktionsform, die neben der Englischen Auktion auch von einer relevanten Anzahl von Unternehmen eingesetzt wird (siehe Abschnitte 5.2.1 und 5.2.3.) Sie wird daher als Indikator für den Einsatz unterschiedlicher Auktionsformen verwendet.

[88] Der Einsatz von Holländischen Auktionen wird dann als „bewusst" bezeichnet, wenn die Unternehmen als Motivation für den Einsatz Holländischer Auktionen die auch aus der Auktionstheorie bekannten Vorzüge Holländischer Auktionen (risikoaverse oder asymmetrische Bieter) nannten.

Tabelle 2: Themenkategorien zu Zusammenhängen bei der Auktionsnutzung
Quelle: Eigene Darstellung

Themenkategorien (Typen von Unternehmen)		
Intensität des Einsatzes von Auktionen	**Nutzung von Auktionsformen**	**Einsatz komplexer Auktionen**
Geringfügiger Einsatz	Nur Englische Auktionen	Kein Einsatz komplexer Auktionen
Einsatz von ca. 5% des EKV	Unbewusste Nutzung Holländischer Auktionen	Einsatz Multiattributer Auktionen
Einsatz von ≥10% des EKV	Bewusste (theoriekonforme) Nutzung Holländischer Auktionen	Einsatz Multiattributer und Kombinatorischer Auktionen[89]

hang der korrigierte Kontingenzkoeffizient als Maßzahl für den Zusammenhang zwischen nominalskalierten Merkmalen berechnet (siehe Abschnitt 4.3.2).

5.6.1 Zusammenhang zwischen Intensität des Einsatzes von Auktionen und Nutzung von Auktionsformen

Als erster möglicher systematischer Zusammenhang wird überprüft, inwieweit eine intensivere Nutzung von Auktionen auch mit einem bewussten Einsatz von Holländischen Auktionen einhergeht. Die folgende Tabelle 3 zeigt, dass es einen gewissen Zusammenhang gibt, der aber bei weitem nicht eindeutig ist. Es gibt eine deutliche Häufung von Unternehmen die geringfügig Auktionen einsetzen und außerdem nur mit Englischen Auktionen arbeiten. Parallel dazu gibt es eine Häufung von Unternehmen, die mindestens 10% ihres Einkaufsvolumens (EKV) über Auktionen beschaffen und dabei auch bewusst Holländische Auktionen einsetzen. Es gibt aber ebenso viele Unternehmen, die mindestens 10% ihres Einkaufsvolumens nur mit Hilfe von Englischen Auktionen beschaffen. Das entsprechende Zusammenhangsmaß, der korrigierte Kontingenzkoeffizient[90] K* beträgt 0,52. Dieser Wert bestätigt, dass es einen gewissen, aber keinen eindeutigen Zusammenhang zwischen der Intensität des Einsatzes von Auktionen und einer bewussteren Nutzung unterschiedlicher Auktionsformen gibt.

[89] Alle Unternehmen die Kombinatorische Auktionen einsetzen, setzen auch bereits Multiattribute Auktionen ein.

[90] Beträgt K* = 1 so besteht ein eindeutiger Zusammenhang zwischen den Ausprägungen, beträgt K* = 0 so besteht kein Zusammenhang.

Tabelle 3: Zusammenhang Intensität Einsatz und Nutzung Auktionsformen
Quelle: Eigene Berechnung

	Nutzung von Auktionsformen			
Intensität des Einsatzes von Auktionen	Nur Englische Auktionen	Unbewusste Nutzung Holländischer Auktionen	Bewusste Nutzung Holländischer Auktionen	Randhäufigkeiten
Geringfügiger Einsatz	8	1	1	10
Einsatz von ca. 5% des EKV	7	0	1	8
Einsatz von ≥ 10% des EKV	4	0	4	8
Randhäufigkeiten	19	1	6	N = 26[91]

5.6.2 Zusammenhang zwischen Intensität des Einsatzes von Auktionen und dem Einsatz komplexer Auktionen

Als zweiter möglicher systematischer Zusammenhang wird überprüft, inwieweit eine intensivere Nutzung von Auktionen mit einem Einsatz von komplexen Auktionen einhergeht. Die folgende Tabelle 4 zeigt, dass es hier anscheinend einen stärkeren Zusammenhang gibt, der aber auch wieder nicht ganz eindeutig ist. Es gibt eine deutliche Häufung von Unternehmen die geringfügig Auktionen einsetzen und außerdem nicht mit komplexen Auktionen arbeiten. Die Unternehmen, die mit mittlerer Intensität Auktionen einsetzen, arbeiten in wesentlich größerem Umfang mit

Tabelle 4: Zusammenhang Intensität Einsatz und Einsatz komplexer Auktionen
Quelle: Eigene Berechnung

	Einsatz komplexer Auktionen			
Intensität des Einsatzes von Auktionen	Kein Einsatz komplexer Auktionen	Einsatz Multiattributer Auktionen	Einsatz Multiattributer und Kombinatorischer Auktionen	Randhäufigkeiten
Geringfügiger Einsatz	9	1	0	10
Einsatz von ca. 5% des EKV	1	4	3	8
Einsatz von ≥10% des EKV	3	5	1	9
Randhäufigkeiten	13	10	4	N = 27

[91] Da nicht alle Fragen von allen Unternehmen beantwortetet wurden, variiert N in den einzelnen Themenkategorien.

Multiattributen Auktionen und außerdem auch teilweise mit Kombinatorischen Auktionen. Bei den Unternehmen die am intensivsten Auktionen einsetzen, arbeitet auch die Mehrheit mit Multiattributen Auktionen, allerdings gibt es hier wiederum einige Unternehmen, die gar nicht mit komplexeren Auktionen arbeiten. Das ein insgesamt stärkerer Zusammenhang besteht wird durch den höheren Kontingenzkoeffizienten von K* = 0,71 bestätigt.

5.6.3 Zusammenhang zwischen der Nutzung Holländischer Auktionen und dem Einsatz komplexer Auktionen

Als dritter und letzter möglicher systematischer Zusammenhang wird überprüft, ob der bewusste Einsatz Holländischer Auktionen mit einer umfassenderen Nutzung komplexer Auktionen einhergeht. Wie schon bei den Tabellen zuvor zeigt sich ein leichter, aber bei weitem kein eindeutiger statistischer Zusammenhang. Wiederum gibt es eine große Gruppe von Unternehmen, die nur Englische Auktionen einsetzt, und gleichzeitig nicht mit komplexen Auktionen arbeitet. Gleichzeitig gibt es aber auch Häufungen von Unternehmen, die zwar bewusst Holländische Auktionen einsetzen, aber überhaupt nicht mit komplexen Auktionen arbeiten, sowie Häufungen von Unternehmen die mit komplexen Auktionen arbeiten, aber auf den Einsatz von Holländischen Auktionen komplett verzichten. Der korrigiert Kontingenzkoeffizient von K* = 0,55 bestätigt, dass es wieder einen gewissen, aber keinen eindeutigen Zusammenhang zwischen der facettenreicheren Nutzung von Auktionsformen und dem Einsatz komplexer Auktionen gibt.

Tabelle 5: Zusammenhang zwischen der Nutzung von Auktionsformen und dem Einsatz komplexer Auktionen
Quelle: Eigene Berechnung

	Einsatz komplexer Auktionen			
Nutzung von Auktionen	Kein Einsatz komplexer Auktionen	Einsatz Multiattributer Auktionen	Einsatz Multiattributer und Kombinatorischer Auktionen	Randhäufigkeiten
Geringfügiger Einsatz	12	5	3	20
Einsatz von ca. 5% des EKV	0	1	0	1
Einsatz von ≥10% des EKV	3	3	1	7
Randhäufigkeiten	15	9	4	N = 28

6 Abgleich der Ergebnisse mit bestehenden empirischen Untersuchungen

Die Erkenntnisse der Auktionstheorie werden bereits seit Beginn der 1970er Jahre immer wieder durch empirische Untersuchungen überprüft. Dabei ist eine Vielzahl tatsächlicher Auktionen umfassend auf ihre entsprechenden Ergebnisse und Eigenheiten hin untersucht worden wie z. B. Auktionen für die Vergabe von Ölförderrechten, Immobilienverkäufe, die öffentlichen Auftragsvergabe beim Straßenbau oder der Handel im Internet. Ein Problem der empirischen Arbeiten ist, dass es für Außenstehende nicht möglich ist, Höhe und Art der Wertschätzung der Bieter für das Auktionsobjekt zu beobachten. Außerdem wird bei realen Auktionen meist nur eine spezifische Auktionsform verwendet, so dass ein Vergleich verschiedener Auktionsformen nur in Ausnahmefällen möglich ist. Daher wird zunehmend versucht, das Verhalten von Auktionsteilnehmern in Laborexperimenten im Rahmen der experimentellen Wirtschaftsforschung zu untersuchen. In solchen Laborexperimenten erhalten die Teilnehmer ein Geldbudget, eine detaillierte Beschreibung des Auktionsmechanismus sowie Vorgaben über ihre individuelle Wertschätzung[92] des Auktionsobjektes. Immer dann, wenn die Teilnehmer ein Auktionsobjekt zu einem Preis unterhalb ihrer Wertschätzung ersteigern, erhalten sie die Differenz zwischen ihrer Wertschätzung und dem Auktionspreis als tatsächliche Geldzahlung. So wird sichergestellt, dass die Anreizsituation der einer realen Auktion entspricht. Neben den empirischen und experimentellen Arbeiten zur Auktionstheorie gibt es auch einige Arbeiten, die sich mit Einkaufsauktionen im spezifischen auseinandergesetzt haben (siehe auch Abschnitt 2.4). Die Ergebnisse dieser Arbeiten und die einer Untersuchung des Einkaufsverbandes, BME werden im Folgenden an den entsprechenden Stellen ebenso berücksichtigt.

Das folgende Kapitel kann keinen vollständigen Überblick zur empirischen und experimentellen Auktionsforschung geben, da dies den Rahmen der vorliegenden Arbeit übersteigen würde. Stattdessen konzentriert sich das Kapitel auf diejenigen Aspekte empirischer Untersuchungen, die in direktem Zusammenhang zu den Forschungshypothesen und eigenen empirischen Erkenntnissen der vorangegangenen Kapitel stehen. Zur Vereinfachung des Abgleichs mit den eigenen Untersuchungs-

[92] Die Wertschätzung der Teilnehmer wird i. d. R. über einen realen Wiederverkaufswert des ansonsten fiktiven Auktionsobjektes gesteuert (Kagel 1995, S. 504).

ergebnissen orientiert sich das Kapitel dabei an den grundlegenden Themenfeldern, nach denen bereits Kapitel 5 untergliedert wurde und enthält einleitend eine zusammenfassende Übersicht aller Ergebnisse aus den Kapiteln 5 und 6.

6.1 Zusammenfassende Darstellung der Ergebnisse

Zur Vereinfachung der Übersicht über die Ergebnisse der eigenen Untersuchung und den folgenden Abgleich mit anderen empirischen Arbeiten wird der Erkenntnisstand zur Überprüfung der Forschungshypothesen an dieser Stelle einmal zusammenfassend dargestellt. Eine ausführlichere Diskussion dieser Ergebnisse und die entsprechenden Handlungsempfehlungen finden sich dann anschließend im Kapitel 7. Zur Vereinfachung der Beurteilung der einzelnen Hypothesen wird eine +/– Skala genutzt, die anzeigt ob die einzelnen Hypothesen voll (++) oder teilweise (+) bestätigt beziehungsweise voll (—) oder teilweise abgelehnt (–) werden. Für den Fall nicht eindeutiger oder widersprüchlicher Ergebnisse wird außerdem die Notation +/– verwendet und für den Fall einer fehlenden Bestätigung auf Grund mangelnder Daten oder Untersuchungen die 0.

Die Tabelle 6 zeigt, dass die Mehrheit der Hypothesen sowohl durch die eigene Arbeit als auch durch andere Untersuchungen entweder voll oder zumindest teilweise bestätigt wird, dies gilt für insgesamt 13 der 22 Forschungshypothesen (Nr. 1, 2, 3, 6, 7, 8, 9, 12, 13, 15, 18, 19, 20). Drei weitere Hypothesen werden zumindest in begrenztem Umfang bestätigt, dort kann die in der eigenen Untersuchung gefundene Bestätigung leider nicht durch andere empirische Arbeiten überprüft werden (Nr. 1b, 4, 17). Bei immerhin vier Punkten zeigten sich in der Praxis Widersprüche zu den aus der Theorie abgeleiteten Forschungshypothesen (Nr. 10, 11, 14, 16), an dieser Stelle mussten die Forschungshypothesen entsprechend revidiert werden. Bei diesen Punkten waren entweder die Ergebnisse der eigenen Untersuchung oder die von anderen empirischen Arbeiten bereits in sich widersprüchlich (vor allem bei Nr. 10), oder es gab einen Widerspruch zwischen den eigenen Ergebnissen und denen anderer Wissenschaftler bzw. Untersuchungen (Nr. 11, 14, 16). Die Forschungshypothesen 5 zum Einsatz Holländischer Auktionen und 7b zu Varianten Englischer Auktionen konnten nicht in befriedigender Form überprüft werden, an dieser Stelle war es dementsprechend auch nicht möglich die Forschungshypothesen in sinnvoller Form zu revidieren. Bei beiden Aspekten zum Einsatz Holländischer Auktionen und zur Auswahl von Varianten der Englischen Auktion waren die eigenen Ergebnisse nur begrenzt aussagefähig, und aussagefähige Studien anderer Autoren existieren bislang nicht.

Tabelle 6: Übersicht zur Überprüfung der Forschungshypothesen
Quelle: Eigene Darstellung

Nr.	Ursprüngliche Forschungshypothesen oder -fragen	Eigene Empirie	Empirie Dritter
1	Auktionen werden Verhandlungen ersetzen	+	+
1b	Sind Auktionsergebnisse verbindlich?	+	0
2	Auktionen werden auch zur Prozesskostensenkung eingesetzt	++	++
3	Auch hochwertige und komplexe Güter werden per Auktion beschafft	++	++
4	Auch komplexere Auktionsformen werden eingesetzt	+	0
5	Holländische und Erstpreisauktionen werden auch eingesetzt	–	0
6	Holländische und Erstpreisauktionen werden wegen Asymmetrie, Risikoaversion oder Varianzminimierung eingesetzt	+	+
7	Englische Auktionen werden in stark kompetitiven Märkten genutzt	++	+
7b	Wie wird bei der Auswahl von Varianten der Englischen Auktionen vorgegangen?	0	0
8	Anzahl Teilnehmer sollte maximiert werden	+	++
9	Diskriminierungen und Prämien sollten eingesetzt werden	+	+
10	Anfangspreise sollten ambitioniert gesetzt werden	+/–	+/–
11	Kartellbildung bei wiederholten Auktionen muss berücksichtigt werden	– –	++
12	Zeitlich fixierte Endpunkte sollten nicht eingesetzt werden	++	++
13	Informationen über die Anzahl Bieter sollten nicht weitergegeben werden	++	+
14	Sequentielle Auktionen sollten nicht eingesetzt werden	– –	–/+
15	Werden kompetitive oder diskriminierende Verfahren bei simultanen Auktionen verwendet?	++	++
16	Kombinatorische Auktionen sollten bei Synergien in den Herstellkosten eingesetzt werden	–	+
17	Multiattribute Auktionen sind für komplexe Bedarfe besonders geeignet	+	0
18	Interne Widerstände im Einkauf bei der Einführung von Auktionen sind erheblich	++	++
19	Entsprechende Push- und Pull-Maßnahmen sind zur Umsetzung von Auktionen notwendig	++	++
20	Für die Überzeugung von Lieferanten werden eher Pull-Maßnahmen eingesetzt	+	+

6.2 Perspektiven von Einkaufsauktionen

6.2.1 Verbreitung von Auktionen

Eine in 2006 vom Bundesverband für Materialwirtschaft und Einkauf, BME durchgeführte Befragung bei 93 Unternehmen bestätigt die Ergebnisse der eigenen Befragung. Von den vom BME befragten Unternehmen setzten 44% Auktionen ein, also nur knapp 10% mehr als in der eigenen Erhebung. Ähnlich wie bei der eigenen Untersuchung hat die Unternehmensgröße Einfluss auf den Einsatz von Auktionen. Beim BME wurde eine Unterscheidung in Großunternehmen (>2.000 Mitarbeiter) und KMU (<2.000 Mitarbeiter) getroffen, bei den befragten Großunternehmen setzten 59% Auktionen ein, bei den KMU waren es nur 28% (BME 2006). Die in 5.1.1. beschriebene Aussage, dass Auktionen vor allem bei Großunternehmen eingesetzt werden, wird also bestätigt. Eine etwas ältere Bestätigung dieser Erkenntnis findet sich auch in der Untersuchung von Beall et al. 2003. Bei zwei in 2002 durchgeführten Befragungen großer US-amerikanischer Unternehmen lag der Prozentsatz von Unternehmen die Auktionen einsetzen bei 68% und bei 83%. Eine Forrester Untersuchung kommt zur selben Zeit zu dem Ergebnis, dass kleinere Unternehmen Einkaufsauktionen deutlich seltener einsetzen (Beall et al. 2003, S. 36).

Auch die Ergebnisse hinsichtlich des Ausmaßes des Auktionseinsatzes werden von den Zahlen des BME weitestgehend bestätigt. 77% der Unternehmen kaufen weniger als 10% ihres Beschaffungsvolumens über Auktionen ein und nur 23% der Befragten mehr als 10%. Bei der eigenen Befragung berichtete immerhin 33%, dass sie erwarten, in naher Zukunft 10% oder mehr ihres Beschaffungsvolumens über Auktionen einzukaufen. Die Differenz zwischen den BME-Zahlen und dem eigenem Ergebnis kann hier darin liegen, dass der BME nach dem Einsatz zum aktuellen Zeitpunkt fragte, während bei der eigenen Befragung nach einer Einschätzung über den Umfang in naher Zukunft gefragt wurde.

Interessanterweise ist laut BME das geringe Ausmaß des Auktionseinsatzes nicht auf eine grundsätzlich mangelnde Auktionsfähigkeit der Beschaffungsgüter zurückzuführen. Über 90% aller Befragten äußerten, dass zur Zeit weniger als 50% des als auktionsfähig betrachteten Volumens über Auktionen beschafft werden. Nur 3% der Befragten waren der Meinung, dass bereits über 90% des auktionsfähigen Beschaffungsvolumens über Auktionen beschafft werden. Dies weist darauf hin, dass das Potenzial zum Einsatz von Auktionen bei weitem noch nicht ausgeschöpft ist, und eine mangelhafte Eignung des Beschaffungsvolumens nicht die Ursache für die begrenzte Nutzung von Einkaufsauktionen ist.

Zusammenfassend bestätigt die Untersuchung des BME, dass Auktionen zur Zeit noch begrenzt eingesetzt werden, aber eine weitere Zunahme der Verbreitung zu erwarten ist. Diese Erwartung wird auch durch die vielen Äußerungen in der eigenen Befragung unterstützt, wonach sich der Einsatz von Einkaufsauktionen in den meisten Unternehmen noch in einer Einführungsfrage befindet. **Die Forschungshypothese 1, nach der Einkaufsauktionen Verhandlungen in gewissem Umfang ersetzen, wird grundsätzlich bestätigt. Allerdings ist das Ausmaß zu dem Auktionen eingesetzt werden bisher insgesamt gering.**

6.2.2 *Relevanz der Verbindlichkeit des Auktionsergebnisses*

In der spieltheoretischen Analyse ist die Annahme, dass der beste Bieter auch den Zuschlag für das Auktionsobjekt erhält so grundlegend, dass sie in der Regel gar nicht explizit erwähnt wird. Dementsprechend sind bis auf eine Ausnahme auch keine empirischen oder experimentellen Untersuchungen bekannt, in denen Auktionen mit verbindlicher Vergaberegel mit Auktionen mit unverbindlicher Vergaberegel verglichen werden. Engelbrecht-Wiggans et al. vergleichen als einzige Erstpreisauktionen mit verbindlicher Vergabe mit Erstpreisauktionen mit einer unverbindlichen durch den Käufer determinierten Vergabe. Sowohl auf theoretischer Basis als auch in Laborexperimenten zeigt sich, dass bei wenigen Bietern die verbindliche Vergabe zu einem besseren Ergebnis für den Einkäufer führt. Bei vielen Bietern überwiegen die Vorteile der käuferdeterminierten Vergabe, da dort insgesamt bessere Qualitäten angeboten werden (Engelbrecht-Wiggans et al. 2005, S. 7). Durch ihren Rückgriff auf einen variablen Qualitätsparameter und durch die geringe Anzahl von Erhebungen ist es aber schwierig, abzuschätzen, inwieweit die Ergebnisse dieser Untersuchung verallgemeinert werden können.

Dass unverbindliche Auktionen in der Beschaffungspraxis verbreitet sind, bestätigt auch die Untersuchung von Jap 2002, bei der 54 Einkaufsmanager aus 4 Unternehmen befragt wurden (Jap 2002, S. 11). Bei ihrer Untersuchung stellt sie aber die Frage in den Vordergrund, inwieweit eine unverbindliche Vergaberegel das Verhältnis zu den Lieferanten beeinflusst, die dadurch weniger Transparenz über den Vergabeprozess erhalten. Insgesamt lassen sich also keine zusätzlichen Aussagen zur Verbreitung von unverbindlichen Auktionen und zu ihrer Performance im Vergleich zu verbindlichen Auktionen, treffen. **Die Forschungsfrage 1b nach der Verbindlichkeit von Auktionsergebnissen kann nicht eindeutig belegt oder widerlegt werden.**

Da grundsätzlich erwartet werden kann, dass Bieter in Auktionen mit unverbindlicher Vergaberegel weniger aggressiv bieten, als in verbindlichen Auktionen, wäre eine empirische oder experimentelle Untersuchung hier interessant. Entscheidend bei einer unverbindlichen Auktion wird aber sein, inwieweit die Bieter erwarten, dass ihr letztes Gebot Einfluss auf die Vergabeentscheidung hat. Hat das letzte Gebot keinen Einfluss auf die Vergabeentscheidung, werden die Bieter immer nur bis zu dem Punkt Gebote abgeben, bei dem die Anzahl der verbleibenden Bieter der Anzahl von Bietern entspricht, zwischen denen der Einkäufer nach eigenem Ermessen über die Vergabe entscheidet.

6.2.3 Motive für den Einsatz von Auktionen

Das bereits in 6.1.1 zitierte BME-Stimmungsbarometer untersucht auch die Motivation beim Einsatz moderner E-Procurement Ansätze. Dabei wurde allerdings nicht nach den einzelnen Ansätzen wie Auktionen oder elektronischen Ausschreibungen unterschieden, sondern nur übergreifend nach der Motivation für den Einsatz von E-Procurement Ansätzen insgesamt gefragt. Die Befragten konnten dazu mehrere für sie relevante Motive aus einer übergreifenden Liste auswählen, die ausgewählten Motive wurden dann nach dem prozentualen Anteil der Nennungen sortiert. Übergreifend spielten Effizienzkriterien die größte Rolle, an den ersten drei Positionen der Nennung finden sich: 1. Prozessoptimierung (81%), 2. Verbesserung der Leistungsfähigkeit des Einkaufs (73%) und 3. Prozessstandardisierung (66%). Die Einstandspreissenkung befindet sich erst an 4. Stelle der Befragung, und wurde von 51% der Befragten als wichtiges Motiv genannt. Bei der eigenen Befragung nannte die Hälfte der Befragten die Preissenkung als das zentrale Motiv, während die übrige Hälfte Preis- und Prozesskostensenkung als gleichberechtigte Motive bezeichnete. Der Unterschied zur BME-Analyse lässt sich durch den Fokus der eigenen Untersuchung auf Auktionen erklären. Bei vielen der vom BME unter E-Procurement zusammengefassten Ansätze wie z. B. bei elektronischen Ausschreibungen oder Kollaborationstools spielt die Senkung der Preise keine Rolle.

Zusätzlich unterstützt werden die eigenen Ergebnisse durch die Frage nach Auswirkungen und Nutzen von E-Procurement Ansätzen beim BME-Stimmungsbarometer. Hier wurde die Senkung der Einkaufspreise von den meisten Befragten als wichtigstes Ergebnis genannt (51% bei A- und B-Teilen)(BME 2006, S. 5). Effizienzvorteile durch die Reduktion von Prozess- und Beschaffungszeiten sowie administrativen Tätigkeiten wurden als zweit- bis viertwichtigste Effekte der Einführung von E-Procurement Lösungen genannt. Bei C-Teilen spielten die Effizienzvorteile im Prozess allerdings eine wichtigere Rolle als die Effekte aus Preissenkungen.

Hinsichtlich der tatsächlichen Einsparungen zeigt die Befragung des BME, dass die Einstandpreise um durchschnittlich 5% bei A- und B-Teilen sowie um 10% bei C-Teilen gesenkt wurden. Die Prozesskosten wurden für A- und B-Teile sogar um 15% und für C-Teile um 30% gesenkt. In der bereits zitierten US-amerikanischen Studie von Beall et al. 2003, erreichten die Teilnehmer durchschnittliche Reduktionen der Einkaufspreise von 10–20% durch den Einsatz von Auktionen (Beall et al. 2003, S. 26). Die Einsparungen bei den Prozesskosten konnten von den Befragten bei dieser Untersuchung nicht eindeutig quantifiziert werden. **Forschungshypothese 2 wird demnach bestätigt, für den Einsatz von Auktionen sind sowohl die Senkung der Einkaufspreise als auch die der Prozesskosten zentrale Motive.**

6.2.4 Beschaffungsobjekte in Einkaufsauktionen

Systematische Analysen darüber, welche Beschaffungsobjekte von Unternehmen per Auktion eingekauft werden und welche nicht, sind bislang nicht bekannt. Allerdings enthalten mehrere Arbeiten Fallstudien oder Beispiele für Einkaufsauktionen anhand derer sich überprüfen lässt, ob tatsächlich auch komplexere Güter per Auktion beschafft werden. Beall et al. 2003 berichten in ihrer Untersuchung unter anderem von erfolgreichen Auktionen für die Beschaffung speziell angefertigter Leiterplatten in der Elektronikindustrie, für Bauleistungen für Mobilfunkantennen und für Laborausstattungen für ein Pharmaunternehmen (Beall et al. 2003, S. 31/32). In einer anderen Untersuchung berichten Aust et al. von erfolgreichen Auktionen für 300 verschiedene Vormaterialien für den Bau von Hochspannungsleitungen sowie von einer erfolgreichen Auktion für spezielle Kraftstofffilter für den Automobilersatzteilmarkt (Aust et al. 2001, S. 43). Demgegenüber sind die meisten der in der Dissertation von Lüdtke 2003 betrachteten Auktionen für einfache und standardisierte Beschaffungsobjekte durchgeführt worden (z. B. Holzmasten, Strom, Stromzähler, Messing, Natronlauge, Magermilchkonzentrat). Kaufmann und Carter kommen in ihrer Untersuchung ebenso zu dem Schluss, dass auch komplexe Güter per Auktion beschafft werden (Kaufmann und Carter 2004, S. 16):

> *"Contrary to common belief, the items or services might well be complex or specific as long as a) the buyer is able to clearly express the need, and b) the suppliers interpret the information in the same way as the buyer"*

Auch wenn für Einkaufsauktionen meistens von einer Anwendung für einfache und standardisierte Beschaffungsobjekte gesprochen wird, zeigen die hier und in Abschnitt 5.1.4 aufgeführten Beispiele, dass nicht nur einfache und standardisierte

Produkte mittels Auktionen beschafft werden können. **Die Forschungshypothese 3, der zufolge auch hochwertige und komplexere Produkte mit Hilfe von Auktionen beschafft werden, wird demnach bestätigt.**

Die in Abschnitt 2.1.3 zitierte Delphi-Studie zu Zukunftstrends im Beschaffungsmanagement weist darauf hin, dass Einkaufsauktionen bei der Beschaffung indirekter Materialien anscheinend eine größere Rolle spielen werden als bei der Beschaffung direkter Materialien. Dieses Ergebnis spiegelt sich auch in den eigenen Ergebnissen wieder, denen zufolge einige Unternehmen Auktionen vor allem für die Beschaffung indirekter Materialien einsetzen. Auch wenn es hierzu keine weiteren und spezifischeren Untersuchungen gibt, erscheint dieser Trend auf Grund von zwei Aspekten plausibel. Erstens kann davon ausgegangen werden, dass bei vielen indirekten Materialien ein stärkerer Wettbewerb zwischen den Lieferanten herrscht, da indirekte Materialien in der Regel weniger unternehmensspezifisch sind als Produktionsmaterialien. Zweitens herrschen bei direkten Materialien häufiger sehr enge und intensive Beziehungen zwischen Abnehmern und Lieferanten vor, die gegen den Einsatz von Auktionen sprechen.

6.2.5 Einsatz komplexer Auktionen

In den in 6.1.4 genannten Beispielen finden sich auch Fälle für Auktionen, bei denen mehrere Lose simultan in einer Auktion verhandelt werden. Darüber hinaus gibt es detaillierte empirische Analysen von komplexen Auktionen, die im Abschnitt 6.4 vorgestellt werden. Eine systematische Untersuchung, in welchem Umfang komplexere Auktionen in der Beschaffungspraxis eingesetzt werden, ist allerdings nicht bekannt. **Eine weitere Überprüfung der Forschungshypothese 4 ist daher nicht möglich.**

6.3 Auswahl von Auktionsformen

Das in Abschnitt 3.1.2 beschriebene Revenue Equivalence Theorem, RET bildet ein Zentrum der experimentellen und empirischen Auktionsforschung. Zur Überprüfung des RET ist im Rahmen vieler Laborexperimente untersucht worden, inwieweit die von Vickrey postulierte strategische Äquivalenz zwischen Holländischer- und Erstpreisauktion sowie die zwischen Englischer und Zweitpreisauktion bestätigt werden kann (siehe Abschnitt 3.1.2). Bei vielen Untersuchungen zeigte sich, dass Auktionsteilnehmer bei den verdeckten Formaten der Erst- und Zweitpreisauktion fast immer höher boten, als bei den offenen Formaten der Englischen und der Holländischen Auktion. Zur übergreifenden Erklärung für diesen Widerspruch zur

Theorie wird von einigen Autoren argumentiert, dass unterschiedliche Entscheidungssituationen zwischen den Auktionsformaten bestehen, die einen psychologischen Einfluss auf das Verhalten der Bieter haben. Bei den verdeckten Formaten entscheiden die Bieter selber über den Preis, den sie bieten, und werden dabei von dem Wunsch beeinflusst die Auktion zu gewinnen. Bei den offenen Auktionen entscheiden sie, ob sie einen vorgegebenen Preis akzeptieren oder ablehnen, wobei der Fokus stärker auf die Profitabilität ihrer Entscheidung ausgerichtet ist (Kagel 1995, S. 513). Darüber hinaus sind in der entsprechenden Literatur weitere Argumente für die Widersprüche zwischen Theorie und Praxis entwickelt worden wie z. B. Risikoaversion, Fehleinschätzungen der Wahrscheinlichkeiten oder ein möglicher Zusatznutzen aus dem Gewinn einer Auktion (Grimm und Engelmann 2004, S. 5–10). Für die niedrigeren Gebote in Holländischen Auktionen gegenüber Erstpreisauktionen wird von einigen Autoren außerdem argumentiert, dass bei Holländischen Auktionen die Teilnehmer in Laborexperimenten einen zusätzlichen Nutzen aus der steigenden Anspannung ziehen, die bei einer Holländischen Auktion mit Fortschreiten der Auktionsuhr entsteht (Milgrom 1989, S. 7).

Ein weiterer Widerspruch zur Theorie ergibt sich daraus, dass bei den meisten Laborexperimenten bei allen Auktionsformaten außer der Englischen Auktion regelmäßig und beständig mehr geboten wurde, als die Theorie auf Basis der berechneten Nash-Gleichgewichte voraussagt. Für Holländische und Erstpreisauktionen wird in diesem Zusammenhang oft auf den Effekt der Risikoaversion verwiesen, dem zufolge Bieter in Holländischen und Erstpreisauktionen höher bieten, um so ihre Gewinnwahrscheinlichkeit zu erhöhen (Cox et al. 1985, S. 160). Einige Autoren lehnen allerdings den Effekt der Risikoaversion als vernachlässigbar ab und verweisen darauf, dass in den Laborexperimenten zu Auktionen ein Abweichen vom Nash-Gleichgewicht nur sehr geringe Opportunitätskosten verursacht und die spezifischen Bedingungen nicht für ein kontrolliertes Experiment ausreichen (Harrison 1992, S. 1426).[93] Auch experimentelle Untersuchungen jüngeren Datums weisen darauf hin, dass Risikoaversion nicht ausreicht, um das Verhalten der Bieter in Erstpreisauktionen zu erklären (Neugebauer und Selten 2006, S. 198).

Es existieren nur wenige Untersuchungen zur Überprüfung der Ergebnisse aus Laborexperimenten in realen Auktionen. Einige Arbeiten vergleichen die Ergebnisse von Auktionen für Holzeinschlagsrechte in den USA. Dort werden seit 1977 sowohl Englische Auktionen als auch Erstpreisauktionen eingesetzt. Hansen kommt in einer

[93] Die bereits 1989 zum ersten mal von Harrison geübte Kritik führte zu einer intensiven wissenschaftlichen Diskussion unter Beteiligung prominenter Ökonomen wie David Friedmann, Alvin Roth und Vernon Smith. (siehe American Economic Review 1992, S. 1366 ff.).

Analyse von 493 Erstpreisauktionen und 374 Englischen Auktionen zu dem Schluss, dass das Revenue Equivalence Theorem grundsätzlich zutrifft. Die durchschnittlichen Erlöse bei den Erstpreisauktionen liegen nur geringfügig über den Erlösen Englischer Auktionen (Hansen 1986, S. 136). Zu einem gegenteiligen Ergebnis kommt Lucking-Reiley, der selber Auktionen durchführte bei denen Sammelkarten für ein in den USA weit verbreitetes Rollenspiel im Internet versteigert wurden. Für die Untersuchung wurden Paare gleicher Karten sowohl in Erstpreis- und Holländischen Auktionen verkauft sowie in Zweitpreis- und Englischen Auktionen. Bei den Erstpreis- und Holländischen Auktionen kam es zu einem umgekehrten Ergebnis als in den Laborexperimenten, die Holländischen Auktionen führten systematisch zu höheren Erlösen als die Erstpreisauktionen (Lucking-Reiley 1999, S. 1072). Dabei muss allerdings berücksichtigt werden, dass die Holländischen Auktionen wesentlich mehr Teilnehmer anzogen als die Erstpreisauktionen, so dass das Ergebnis eher auf den Markteintritt zusätzlicher Teilnehmer als auf das Auktionsformat selbst zurückzuführen ist. Bei dem Vergleich zwischen Englischer- und Zweitpreisauktion gab es kein entsprechend eindeutiges Ergebnis, in einer Reihe von Auktionen führten die Englischen Auktionen zu höheren Erlösen, in einer anderen die Zweitpreisauktionen.

Die unterschiedlichen Ergebnisse aus den verschiedenen Experimenten und Untersuchungen zeigen, dass das RET weder eindeutig belegt noch eindeutig widerlegt werden kann. Genauso wenig lässt sich eine eindeutige und systematische Überlegenheit von einem der vier grundsätzlichen Auktionsformate identifizieren. Für die Gestaltung von Beschaffungsauktionen lässt sich daher schließen, dass grundsätzlich alle Auktionsformate genutzt werden können.

6.3.1 Holländische- und Erstpreisauktionen

Analysen zur Verbreitung von Holländischen- und Erstpreisauktionen im Beschaffungskontext gibt es nicht. Die bereits zitierten Arbeiten zu Einkaufauktionen von Lüdtke 2003 und Beall et al. 2003 beschreiben durchweg Englische Auktionen. Nur Jap beschreibt in ihrer empirischen Analyse, dass bei den befragten Unternehmen auch verdeckte Erstpreisauktionen mit einem Anteil von 22% eingesetzt werden (Jap 2002, S. 12). Sie analysiert aber nicht die Ursachen für den bevorzugten Einsatz der einen oder der anderen Auktionsform, sondern nur die Auswirkung der Auktionsform auf das Verhalten der Lieferanten. Dabei findet sie allerdings keine wesentlichen Unterschiede zwischen den Auswirkungen von Englischen Auktionen und Erstpreisauktionen (Jap 2002, S. 22).

Dem Konzept der Erstpreisauktion entsprechen am ehesten öffentliche Ausschreibungen, allerdings finden im Anschluss an öffentliche Ausschreibungen häufig noch weitere Verhandlungsrunden statt. Auf Grund dieser anschließenden Verhandlungen wird der letztendliche Preis nicht nur durch die Gebote, sondern auch durch die Verhandlungen festgelegt, eine zentrale Annahme des RET (siehe Abschnitt 3.1.2) ist damit nicht erfüllt. Das gleiche gilt, wenn die Vergabe nach dem Prinzip des wirtschaftlichsten Angebotes und nicht nach dem Prinzip des besten Preises erfolgt (siehe Abschnitt 3.0.3). Hier gilt, dass die Auktionsgebote nicht alleinig darüber entscheiden, wer die Auktion gewinnt, die angesprochene Annahme des RET ist wieder nicht erfüllt. Die in vielen Arbeiten anzutreffende Gleichsetzung öffentlicher Ausschreibungen mit Erstpreisauktionen ist daher aus Sicht des Autors nicht immer richtig und sollte stets kritisch hinterfragt werden.

Auf Grund des Fehlens aktueller Untersuchungen zur Verbreitung von Auktionsformen im Beschaffungskontext **ist es nicht möglich, die eigenen Ergebnisse zur Forschungshypothese 5 zum Einsatz von Holländischen- und Erstpreisauktionen im Beschaffungsmanagement zu validieren**. Es gibt aber einige empirische und experimentelle Arbeiten, die die Vorteile von Holländischen- und Erstpreisauktionen unter den beschriebenen Ausnahmen Asymmetrie, Risikoaversion und Varianzminimierung untersuchen, und die zur Überprüfung der anschliessenden Forschungshypothese 6 geeignet sind. Diese Arbeiten werden im folgenden Abschnitt erläutert.

6.3.1.1 Einfluss von Asymmetrie, Risikoaversion und Varianzminimierung

a) Asymmetrie

In Laborexperimenten wurde bestätigt, dass bei asymmetrischen Bietern die Erlöse aus Erstpreisauktionen signifikant über den Erlösen aus Zweitpreisauktionen liegen. In einem Experiment mit zwei Bietern hatte einer der Bieter eine Wertschätzung die zwischen 50 und 150 gleichverteilt war, während die Wertschätzung des anderen Bieters zwischen 50 und 200 gleichverteilt war. In den verschiedenen durchgeführten Auktionsrunden lagen die Erlöse aus den Erstpreisauktionen rund 10% über den Erlösen aus Zweitpreisauktionen (Güth et al. 2001, S. 12). Umgekehrt waren die Gewinne aus der Auktion für die Bieter bei Zweitpreisauktionen höher als bei Erstpreisauktionen. Die Erlös steigernden Vorteile der Erstpreisauktion werden auch in einem Experiment von Goeree und Offermann bestätigt, bei dem drei schwache Bieter gegen einen starken Bieter boten. Die Erlöse der Erstpreisauktion waren rund 30% höher als die der Englischen Auktion, wobei zu berücksichtigen ist, dass eine wesentlich stärkere Asymmetrie zugrunde gelegt wurde als bei Güth et al. (Goeree und Offermann 2002, S. 10ff.).

Die Vermutung, dass Erstpreisauktionen bei Asymmetrien vorteilhaft sind, wird auch in einer empirischen Studie von Athey et al. zu Auktionen von Holzeinschlagrechten in den USA belegt, bei denen sowohl Englische als auch Erstpreisauktionen durchgeführt werden. Die Autoren zeigen, dass bei den Erstpreisauktionen die Erlöse höher und die Anzahl der Bieter größer ist, als bei den Englischen Auktionen (Athey et al. 2004, S. 36). Der positive Effekt auf die Anzahl der Bieter kann darauf zurückgeführt werden, dass Erstpreisauktionen i.d.R. attraktiver für schwächere Bieter sind, da sie in Erstpreisauktionen eine bessere Chance gegen starke Bieter haben als in Englischen Auktionen (siehe Abschnitt 3.1.2.3).

Insgesamt bestätigten die Untersuchungen die Vorteile von Erstpreisauktionen gegenüber Zweitpreis- und Englischen Auktionen bei Asymmetrien. Vor diesem Hintergrund ist es verwunderlich, dass in der Praxis sowohl Erstpreis- als auch Holländische Auktionen so selten eingesetzt werden. Da die meisten Einkaufsauktionen im Anschluss an Ausschreibungen stattfinden, wo entsprechende Erstgebote der Lieferanten vorliegen, besitzt dass Beschaffungsmanagement meistens Anhaltspunkte um Asymmetrien zwischen den Bietern zu identifizieren.

b) Risikoaversion

Wie bereits im Abschnitt 6.2 erwähnt, wird Risikoaversion von vielen Autoren als die Hauptursache dafür angeführt, dass die Teilnehmer von Holländischen- und von Erstpreisauktionen in Laborexperimenten systematisch mehr bieten, als das entsprechende Nashgleichgewicht voraussagt. Diese These konnte aber bislang nicht bestätigt werden, da Versuche, mit Hilfe von spezifischen Lotterien die Risikoeinstellung der Versuchsteilnehmer zu reduzieren bzw. zu neutralisieren, keine befriedigenden Ergebnisse erzeugten (Kagel 1995, S. 533). Untersuchungen von realen Auktionen eignen sich noch weniger zur Bestimmung des Einflusses von Risikoaversion, da es in einem realen Umfeld noch schwieriger als im Experiment ist, die Risikoeinschätzung der Bieter zu bewerten. Ein Hinweis darauf, dass die Risikoeinstellung nur einen geringen Einfluss auf das Bieterverhalten hat, findet sich bei Li und Riley, die mit Hilfe von per Computer simulierten Auktionen festgestellt haben, dass der Einfluss selbst stark ausgeprägter Risikoaversion auf das Bietverhalten und das Auktionsergebnis insgesamt sehr gering ist (Li und Riley 1999, S. 30). Nicht zuletzt zeigte die eigene empirische Untersuchung, dass Risikoaversion einzelner Lieferanten kein relevantes Kriterium für das Beschaffungsmanagement bei der Durchführung von Auktionen ist (siehe Abschnitt 5.2.1).

c) Varianzminimierung

Die theoretische Voraussage von Vickery 1961, dass die Erlöse in Englischen Auktionen gegenüber denen in Erstpreisauktionen eine höhere Varianz haben (siehe Abschnitt 3.1.1), wird in Laborexperimenten von Goeree und Offermann bestätigt. Die Varianz der Ergebnisse bei symmetrischen Englischen Auktionen lag ca. 30–40% über der Varianz von entsprechenden Erstpreisauktionen. Bei asymmetrischen Auktionen überstieg die Varianz der Englischen Auktion die der Erstpreisauktion sogar um ein vielfaches (Goeree und Offermann 2002, S. 14). Die eigene Empirische Untersuchung hat allerdings gezeigt, dass Varianzminimierung kein relevantes Ziel des Beschaffungsmanagements bei der Durchführung von Auktionen ist (siehe Abschnitt 5.2.1).

6.3.1.2 Beurteilung Einsatz von Holländischen- und Erstpreisauktionen

Die Untersuchung der Forschungshypothese 5 zum Einsatz von Holländischen und Erstpreisauktionen zeigte, dass diese nur sehr begrenzt (von ca. 20% der Befragten und auch dort nur vereinzelt) für Einkaufsauktionen eingesetzt werden. Dies überrascht, da solche Auktionen bei asymmetrischen Bietern deutlich bessere Ergebnisse erzielen, als die im Einkauf vorwiegend verwendeten Englischen Auktionen. Für diese Geringschätzung von Holländischen- und Erstpreisauktionen lassen sich insgesamt drei mögliche Erklärungen finden:

a) Die Geringschätzung ist ökonomisch begründbar, da die Vorteile von Englischen Auktionen durch bestehende Abhängigkeiten bzw. Affiliation der Wertschätzungen der Bieter (siehe Abschnitt 3.1.2.2) die Vorteile der Holländischen- bzw. Erstpreisauktionen auch bei Asymmetrien überwiegen.
b) Die Geringschätzung ist nicht ökonomisch, aber psychologisch begründbar, da Einkäufer und Lieferanten Englische Auktionen auf Grund besserer Reaktionsmöglichkeiten und höherer Transparenz bevorzugen (siehe 5.2.1).
c) Die Geringschätzung ist nicht begründbar, sondern vielmehr durch mangelnde Vertrautheit mit den Ergebnissen der Auktionstheorie und den Besonderheiten einzelner Auktionsformate zu erklären.

Insbesondere wenn die Erklärung c) zutreffend ist, lässt sich vermuten, dass durch den systematischeren Einsatz von Holländischen- oder Erstpreisauktionen die Auktionsergebnisse im Beschaffungsmanagement verbessert werden können. Für die wenigen Unternehmen, die solche Auktionen einsetzen, bestätigen die in 6.3.1.1 genannten experimentellen und empirischen Untersuchungen die Vorteile dieser Auktionsformen bei asymmetrischen Bietern. **Mit Blick auf asymmetrische Bieter kann die Forschungshypothese 6 also bestätigt werden.**

Darüber hinaus scheint der in 5.3.2.1 beschriebene Einsatz „verdeckter“ Holländischer Auktionen ohne die Angabe der Anzahl der Bieter ein interessanter Ansatz bei Auktionen mit nur wenigen Bietern. In diesem Bereich sind leider bislang keine Untersuchungen bekannt, die systematisch den Effekt unterschiedlicher Auktionsformen bei wenigen Bietern mit Unkenntnis über die Gesamtzahl der Bieter vergleichen. Ein einziger Hinweis darauf, dass der Einsatz von Holländischen- oder Erstpreisauktionen bei wenigen Bietern verbreitet ist, findet sich bei Elmaghraby in einer qualitativen Fallstudie über den Auktionseinsatz beim Auktionsanbieter Freemarket. Dem Autor zufolge empfiehlt Freemarket seinen Kunden den Einsatz von Erstpreisauktionen bei Auktionen mit einer kleinen Anzahl von Lieferanten oder bei Kollusionsverdacht (Elmaghraby 2004, S. 222).

6.3.2 Englische Auktionen

6.3.2.1 Verbreitung Englischer Auktionen

Wie zuvor erwähnt, gibt es keine Untersuchungen zu den Auswirkungen des Einsatzes unterschiedlicher Auktionsformen im Beschaffungsmanagement. Andere Arbeiten enthalten aber Hinweise, die die weite Verbreitung der Englischen Auktionsform bestätigen. Lüdtke konzentriert sich in seiner Dissertation zur Gestaltung von Einkaufsauktionen ausschließlich auf Englische Auktionen, da er vermutet, dass diese zu den höchsten Preissenkungen führen (Lüdtke 2003, S. 31/32). Kaufmann und Carter berichten, dass die meisten in Ihrer Untersuchung befragten Fachleute Einkaufsauktionen als reverse Englische Auktionen definierten (Kaufmann und Carter 2004, S. 11). In einer Analyse von 14.000 Einkaufsauktionen eines US-Unternehmens werden die dort verwendeten Varianten der Englischen Auktion verglichen, andere Auktionsformen werden aber nicht erwähnt (Millet et al. 2004). Auch Elmaghraby berichtet in seiner Untersuchung, dass die Englische Auktion die Standardauktionsform in der Beschaffung ist (Elmaghraby 2004, S. 220).

Für die auf Milgrom und Weber zurückgeführte These, dass Englische Auktionen immer dann vorzuziehen sind, wenn die Wertschätzungen der Teilnehmer sich gegenseitig beeinflussen, gibt es bislang keine befriedigenden empirischen oder experimentellen Arbeiten. Grundlegendes Problem sind die Schwierigkeiten abzuschätzen, ob die Wertschätzungen der Bieter unabhängig voneinander oder mit einander affiliert (korreliert) sind (Laffont 1997, S. 18).

Die genannten Arbeiten können als Indiz dafür genommen werden, dass Englische Auktionen tatsächlich die zentrale Auktionsform für Einkaufsauktionen sind. Allerdings ist es bislang nicht möglich, den von Milgrom und Weber entwickelten

Einfluss der Affiliation auf die Vorteilhaftigkeit der Englischen Auktion genauer abzuschätzen. **Das bedeutet, dass die bestehenden empirischen Untersuchungen die Forschungshypothese 7 nur teilweise bestätigen können.**

6.3.2.2 Varianten der Englischen Auktion

Wie bereits in 5.2.2 dargestellt, haben die Anbieter von Auktionssoftware eine Vielzahl unterschiedlicher Ausgestaltungsvarianten der Englischen Auktion entwickelt, von denen sich hauptsächlich die Rangauktion und die klassische Englische Auktion mit voller Transparenz über alle Gebote durchgesetzt haben. Kaufmann und Carter berichten, dass Rangauktionen anscheinend zu besseren Preisen führen als klassische Englische Auktionen (Kaufmann und Carter 2004, S. 23). Allerdings findet sich bei Kaufmann und Carter keine Information darüber, ob bei der Rangauktion der jeweils beste Preis angezeigt wurde oder nicht. Elmaghraby berichtet in seiner Arbeit über den Auktionseinsatz bei Freemarket davon, dass dort Rangauktionen ohne jegliche Preisanzeige vornehmlich bei weniger kompetitiven Märkten eingesetzt werden (Elmaghraby 2004, S. 223), und ansonsten hauptsächlich klassische Englische Auktionen. Vorteil der Rangauktionen bei Kollusionsverdacht ist, dass die Bieter nicht wissen, wie hoch die Gebote der besten Bieter sind, und es entsprechend schwieriger wird, einen Verstoß gegen die Preisabsprachen der Bieter zu identifizieren. In der Auktionstheorie wird davon ausgegangen, dass die Transparenz über Gebote und Preise in Englischen Auktionen die Entstehung von Kollusion erleichtert (siehe Abschnitt 3.1.2.5). Der Einsatz von Rangauktionen bei Kollusionsverdacht ist demnach plausibel, wurde aber von keinem der befragten Fachleute in der eigenen Befragung genannt.

Die einzige Arbeit die unterschiedliche Varianten der Englischen Auktion systematisch vergleicht, ist die Untersuchung von Millet et al., bei der die Ergebnisse von rund 14.000 Einkaufsauktionen eines US-Unternehmens verglichen wurden. Die Untersuchung widmet sich allerdings dem Einfluss der Ausgestaltungsform auf die Anzahl der Bieter und erwähnt nicht, inwieweit die unterschiedlichen Ausgestaltungsformen unterschiedliche Einsparergebnisse erzielen. Zur Überraschung der Autoren zeigt die Analyse, dass Auktionen mit wenigen Informationen über Rang oder Gebote der Bieter zu einer größeren Beteiligung von Lieferanten führen als Auktionen mit mehr Transparenz für die Lieferanten (Millet et al. 2004, S. 175).[94]

[94] In der Arbeit werden insgesamt fünf Varianten der Englischen Auktion verglichen: 1. Blind (ohne Informationen zu Rang oder anderen Geboten), 2. Best/No Best (Nur der Beste Bieter wird über seine Position informiert), 3. Rang (Alle erfahren ihren Rang), 4. Best Bid (alle kennen das Beste Gebot), 5. Rang und Best Bid (Alle kennen ihren Rang und das beste Gebot (Millet et al. 2004, S. 172).

Darüber hinaus weisen die Ergebnisse der Arbeit von Millet darauf hin, dass Rangauktionen ohne Angabe des besten Preises bei Auktionen mit wenigen Bietern vorteilhaft sind. Während bei allen anderen untersuchten Auktionstypen der Auktionserfolg positiv mit der Anzahl eingeladener Bieter korrelierte, war die Korrelation bei der reinen Rangauktion negativ. Auf eine Rückfrage diesbezüglich teilte der verantwortliche Projektleiter mit, dass das Forschungsteam gemäß einer Absprache mit dem Unternehmen von dem die Untersuchungsdaten stammen, keine Aussagen zu Vorteilen einzelner Auktionsformen machen darf (Millet 2006).

Darüber hinaus sind keine weiteren Untersuchungen zu den Vor- und Nachteilen der Ausgestaltungsvarianten Englischer Auktionen bekannt. Ähnlich wie bereits in 5.2.2 beschrieben, scheint an dieser Stelle weiterer empirischer und experimenteller Forschungsbedarf zu bestehen. Die zitierten Arbeiten von Elmaghraby und Millet et al. weisen indirekt darauf hin, dass Rangauktionen ohne Preisinformationen bei wenigen Bietern vorteilhaft sind, allerdings ist es nicht eindeutig, warum sie zu aggressiveren Geboten bei geringem Wettbewerb führen sollten. **Die Forschungsfrage 7b kann daher weiterhin nicht beantwortet werden.**

6.3.3 Empirische Untersuchungen weiterer Auktionsformen

Empirische oder Experimentelle Arbeiten zu der in der eigenen Untersuchung in Abschnitt 5.2.3 genannten verdeckten Japanischen Auktion, der Brasilianischen Auktion oder der Hybriden Auktion sind nicht bekannt. Auch an dieser Stelle besteht anscheinend Forschungsbedarf, um die meist kontextspezifischen Vorteile dieser Auktionsformen genauer zu untersuchen. Aus theoretischer Sicht scheint hier vor allem der Ansatz der Hybriden Auktion vielversprechend. Durch die Erstpreisauktion, die mit den letzten zwei Bietern der zuvor durchgeführten Englischen Auktion veranstaltet wird, können die Vorteile der Englischen Auktion (affilierte/abhängige Wertschätzungen/Kosten) mit den Vorteilen der Erstpreisauktion (Asymmetrische Bieter, Risikoaversion) kombiniert werden. Samuelson zeigt in einer Berechnung, dass die Hybride Auktion gegenüber der Englischen Auktion vorteilhaft ist, da sie das systematische Überbieten[95] der Teilnehmer in Erstpreisauktionen ausnutzt. Da vor allem bei Geboten durch zwei Bieter das systematische Überbieten eine große Rolle spielt, ist es sinnvoll, eine Englische Auktion durchzuführen, bis nur noch zwei Bieter

[95] Das systematische Überbieten in Erstpreisauktionen wurde lange Zeit durch Risikoaversion der Akteure begründet. Da es aber auch bei Zweitpreisauktionen beobachtet wurde, müssen andere Faktoren ebenso eine Rolle spielen. Eine Darstellung der entsprechenden wissenschaftlichen Diskussion findet sich in Abschnitt 6.2.

übrig sind. In der anschließenden Erstpreisauktion werden beide Bieter dann tendenziell höher bieten als in einer Englischen Auktion oder einer Erstpreisauktion mit vielen Bietern (Samuelson 2001, S. 303).

6.4 Gestaltungsmerkmale von Auktionen

6.4.1 Anzahl der Bieter in Auktionen

Für Erstpreisauktionen im IPV-Modell wurde in Laborexperimenten bestätigt, dass die Mehrzahl der Bieter bei Auktionen mit einer größeren Anzahl von Teilnehmern systematisch höher bietet als bei Auktionen mit einer geringeren Anzahl von Bietern (Kagel 1995, S. 516). Bei Zweitpreisauktionen gab es, wie von der Theorie vorausgesagt keine eindeutige Veränderung der Gebote. Allerdings gilt bei Zweitpreisauktionen, dass sich eine Steigerung der Anzahl der Bieter nicht auf die einzelnen Gebote, aber auf die Verteilung der beteiligten Wertschätzungen auswirkt, so dass auch dort bessere Ergebnisse für den Auktionator erzielt werden. Auch eine Reihe von Untersuchungen realer Verkaufs- und Einkaufsauktionen bestätigt, dass sich eine höhere Anzahl der Bieter positiv auf den Wettbewerb und das Auktionsergebnis auswirkt (McAfee und McMillan 1987a, S. 729). Für den Kontext von Einkaufsauktionen wird diese Vermutung auch von Kaufmann und Carter bestätigt (Kaufmann und Carter 2004, S. 18). Sehr umfassend wird der Einfluss der Anzahl der Bieter in Einkaufsauktionen in der Arbeit von Millet et al. analysiert. Die Autoren unterscheiden dabei zwischen der Anzahl eingeladener Bieter, der Anzahl von Bietern die die Einladung angenommen hat, der Anzahl von Bietern die an der Auktion teilnehmen und der Anzahl der Bieter die teilnehmen und fortwährend Gebote abgeben. Bei fast allen untersuchten Auktionsformen (siehe Abschnitt 6.2.2.2) war der Einfluss durch mehr eingeladene Bieter und durch mehr aktiv bietende Bieter auf das Auktionsergebnis positiv. Die einzige Ausnahme waren Rangauktionen ohne Anzeige des besten Preises, bei denen ein negativer Effekt beobachtet wurde. Die Autoren weisen in ihrer Arbeit darauf hin, dass es dementsprechend nicht nur wichtig ist, viele Lieferanten einzuladen, sondern auch sicherzustellen, dass sie aktiv in der Auktion bieten. Die Anzahl der aktiven Bieter und die Anzahl der Gebote haben im Vergleich zur Anzahl der eingeladenen und angemeldeten Bieter den größten Einfluss auf den Auktionserfolg (Millet et al. 2004, S. 175). **Insgesamt zeigen die Untersuchungen, dass Forschungshypothese 8 bestätigt wird.**

Die Ergebnisse der Untersuchung von Millet et al. zeigen, dass es häufig Lieferanten gibt, die zwar an Auktionen teilnehmen, aber nicht aktiv Gebote abgeben. Solche

Lieferanten nutzen die Auktionen demnach vornehmlich zur Informationsgewinnung über Marktpreise und Konkurrenzsituation. Einkäufer sollten in diesen Fällen abwägen, ob sie eine solche passive Teilnahme im wiederholten Fall sanktionieren wollen. In der eigenen Untersuchung berichteten einzelne Unternehmen, dass solche Lieferanten entweder noch während der Auktion ausgeschlossen werden oder für die nächsten Auktionen gesperrt werden.

Eine Einschränkung der Forschungshypothese 8 bezieht sich auf die in dieser Arbeit weniger betrachteten Common Value Auktionen, bei denen der Wert des Auktionsobjektes für alle Bieter weitestgehend gleich ist, aber erst nach der Auktion beobachtet werden kann. In einer solchen Situation tritt das Phänomen des „Winner's Curse" auf, dass derjenige Bieter die Auktion gewinnt der den höchsten Erwartungswert für das Objekt hat und tendenziell den wahren Wert des Objektes überschätzt (siehe Abschnitt 3.1.2.2). In einer solchen Situation ist es mitunter rational, weniger zu bieten, wenn die Anzahl der Bieter zu nimmt, da ansonsten das Risiko steigt, dass man selber Opfer des „Winner's Curse" wird. Tatsächlich gibt es empirische Untersuchungen, die zeigen, dass in Common Value Auktionen die Gebote mit steigender Anzahl der Bieter geringer sind (Olley 2005, S. 6).

6.4.2 Diskriminierungen und Prämien in Auktionen

Laborexperimente zeigen, dass im Fall von Asymmetrien zwischen den Bietern Prämienauktionen zu höheren Erlösen führen. Bei den untersuchten Prämienauktionen gab es im ersten Schritt eine Englische Tickerauktion mit einem kontinuierlich steigenden Preis, bis nur noch zwei Teilnehmer bereit waren, weiter zu bieten. Im zweiten Schritt hatten die beiden übrigen Bieter die Möglichkeit, ein schriftliches Gebot oberhalb des letzten Preises der ersten Runde zu machen. Den beiden übrigen Bietern wurde eine einheitliche Prämie in Höhe von 30% der Differenz zwischen dem zweithöchsten Preis und dem letzten Preis der ersten Runde zugesagt. In diesem Rahmen wurde sowohl eine Erstpreis-Prämienauktion als auch eine Zweitpreis-Prämienauktion untersucht und mit einer gewöhnlichen Englischen und einer gewöhnlichen Erstpreisauktion verglichen. Alle vier Auktionsformen wurden für eine symmetrische Verteilung der Wertschätzungen wie auch für eine asymmetrische Verteilung im Labor getestet. Im Falle asymmetrischer Wertschätzungen lagen die Erlöse beider Prämienauktionen deutlich über denen der einfachen Auktionen (Goeree und Offermann 2002, S. 14).

Ein Beispiel für reale asymmetrische Auktionen mit Prämien waren die Auktionen für UMTS Lizenzen in Italien und England. Asymmetrien bestanden da die eingesessenen Anbieter (Incumbents) auf Grund ihrer bestehenden Netze einen großen Kostenvorteil gegenüber Unternehmen hatten, die neu auf den Mobilfunkmarkt drängten und noch in eigene Netze investieren mussten. Eine Investmentbank schätzte seinerzeit, dass der Wert der Lizenzen für die eingesessenen Anbieter einen zwei- bis mehrfach höhreren Wert hatte als für Unternehmen, die neu in den Markt drängten (Jehiel und Moldovanu 2002, S. 29). Aufgrund der komplexeren Auktionsstrukturen für Auktionen mehrerer Güter ist es allerdings schwer, den Effekt der Asymmetrien und der Prämien in den Auktionen exakt zu bewerten. Die Auktionen in England und Italien, bei denen es Prämien in Form spezieller Vergünstigungen für schwächere Bieter gab, schnitten aber insgesamt überdurchschnittlich gut ab (Jehiel und Moldovanu 2002, S. 34; siehe auch Abschnitt 3.0.1).

In einer anderen Untersuchung realer Auktionen hat sich der Einsatz von einseitig diskriminierenden Vergütungen, um schwächere Firmen zu begünstigen, und somit den Wettbewerb zu intensivieren, als kontraproduktiv erwiesen. Bei der Vergabe von Straßenbauarbeiten in Kalifornien wird bei Aufträgen ohne Bundesförderung kleinen Firmen eine Bietpräferenz[96] von 5% eingeräumt, bei Aufträgen mit Bundesförderung gibt es hingegen keine Bietpräferenz. Entgegen den in 3.1.2.3 beschriebenen Voraussagen von McAfee und McMillan, dass die Bietpräferenz den Wettbewerb verstärkt und zu günstigeren Preisen führt, sind in Kalifornien höhere Preise bei den Auktionen mit Prämien beobachtet worden. Ursache dafür ist, dass bei den Vergaben mit Bietpräferenzen große, i.d.R. kostengünstige Firmen seltener an Auktionen teilnehmen als bei den Vergaben ohne Bietpräferenz. Insgesamt ist der Effekt aus der reduzierten Anzahl der Bieter stärker als die leicht aggressiveren Gebote die bei Auktionen mit Präferenz beobachtet werden (Marion 2004, S. 3).

Das Ergebnis von Marion 2004 weist darauf hin, dass es riskant sein kann, systematisch Prämien und Diskriminierungen (in der Praxis Boni und Mali) zu nutzen, die nicht gegenüber den Bietern objektiv gerechtfertigt können (z. B. aufgrund unterschiedlicher Transport- oder Zertifizierungskosten). Vor diesem Hintergrund erscheint das in Abschnitt 5.3.2. beschriebene Ergebnis plausibel, gemäß dem **Forschungshypothese 9 leicht revidiert werden muss: Prämien und Diskriminierungen werden nur dort eingesetzt, wo es tatsächliche Unterschiede zwischen den Bietern gibt, aber nicht um die Bieter zu aggressiveren Geboten zu bewegen.**

[96] Die Bietpräferenz von 5% legt fest, dass kleine Unternehmen den Auftrag erhalten, so lange ihr bestes Gebot das beste Gebot der großen Unternehmen um höchstens 5% übersteigt.

6.4.3 *Die Auswirkungen von Anfangspreisen*

Die Auswirkung unterschiedlicher Anfangspreisniveaus *(in der Theorie: Reservationspreise)* auf das Auktionsergebnis wurde von Lucking-Reiley analog zu seiner Untersuchung des Revenue Equivalence Theorems mit Hilfe von Internetauktionen für Sammelkarten überprüft. Dabei wurden in zwei Erstpreis-Auktionsrunden jeweils Paare derselben Sammelkarten einmal mit und einmal ohne Anfangspreis verkauft. Entsprechend der Theorie hatte die Einführung der Anfangspreise (theoretisch: Reservationspreise) folgende Effekte (Lucking-Reiley 2004, S. 23/24):

- Die Anzahl der Gebote und die Anzahl der Bieter ging zurück
- Die Wahrscheinlichkeit eines Verkaufs sank (mehr Karten wurden nicht verkauft)
- Die Erlöse aus den getätigten Verkäufen stieg

Diese Ergebnisse werden auch in einer weiteren Untersuchung von Online-Verkaufsauktionen bestätigt. Die Analyse von insgesamt 350 Auktionen zeigt, dass höhere Anfangspreise zwar die Erlöse einer Auktion erhöhen, aber gleichzeitig auch die Gefahr eines Nicht-Verkaufs steigt (Pinker et al. 2003, S. 1468).

Zu einer kritischeren Einschätzung hoher Anfangspreise kommen die Autoren Ku, Murningham und Galinsky. Die Autoren untersuchen in einer Reihe von Experimenten und auf Basis von Daten des Auktionshauses Ebay die Wirkung von unterschiedlichen Anfangspreisen. Die Autoren kommen zu dem Schluss, dass niedrigere Anfangspreise sogar zu insgesamt höheren Erlösen führen. Als Ursache für diesen Effekt verweisen die Autoren auf insgesamt drei positive Wirkungsmechanismen, die durch die niedrigen Anfangspreise verursacht werden (Ku et al. 2006, S. 975). Erstens führen niedrige Anfangspreise zu einer höheren Beteiligung von Bietern und einer größeren Anzahl von Geboten, was sich positiv auf den Erlös auswirkt. Zweitens führen die niedrigeren Anfangspreise dazu, dass bei den Bietern durch die frühzeitige Teilnahme in stärkerem Maße *sunk costs* entstehen, und sie weiterhin bieten, um den Verlust dieser *sunk costs* zu vermeiden. Drittens führt die größere Anzahl von Geboten dazu, dass die Bieter den Wert des Auktionsobjektes höher einschätzen, da sich ja viele Bieter an der Auktion beteiligen. Die Autoren kommen zu dem Schluss, dass günstige Anfangspreise zu einem *Anchoring-Effekt* führen, der genau anders herum wirkt als der Anchoring-Effekt hoher Anfangsforderungen bei zweiseitigen Preisverhandlungen (Ku et al. 2006, S. 983). Ihnen zufolge führen günstige Anfangspreise zu mehr Interesse und Beteiligung, und so über die oben beschriebenen Mechanismen zu höheren Preisen. Insgesamt dürften die Effekte aber größeren Einfluss bei Auktionen für Endkonsumenten wie bei Ebay haben, wo die Beteiligten ihre eigenen Gebote in stärkerem Maße von der Konkurrenzsituation abhängig machen. Bei Einkaufsauktionen dürfte vor allem der Effekt des Anfangspreises auf die Beteiligung der Bieter relevant sein.

Die Erkenntnisse der hier zitierten Arbeiten scheinen die uneindeutigen Ergebnisse der eigenen Untersuchung zum Einsatz von ambitionierten Anfangspreisen zu unterstützen: mitunter ist es sinnvoll ambitionierte Anfangspreise zu setzen, mitunter ist es sinnvoll gar keine oder zumindest keine ambitionierten Anfangspreise zu setzen. **Forschungshypothese 10 zum Einsatz ambitionierter Anfangspreise wird auch durch andere Arbeiten nur eingeschränkt unterstützt.**

Dass der Effekt von ambitionierten Anfangspreisen nicht überbewertet werden sollte, bestätigen auch Simulationen von Auktionen von Li und Maskin. Die Autoren zeigen für eine Reihe von Rahmenbedingungen wie z.B. symmetrische und asymmetrische Wertschätzungen, dass die Auswirkung optimal gewählter Reservationspreise auf den Erlös insgesamt gering ist (Li und Riley 1999, S. 27–29).

6.4.4 Empirie zu Kartellen und Kollusion

6.4.4.1 Gefahr von Kollusion

Bei Laborexperimenten mit wiederholten Auktionen wurde beobachtet, dass die Gefahr von Preisabsprachen bzw. ungewöhnlich niedrigen Geboten erheblich steigt, wenn immer dieselben Bieter an der Auktion teilnehmen. Bei dem Versuch nahmen in einer Gruppe immer dieselben Bieter an der wiederholten Auktion teil, während in einer anderen Gruppe die Teilnehmer regelmäßig ausgetauscht wurden. Es zeigte sich, dass bei den Runden mit identischen Bietern niedrigere Preise geboten wurden als bei den Runden mit wechselnden Bietern (Kagel 1995, S. 561).

Auch bei einer Reihe von Untersuchungen realer Auktionen konnte das Verhalten von Bietkartellen bei der öffentlichen Auftragsvergabe identifiziert bzw. nachgewiesen werden. Porter und Zona finden in einer ökonometrischen Analyse von Ausschreibungen für Straßenbauarbeiten in den USA, dass es ein begrenztes Bietkartell gibt, deren Mitglieder überhöhte Phantomgebote abgeben, während nur ein Mitglied ein „ernstes" Angebot abgibt. Auf Basis eines Kostenmodells zeigen sie, dass sich die Gebote der Kartellmitglieder im Gegensatz zu den kompetitiven Geboten[97] nicht aus den wesentlichen Kostenparametern (z.B. der Kapazitätsauslastung) heraus erklären lassen (Porter und Zona 1993, S. 530). Mit einem vergleichbaren Verfahren weisen die Autoren Kollusion bei der Vergabe von Lieferaufträgen für Schulmilch in

[97] Aufgrund juristischer Verfahren war bekannt, welche Unternehmen an den Absprachen teilgenommen hatten.

Ohio nach. Obwohl Transportkosten bei der Lieferung von abgepackter Schulmilch eine große Rolle spielen, gaben die Molkereien bei nahe gelegenen Schuldistrikten überhöhte Gebote ab. Insgesamt kommen die Autoren zu dem Ergebnis, dass aufgrund der Kollusion die Preise um rund 6,5% über den Wettbewerbspreisen lagen (Porter und Zona 1999, S. 285).

Die in Abschnitt 3.1.2.5 geäußerte Vermutung, dass die Gefahr von Bieterkartellen bei wiederholten Auktionen mit begrenztem Bieterkreis groß ist, wird durch die zitierten Arbeiten bestätigt. Vor diesem Hintergrund überrascht es, dass Kartellbildung bzw. Kollusion für 85% der Befragten in der eigenen Untersuchung kein Thema ist, dem bei betrieblichen Einkaufsauktionen besonderes Augenmerk geschenkt werden sollte. **Entgegen den eigenen Ergebnissen bestätigen andere Untersuchungen die in Forschungshypothese 11 beschriebene Gefahr von Kollusion bei wiederholten Auktionen mit demselben Bieterkreis.**

Wie in den Abschnitten 6.2.1.4 und 6.2.2.2 dargestellt, empfiehlt der Auktionsanbieter Freemarkets seinen Kunden den Einsatz von Erstpreis- oder wenigstens von Rangauktionen ohne Preisanzeige, wenn Verdacht auf Absprachen zwischen den Bietern bei einer Einkaufsauktion besteht (Elmaghraby 2004, S. 222/223). Diese Empfehlung entspricht den Erkenntnissen der Auktionstheorie, die zeigen, dass die Anzeige der Gebote aller Bieter zur Stabilität eines Kartell beiträgt (siehe Abschnitt 3.1.2.5).

6.4.4.2 Identifikation von Kollusion

Die anscheinend bestehende Ignoranz der befragten Unternehmen gegenüber der Kollusionsgefahr in Auktionen kann gegebenenfalls darauf zurückgeführt werden, dass es bei begrenzter Kollusion schwierig ist, diese zu identifizieren. Nur bei einer hinreichend großen Datenmenge zu vergangenen realen Auktionen ist es mit Hilfe ökonometrischer Verfahren möglich, Hinweise auf Kollusion zu finden. Zur Identifikation muss untersucht werden, ob es bei den vergangenen Geboten systematische Inkonsistenzen gab, die sich aus den Kosten der Unternehmen nicht erklären lassen. Für diese Überprüfung muss in einem ersten Schritt ein ökonometrisches Modell geschätzt werden, welches die Kostenstruktur der Bieter in Abhängigkeit wesentlicher (und messbarer) Einflussfaktoren erklärt (Bajari und Summers 2002, S. 20ff.).[98] Auf

[98] Bei den von Bajari und Summers untersuchten Auktionen für die Vergabe von Straßenreparaturarbeiten waren als wesentliche Kostentreiber die spezifische Entfernung zur Baustelle, die Kapazitätsauslastung und die langfristige regionale Spezialisierung der einzelnen Firmen auf Basis detaillierter Datenangaben geschätzt worden.

Basis von Gleichungen für jeden einzelnen Bieter, die die Gebote in Abhängigkeit der Kostenstruktur erklären, kann dann untersucht werden, ob die Gebote der Auktionen eine kompetitive Struktur haben. Dazu werden zwei Bedingungen geprüft, deren Erfüllung eine notwendige und hinreichende Bedingung dafür ist, dass die verschiedenen Gebote kompetitiv entstanden sind. Die Bedingungen sind erstens **bedingte Unabhängigkeit** (conditional independence), die sich ergibt wenn die Gebote zweier Bieter bei verschiedenen Auktionen in keiner Weise miteinander korrelieren, und zweitens **Austauschbarkeit** (exchangeability), die sich ergibt, wenn die Gebote der einzelnen Firmen in konsistenter Weise auf Änderungen der Kostenfaktoren reagieren (Bajari und Ye 2001, S. 2). Für das Beschaffungsmanagement ist ein solches Verfahren aber nur geeignet, wenn ein großer Datensatz für eine bestimmte Gruppe von Bietern existiert, auf dessen Basis die beschriebenen Analysen durchgeführt werden können.

6.4.5 Beendigung von Auktionen

In ihrer Studie zu Effekten der Regelung des Auktionsendes bei Englischen Auktionen zeigen Ockenfels und Roth, dass bei Auktionen, die zu einem fixen Zeitpunkt enden, deutlich häufiger Gebote kurz vor Auktionsende eingehen, als bei Auktionen, bei denen das Auktionsende nach jedem neuen Höchstgebot verlängert wird. Die beiden Autoren vergleichen dazu Auktionen von Computern und Antiquitäten beim Internetauktionshaus Ebay (wo ein fixer zeitlicher Endpunkt verwendet wird) mit vergleichbaren Auktionen beim Anbieter Amazon, bei dem die Auktionen nach jedem neuen Höchstgebot verlängert werden. Während bei Amazon nur bei 3% der Auktionen Angebote in den letzten 5 Minuten eingehen,[99] sind es bei Ebay 50%. Interessanterweise zeigt sich, dass es bei Ebay zu einem großen Teil erfahrene Bieter sind, die zu einem späten Zeitpunkt bieten, wohingegen bei Amazon ein gegenteiliges Verhalten erfahrener Bieter zu beobachten ist (Ockenfels und Roth 2003, S. 24). Die Tatsache, dass insbesondere erfahrene Bieter ein zeitlich fixiertes Auktionsende für späte Gebote nutzen, weißt darauf hin, dass sich die Bieter durch das späte Gebot einen insgesamt günstigeren Preis sichern, da die übrigen Bieter nicht mehr ausreichend Zeit zum Reagieren haben. Folglich wirken sich zeitlich fixierte Endpunkte negativ auf die Erlöse für den Auktionator aus. Die empirische Arbeit von Ockenfels und Roth bestätigt somit, dass die Befragten richtig handeln, wenn sie eine Verlän-

[99] Zur Sicherstellung der Vergleichbarkeit berechnen die Autoren für die Amazon Auktionen einen hypothetischen Endzeitpunkt unter Berücksichtigung der zeitlichen Verlängerung (Ockenfels und Roth 2003, S. 19).

gerungsregel statt eines fixen Endpunktes bei Einkaufsauktionen verwenden. **Die Forschungshypothese 12, die den Verzicht auf zeitlich fixierte Endpunkte empfiehlt, wird empirisch bestätigt.**

6.4.6 Informationen über die Anzahl der Teilnehmer

Eine experimentelle Untersuchung zum Effekt einer unbekannten Anzahl von Bietern auf die Gebotsabgabe bei Holländischen oder Erstpreisauktionen zeigte, dass die Teilnehmer, wie von der Theorie vorausgesagt, aggressiver boten, wenn sie nicht wussten wie viele Bieter an einer Auktion teilnahmen (Dyer et al. 1989 S. 275). Bei dem Experiment wurde allerdings ein spezielles Verfahren angewandt, bei dem die Bieter verschiedene schriftliche Gebote abgeben in Abhängigkeit davon, wie viele Bieter an der Auktion insgesamt teilnehmen. Inwieweit dieses Ergebnis auf eine reale Einkaufsauktion übertragbar ist, ist nur schwer abzuschätzen. Darüber hinaus war der Effekt relativ begrenzt, die Gebote lagen nur ca. 1,5% über den Geboten, die die Bieter bei einer bekannten Anzahl von Bietern abgaben (Kagel 1995, S. 517). Empirische Untersuchungen realer Auktionen, bei denen geprüft werden kann, ob die Teilnehmer sich anders verhalten, wenn sie nicht wissen, wie viele Konkurrenten bieten, sind nicht bekannt. **Das bedeutet, dass Forschungshypothese 13 grundsätzlich bestätigt wird, allerdings muss davon ausgegangen werden, dass der Effekt insgesamt gering ist.**

6.5 Einsatz komplexer Auktionen

6.5.1 Sequentielle und Simultane Auktionen für mehrere Güter

6.5.1.1 Einsatz sequentieller Auktionen

Empirische Untersuchungen darüber, ob es bei sequentiellen Auktionen und affilierten Wertschätzungen dazu kommt, dass die Bieter in einer ersten Runde strategisch gefälschte Gebote abgeben, um die übrigen Bieter über ihre eigene Wertschätzung zu täuschen sind nicht bekannt. Ebenso wenig existieren empirische Untersuchungen zu den spezifischen Eigenheiten sequentieller Einkaufsauktionen für die Beschaffung von homogenen Gütern. Die in Abschnitt 3.2.1.1 beschriebene Anomalie abnehmender Preise („Declining Price Anomalie“) bei sequentiellen Auktionen wurde sowohl für verschiedene Auktionsobjekte als auch für verschiedene Auktionsformen empirisch bestätigt. Es konnte aber aufgrund der empirischen Erkenntnisse keine einheitliche Theorie für die Ursachen der „Declining Price Anomalie“

abgeleitet werden.[100] Auch in experimentellen Untersuchungen sequentieller Auktionen konnte die „Declining Price Anomalie“ bestätigt werden (Robert und Montmarquette 1999, S. 7). Leider lassen die Ergebnisse aber keine Rückschlüsse auf systematische Effekte bei sequentiellen Einkaufsauktionen zu.

Bei der Vorbereitung der ersten Auktionen für Mobilfunklizenzen in den USA in den Jahren 1994–1997 spielte die Frage ob sequentielle oder simultane Auktionen verwendet werden sollten eine zentrale Rolle. Die Befürworter sequentieller Auktionen verwiesen vor allem darauf, dass sequentielle Auktionen einfacher zu handhaben sind, und die Gefahr von impliziter Kollusion bei ihnen geringer ist als bei simultanen Auktionen. Für simultane Auktionen sprach die größere Flexibilität für die Bieter, die ihre Gebote jederzeit bei anderen Lizenzen anpassen können, wenn bei einigen Lizenzen die Gebote zu hoch erscheinen. Darüber hinaus sollten die bei sequentiellen Auktionen häufig auftretenden unterschiedlichen Preise vermieden werden. Bei einer früheren sequentiellen Auktion von Nutzungsrechten für einen Radiosatelliten, kam es zu juristischen Klagen der Bieter, da der Gewinner des ersten Nutzungsrechtes knapp 40% mehr bezahlte als der Gewinner des letzten Nutzungsrechtes (Cramton 1997, S. 435). Die durchgeführten simultanen Auktionen führten zu sehr zufriedenstellenden Ergebnissen und zeigten, dass die Bieter die Möglichkeit der simultanen Auktion zum Wechseln zwischen einzelnen Lizenzen aktiv nutzten und die Preise für vergleichbare Lizenzen sich stark annäherten. Die Entscheidung zur Durchführung von simultanen anstatt sequentieller Auktionen für die Versteigerung der Mobilfunklizenzen wurde durch eine große Anzahl experimenteller Laborauktionen begleitet. Bei den Experimenten zeigte sich, dass sequentielle Auktionen vor allem dann schlecht abschneiden, wenn Komplementaritäten zwischen den Auktionsobjekten eine Rolle spielen. Sowohl die Effizienz als auch die Erlöse für den Auktionator waren bei Komplementaritäten in den sequentiellen Auktionsrunden geringer.[101] Spielten Komplementaritäten keine signifikante Rolle bei der Bewertung der Auktionsobjekte durch die Bieter, so waren die Ergebnisse der sequentiellen Auktionen gleichwertig im Vergleich zu denen der simultanen Auktionen (Ledyard et al. 1997, S. 662). Die Versuche zeigten aber auch, dass durch die Zulassung von kombinatorischen- bzw. Paketgeboten bessere Ergebnisse erzielt werden konnten.

---

[100] Eine Übersicht über die Vielzahl empirischer Arbeiten dazu findet sich bei Ashenfelter und Graddy 2002, S. 38.

[101] Auch theoretische Arbeiten verweisen darauf, dass bei sequentiellen Auktionen mögliche Komplementaritäten bei den Herstellungskosten berücksichtigt werden müssen (siehe Abschnitt 3.2.3.1).

Für das Beschaffungsmanagement bedeutet dies, dass die in Abschnitt 5.4.1. revidierte **Forschungshypothese 14** um eine Einschränkung hinsichtlich Synergieeffekte ergänzt werden sollte. **Der Einsatz von sequentiellen Auktionen für die Vergabe mehrerer Aufträge oder Lose im Beschaffungsmanagement ist wenig problematisch, solange es keine Synergien bzw. Komplementaritäten zwischen einzelnen Aufträgen oder Losen gibt.**

Elmaghraby 2004 berichtet, dass der Einsatz sequentieller Auktionen auch von dem Auktionsanbieter Freemarket empfohlen wird, der beobachtet hat, dass die Lieferanten die Komplexität simultaner Auktionen wenig schätzen (Elmaghraby 2004, S. 222).

6.5.1.2 Festlegung von Losgrößen

Grundsätzlich gehört die Festlegung optimaler Losgrößen zu den operativen Aufgaben des Einkäufers während der Spezifikationsphase (siehe Abschnitt 2.2.1). Allerdings besteht bei einem herkömmlichen Beschaffungsprozess mit Lieferantenverhandlungen die Möglichkeit nach den ersten Verhandlungsrunden den Zuschnitt der Lose an die Bedürfnisse und Möglichkeiten der Lieferanten anzupassen. Bei einer Auktion ist diese Möglichkeit nicht gegeben, vielmehr müssen vorher die Losgrößen endgültig festgelegt werden. Diese Festlegung erfolgt unabhängig vom Einsatz sequentieller oder simultaner Auktionen. Dabei sollten die Vor- und Nachteile verschiedener Losgrößen abgewogen werden. Bei einer Vielzahl kleiner Einzelpositionen ist es wichtig, diese in einer sinnvollen Art zu aggregieren, um jeweils ein attraktives Volumen für die bietenden Lieferanten zu erzeugen. Beall et al. weisen in ihrer CAPS-Studie darauf hin, dass der Zuschnitt der einzelnen Lose eine wichtige Rolle bei der Entwicklung der spezifischen Strategie für eine einzelne Einkaufsauktion spielt. Die Autoren unterscheiden dabei zwischen Korblosen, wo all die Einzelpositionen zusammengefasst werden, die von allen Bietern geliefert werden können, und Individuallosen für komplexere und spezifischere Einzelpositionen (Beall et al. 2004, S. 48). Jap weißt in ihrer Untersuchung auf die Nachteile der beiden Verfahren hin. Bei vielen Einzellosen kann es passieren, dass Bieter bei einzelnen Positionen hohe Preise durchsetzen können, da sie bei dieser Position eine besondere Marktstellung besitzen. Bei der Bildung großer Korblose besteht die Gefahr, dass einzelne Unternehmen nicht an der Auktion teilnehmen können, da sie nicht alle Einzelpositionen anbieten können. Jap empfiehlt daher einen Zwischenweg mittelgroßer Lose (Jap 2002, S. 25). In einer alternativen Auswertung der oben zitierten CAPS-Studie kommen die Autoren zu dem Schluss, dass Auktionen mit mehreren Einzellosen tendenziell erfolgreicher sind, als Auktionen, bei denen alle Einzelpositionen zu einem

Los zusammengefasst werden (Carter et al. 2004, S. 247). Von verschiedenen Autoren wird in diesem Zusammenhang empfohlen, die relevanten Bieter vor der Festlegung der Losgröße zu konsultieren, um von ihnen zu erfahren, welches aus ihrer Sicht optimale Losgrößen und Loszuschnitte sind.

6.5.2 Preisfindung bei simultanen Auktionen

Die Preisfindung bei simultanen Auktionen wurde in einer Vielzahl empirischer Arbeiten auf zwei Fragen hin untersucht: Erstens ob und unter welchen Voraussetzungen kompetitive oder diskriminierende Auktionen erlösmaximierend sind, und zweitens ob und in welchem Maße das Phänomen der strategischen Nachfrageverringerung „Demand Reduction“ beobachtet werden kann, welches auch als implizite Kollusion bezeichnet wird. Dabei zeigen die Untersuchungen zu beiden Fragestellungen, dass kompetitive Auktionen tendenziell mit größeren Risiken verbunden sind, als entsprechende diskriminierende Auktionen. Insbesondere das Problem der Verringerung der Nachfrage ist bei kompetitiven Auktionen wesentlich stärker ausgeprägt. Vor dem Hintergrund, dass auch im Beschaffungsmanagement eine Verringerung des Angebotes durch die Lieferanten bzw. implizite Kollusion nicht auszuschließen ist, erscheinen kompetitive Auktionen riskant. Die Ergebnisse der eigenen Untersuchung zur **Forschungsfrage 15**, denen zufolge im Beschaffungsmanagement ausschließlich diskriminierende Auktionen eingesetzt werden, werden durch die zwei folgenden Unterabschnitte indirekt unterstützt. Das bedeutet, dass das bisher deskriptive Ergebnis um einen präskriptiven Zusatz ergänzt werden kann: **Kompetitive Auktionen werden im Beschaffungsmanagement nicht genutzt, und sollten auch nicht eingesetzt werden.**

6.5.2.1 Kompetitive versus Diskriminierende Auktionen

Eine Vielzahl empirischer Untersuchungen erfolgte im Bereich der Auktionen von Wertpapieren und Schatzbriefen, da dort sehr große Summen in den Auktionen umgesetzt werden. Allein die US Notenbank hat im Jahr 2003 Wertpapiere im Wert von 3,42 Billionen US Dollar mittels Auktionen verkauft (Garbade und Ingber 2005, S. 2). Entsprechend groß ist das Interesse der Akteure an den Finanzmärkten, welche Auktionsform am ehesten zur Erlösmaximierung beiträgt. Trotz umfassender Analysen zu dem Vergleich zwischen diskriminierenden und kompetitiven Auktionen konnte aber bislang nicht eindeutig bestimmt werden, welcher Preismechanismus zur Erlösmaximierung geeigneter ist. Um die Effekte eines Wechsels des Auktionsformates analysieren zu können, begann die US Notenbank (die historisch das diskriminierende Verfahren verwendete) 1992 damit einzelne Wertpapierarten mittels kompetitiver Auktionen zu versteigern. Die darauf folgenden empirischen Untersuchungen kamen allerdings zu keinem eindeutigen Ergebnis[102] (Garbade und Ingber 2005, S. 4). 1998 änderte die US-Notenbank trotzdem ihre Verfahren endgültig und wechselte für sämtliche Schatzanweisungen von diskriminierenden zu kompetitiven Auktionen (Ausubel und Cramton 2002, S. 2).[103] Eine Studie zu Auktionen von Schatzanweisungen in verschiedenen Ländern von 1997 kommt zu dem Ergebnis, dass von 42 Ländern die überwiegende Mehrheit von 39 Ländern diskriminierende Auktionen verwendet (Hortacsu 2002, S. 1).

Goeree, Offermann und Sloof vergleichen in einer experimentellen Untersuchung eine diskriminierende Auktion mit einer ansteigenden Ticker-Auktion mit einheitlichem (kompetitivem) Preis. Dabei geben die Bieter zu jedem Preis die von ihnen nachgefragte Menge an, und der Preis steigt in regelmäßigen Schritten bis die nachgefragte Menge dem Angebot entspricht. Dieser Mechanismus entspricht dem einer kompetitiven Auktion, da alle Teilnehmer einen einheitlichen, den Markt räumenden Preis bezahlen. In ihrer Untersuchung kommen die Autoren zu dem Ergebnis, dass diskriminierende Auktionen immer zu höheren Erlösen und größerer Effizienz führen als kompetitive Auktionen (Goeree et al. 2005, S. 15).

6.5.2.2 Analysen zur „Demand Reduction"

Eine Reihe experimenteller Untersuchungen belegt, dass das Phänomen der **Verringerung der Nachfrage** (bzw. implizite Kollusion) durch die Bieter bei kompetitiven Auktionen auftritt. Eine erste experimentelle Arbeit von Goswami, Noe und Rebello

---

[102] Harris und Raviv berichteten bereits 1981 im Rahmen ihrer theoretischen Untersuchung zum Vergleich diskriminierender und kompetitiver Auktionen, dass empirische Untersuchungen keinen eindeutigen Schluss erlauben. Bei kompetitiven Auktionen waren zwar die durchschnittlichen Gebote höher, die Varianz der Gebote aber ebenso. Eindeutig höhere Erlöse gab es bei keiner der beiden Auktionsformen (Harris und Raviv 1981, S. 1488).

[103] Demgegenüber änderte die Deutsche Bundesbank ihr Verfahren 1988 in genau die entgegengesetzte Richtung. Vor 1988 nutzte die Deutsche Bundesbank kompetitive Verfahren für die Refinanzierung der Banken, die so genannten REPO's (securities repurchasing agreements). Da die Bundesbank ihr Verfahren zur Feinsteuerung der Geldmenge nutzt, ist sie stärker daran interessiert, dass die beteiligten Banken ihre wahre Nachfrage bekannt geben, als dass die Bundesbank ihren Erlös aus den Verkäufen maximiert. Das verwendete kompetitive Verfahren hatte dazu geführt, dass die Bieter für bestimmte Mengen oft unrealistisch hohe Preise geboten haben. Durch den Wechsel zur diskriminierenden Auktion konnte dieses Verhalten unterbunden werden, da es bei diskriminierenden Auktionen für die Bieter sehr teuer wäre, für bestimmte Menge überteuerte Angebote abzugeben (Nautz 1997, S. 18).

aus dem Jahr 1995 zeigt, dass implizite Kollusion auftritt und zu sehr niedrigen Preisen führt, wenn die Teilnehmer vorher die Möglichkeit haben zu kommunizieren. Wenn den Teilnehmern keine Möglichkeit zur Kommunikation gegeben wurde, führten die kompetitiven Auktionen zu Wettbewerbspreisen. Bei den durchgeführten diskriminierenden Auktionen kam es interessanterweise nicht zu kollusivem Verhalten, unabhängig davon, ob die Teilnehmer kommunizieren konnten oder nicht. Die Erlöse der beiden diskriminierenden Auktionen waren fast ebenso hoch wie die der kompetitiven Auktion ohne Kommunikation, während die kompetitive Auktion mit Kommunikation zu deutlich geringeren Erlösen führte (Goswami et al. 1995, S. 15). Eine experimentelle Untersuchung von Kagel und Levin vergleicht das Verhalten von Bietern in kompetitiven Ticker-Auktionen[104] mit dem Verhalten in Vickrey-Auktionen für mehrere Güter und in Ausubel-Auktionen (siehe Abschnitt 3.2.2.1). Wie von der Theorie vorausgesagt, kommt es bei den kompetitiven Auktionen zu einer Verringerung der Nachfrage, während die Bieter bei der Ausubel-Auktion (siehe Abschnitt 3.2.2.1) und der Vickrey-Auktion für mehrere Güter tatsächlich gemäß ihrer Wertschätzung bieten. Allerdings kommt es in den Experimenten bei der Ausubel-Auktion zu geringeren Erlösen als bei der kompetitiven Auktion, obwohl der Versuch so aufgesetzt war, dass die Ausubel-Auktion zu höheren Erlösen hätte führen sollen (Kagel und Levin 2001, S. 415). Darüber hinaus unterstreichen weitere experimentelle Untersuchungen die Problematik der Verringerung der Nachfrage in kompetitiven Auktionen wie z. B. Engelmann und Grimm 2003 und List und Lucking-Reiley 2000.[105]

6.5.3 Auktionen komplementärer Güter

Der Einsatz von Auktionen beim Verkauf oder der Beschaffung komplementärer Güter wurde bereits in mehreren Arbeiten untersucht. Die Arbeiten zu sequentiellen

[104] Bei der kompetitiven Ticker-Auktion wird eine Auktionsuhr in festen Schritten erhöht, die Teilnehmer geben bei jedem Schritt ihre Nachfrage an, bis die nachgefragte Menge unterhalb des Angebotes liegt.

[105] In einer extra dazu aufgesetzten Auktion von Sammelkarten während einer Sammlermesse konnten List und Lucking-Reiley die wesentlichen Ergebnisse von Kagel und Levin bestätigen. Die Autoren führten zum Vergleich eine Reihe von kompetitiven Auktionen und Vickrey-Auktionen mehrerer Güter für je zwei gleiche Sammelkarten durch. Es zeigte sich, dass bei den kompetitiven Auktionen die Gebote für die zweite Sammelkarte immer niedriger waren als die Gebote für die zweite Karte bei den Vickrey-Auktionen für mehrere Güter. Damit bestätigten die Autoren, dass es zu einer Verringerung der Nachfrage nach der ersten Einheit kommt. Die bei beiden Auktionsformen erzielten Erlöse waren in etwa gleich hoch (List und Lucking-Reiley 2000, S. 966).

Auktionen im folgenden Abschnitt 6.4.3.1 zeigen dabei, dass mögliche Komplementaritäten bzw. Synergien Einfluss auf das Auktionsergebnis haben. Die in Abschnitt 6.4.1 beschriebene Einschränkung der Forschungshypothese 14, dass sequentielle Auktionen nicht bei möglichen Komplementaritäten bei den Herstellkosten verwendet werden sollen, wird durch diese Arbeiten unterstützt.

Der Einsatz von Kombinatorischen Auktionen und die damit verbundenen Effekte sind vor allem in einzelnen Arbeiten mit Fallstudiencharakter untersucht worden. Die dazu veröffentlichten Ergebnisse werden im Abschnitt 6.4.3.2 eingehend beschrieben, darunter finden sich auch mehrere Arbeiten, die die erfolgreiche Nutzung Kombinatorischer Auktionen im Beschaffungsmanagement beschreiben. Hinsichtlich der Verbreitung Kombinatorischer Auktionen gibt es zwei übergreifende Arbeiten, die darauf hinweisen, dass eine gewisse Verbreitung von Kombinatorischen Auktionen bereits stattgefunden hat. In einem industrieübergreifenden Bericht zum Einsatz von Kombinatorischen Auktionen in der Logistik berichtet Sheffi, dass eine Reihe großer US Unternehmen wie Ford Motor Company, Compaq Computers, Wal-Mart, Procter und Gamble sowie andere Unternehmen bereits Kombinatorische Auktionen zur Beschaffung von Transportdienstleistungen einsetzen (Sheffi 2004, S. 251). Dabei werden durch die spezielle Auktionsform zusätzliche Einsparungen zwischen 3 und 15% erzielt. Eine Umfrage mit den Anbietern von Software für kombinatorische Beschaffungsauktionen (CombineNet, NetExchange und Trade Extensions) wurde von Bichler et al. durchgeführt. Den Anbietern zufolge werden die Auktionen mittlerweile von einer Vielzahl von Unternehmen für die Beschaffung verschiedenster Güter eingesetzt. Die wesentlichen Vorteile der Auktionen sind ihnen zufolge eine Senkung der Beschaffungskosten sowie der Transaktionskosten, eine höhere Marktransparenz, eine höhere allokative Effizienz und die Fairness, die durch die einheitliche Behandlung der Lieferanten entsteht (Bichler et al. 2005, S. 133). Im Gegensatz zu den Ergebnissen der eigenen Untersuchung, denen zufolge nur 15% der befragten Unternehmen Kombinatorische Auktionen einsetzen, zeichnen die Arbeiten hier ein deutlich optimistischeres Bild. Darüber hinaus zeigen die in Abschnitt 6.4.3.2 beschriebenen Fallbeispiele, dass es neben Logistikdienstleistungen auch noch andere Felder gibt, in denen der Einsatz von Kombinatorischen Auktionen sinnvoll ist. Einschränkend sollte aber berücksichtigt werden, dass Berichte über mögliche fehlgeschlagene Versuche einer Einführung Kombinatorischer Auktionen vermutlich nicht veröffentlicht worden sind. **Im Gegensatz zu den eigenen Ergebnissen zu Forschungshypothese 16 weisen andere empirische Untersuchungen auf eine stärkere Verbreitung Kombinatorischer Auktionen hin.**

6.5.3.1 Sequentielle Auktionen komplementärer Gütern

Eine erste Analyse, die zeigt, dass Komplementaritäten einen Einfluss auf das Ergebnis von sequentiellen Auktionen haben, findet sich bei Gandal, der die Versteigerung von Lizenzen für den Aufbau der Infrastruktur für das Kabelfernsehen in Israel analysierte. Leider finden sich bei ihm aber keine detaillierten Analysen zum Effekt des eigentlichen Auktionsmechanismus (Gandal 1997, S. 227 ff.).

Jofre-Bonet und Pesendorfer zeigen in einer Analyse von Erstpreisauktionen für die Vergabe von Straßenbauarbeiten in Kalifornien, dass dort negative Synergien eine Rolle spielen. Die Unternehmen, die kurz zuvor Aufträge gewonnen haben bieten danach in der Regel deutlich höher, als Unternehmen deren Kapazitäten nicht voll ausgelastet sind. Wenn Aufträge zu einem Zeitpunkt vergeben werden, bei dem alle relevanten Firmen gut ausgelastet sind, kommt es zu insgesamt höheren Beschaffungskosten für den Kalifornischen Staat (Jofre-Bonet und Pesendorfer 2003, S. 34). Allerdings wurden bei einer Analyse der Vergabe öffentlicher Bauarbeiten in Oklahoma gegenteilige Effekte aufgedeckt. Die Analyse von De Silva et al. zeigt, dass es bei vielen Aufträgen positive Synergien geben muss, da die Gewinner aus früheren Auktionen in den folgenden Auktionen aggressiver bieten, und auch die Wahrscheinlichkeit steigt, mit der sie die späteren Auktionen gewinnen (De Silva et al. 2004, S. 16). Aufgrund der Verwendung von realen Daten konnte aber keine der beiden Untersuchungen bewerten, wie stark sich eine Anpassung der Auktionsform auf die Gebote ausgewirkt hätte. Gemäß den theoretischen Arbeiten in Abschnitt 3.2.3.1 hätte bei den Auktionen in Oklahoma mit positiven Synergien eine Englische Auktion zu aggressiveren Geboten führen müssen. Es ist aber fraglich, ob die Auktionsform hier zu signifikanten zusätzlichen Erlösen führt, da der theoretische Effekt voraussetzt, dass die Gewinner der ersten Auktion um ihren strategischen Vorteil bei folgenden Englischen Auktionen wissen, und diesen entsprechend bewerten können. Insgesamt bestätigen die Arbeiten aber die These, dass Komplementaritäten bei den Herstellungskosten bei Auktionen mehrerer Güter berücksichtigt werden müssen.

6.5.3.2 Untersuchungen Kombinatorischer Auktionen

In einer Reihe von viel beachteten Auktionen wurden in den USA in den Jahren von 1994 bis 1996 Lizenzen für die kabellose Datenübermittlung und den Mobilfunk versteigert. Dabei wurden in mehreren Runden sowohl nationale als auch regionale Lizenzen für verschieden Bandbreiten versteigert. Nach langen intensiven wissenschaftlichen Diskussionen[106] entschied man sich für die bis dahin neue Form der simultanen ansteigenden Auktion ohne kombinatorische Gebote, aber mit einheitlichem Auktionsende (Milgrom 2004, S. 3 ff.; siehe auch Abschnitt 3.2.3.2). In einer zusammenfassenden Betrachtung kommt Cramton zu dem Ergebnis, dass die Auktionen ein insgesamt großer Erfolg waren, was auch dadurch bestätigt wird, dass in den folgenden Jahren eine Vielzahl weiterer Länder Auktionen für die Vergabe von Mobilfunklizenzen durchführte (siehe auch Abschnitt 3.0.1. zu den europäischen UMTS Auktionen). Die Auktionen in den USA hatten neben höheren Erlösen als erwartet auch weitere positive Effekte (Cramton 1997, S. 24 ff.):

- Die Preise für vergleichbare Lizenzen waren überwiegend ähnlich mit geringen Abweichungen, oftmals nur in der Höhe eines Gebotsinkrementes. Dadurch war das Ergebnis aus Sicht der Teilnehmer fair.
- Obwohl kombinatorische Gebote nicht zugelassen waren, schafften es die Teilnehmer sowohl für die verschiedenen Frequenzblöcke als auch für die verschiedenen Regionen sinnvolle Aggregationen zu bilden.
- Implizite Kollusion wurde kaum beobachtet, obwohl es bei einer späteren Auktionsrunde zu verhältnismäßig geringen Geboten kam, nachdem sich einige Wettbewerber zusammengeschlossen hatten.

Die umfassendste Untersuchung zu Kombinatorischen Auktionen in der Beschaffung ist die Arbeit von Cantillon und Pesendorfer zu Auktionen für Londoner Bus-Routen. Bei der Liberalisierung des öffentlichen Nahverkehrs wurde in London eine zentrale Betreibergesellschaft eingeführt, die die Routen und Fahrpläne festlegt, sowie die Einnahmen verwaltet. Der Betrieb einzelner Bus-Linien hingegen wurde aus dem Unternehmen herausgetrennt und erfolgt durch unabhängige, konkurrierende Betreiberfirmen. Die zentrale Betreibergesellschaft London Regional Transport, LRT führt daher seit den 1990er Jahren regelmäßig Beschaffungsauktionen für einzelne Gebiete durch, bei denen die Betreiber sowohl Gebote für einzelne Routen, als auch für Kombinationen von Routen abgeben können. Das Verfahren der Kombinatorischen Auktion wurde gewählt, um einen Ausgleich zwischen optimalem Wettbewerb und optimaler Ausnutzung von Skalenerträgen zu schaffen. Durch die mögliche Vergabe von Einzelrouten können günstige Anbieter jederzeit ohne großen Aufwand in den Markt eintreten und die Entstehung von Kartellen oder Oligopolen erschweren. Durch die gleichzeitig mögliche Abgabe von Kombinationsgeboten kön-

[106] Die Auktionen wurden von einer Reihe von prominenten Ökonomen wie Paul Milgrom, Robert Wilson, Preston McAfee und John McMillan intensiv vorbereitet, die dabei unterschiedliche Meinungen zum geeigneten Auktionsdesign vertraten.

nen größere Anbieter ihre Skalenerträge (z. B. durch größere Busdepots) im Bieterwettbewerb geltend machen. Eine Analyse von insgesamt 179 Auktionen, die zwischen 1995 und 2001 durchgeführt wurden zeigte, dass die kombinatorischen Gebote im Durchschnitt ca. 6% günstiger waren als die Gebote für einzelne Routen (Cantillon und Pesendorfer 2006, S. 12).

Eine weitere empirische Untersuchung Kombinatorischer Auktionen beschreibt die Einführung dieser Auktionsform beim Lebensmittelhersteller Mars. Im Jahre 2001 wurden Kombinatorische und Mengenrabatt-Auktionen für die Beschaffung verschiedenster Vormaterialien und Dienstleistungen eingeführt. Die Bieter konnten dabei in einem iterativen Prozess analog zur Englischen Auktion auf die jeweils günstigsten Gebote reagieren und ihre eigenen Gebote anpassen. Bei den Mengenrabatt-Auktionen spezifizierten die Lieferanten Angebotskurven, bei denen die Preise abhängig von der nachgefragten Menge waren. Die zwei zentralen Herausforderungen bei der Einführung waren das Softwaredesign inklusive der effektiven und exakten Bestimmung der Auktionsgewinner (Lösung des Winner Determination Problems) sowie die Implementierung bei den verantwortlichen Einkäufern. Die Einführung wurde aber als Erfolg betrachtet, sowohl Einkäufer als auch Lieferanten äußerten sich in späteren Interviews positiv. Vorteile aus Sicht der Lieferanten waren sowohl die größere Effizienz als auch die neue Transparenz über die Gebote der Wettbewerber. Vorteil aus Sicht des Einkaufs war vor allem die größere Effizienz und Zeitersparnis durch die Vermeidung langwieriger Verhandlungen (Hohner et al. 2003, S. 32). Ledyard et al. berichten, dass die Handelskette Sears bereits seit den 1990er Jahren Transportdienstleistungen mittels Kombinatorischer Auktionen einkauft. Die Kosten der Transporte auf insgesamt 8.000 Routen von rund 190 Mio. US$ konnten durch die Einführung der Kombinatorischen Auktionen um insgesamt 13% gesenkt werden (Ledyard et al. 2002, S. 4).

6.5.4 Multiattribute Auktionen

Alle empirischen Studien zu Multiattributen Auktionen sind Ergebnisse von Laborexperimenten, empirische Untersuchungen realer Multiattributer Auktionen sind bislang nicht veröffentlicht worden. Es kann daher grundsätzlich angenommen werden, dass die Verbreitung von Multiattributen Auktionen bislang beschränkt ist. Dies ist in gewisser Hinsicht überraschend, da bereits zum Ende des e-Business Booms im Jahr 2000 darauf hingewiesen wurde, dass der reine Kostenfokus einfacher Auktionen nicht dem entspricht, was viele Unternehmen von ihren Lieferanten erwarten. Darüber hinaus kann er sogar zu einer gewissen Form adverser Selektion führen, da

Anbieter mit überdurchschnittlicher Qualität sich tendenziell aus einem Markt mit reinem Preisfokus zurückziehen werden. Dieses Phänomen ist bereits 2000 beobachtet worden, als viele der damals neu entstandenen B2B-Marktplätze Schwierigkeiten hatten, eine größere Anzahl von Lieferanten zu attrahieren und entsprechende Transaktionen durchzuführen (Wise und Morrison 2000, S. 88).

Die in den folgenden zwei Unterabschnitten aufgeführten Arbeiten belegen, dass der Einsatz von Multiattributen Auktionen für die Beschaffung sinnvoll ist. Dabei werden aber stets Auktionen mit zusätzlichen Qualitätsparametern untersucht, und nicht wie in der eigenen Untersuchung festgestellt, Auktionen mit unterschiedlichen Preisparametern. Die in Abschnitt 5.4.4. leicht revidierte **Forschungshypothese 17 lässt sich daher weder unterstützen noch ergänzen oder ablehnen.** Die zentralen Erkenntnisse der Arbeiten lassen sich wie folgt zusammenfassen:

- Multiattribute Auktionen führen zu besseren Ergebnissen für den Auktionator als einfache Auktionen.
- Bei der Durchführung von Multiattributen Auktionen sind Schulung und Erfahrung der Bieter Vorraussetzungen für den Auktionserfolg.
- Im Vergleich unterschiedlicher multiattributer Auktionsformen schneiden Englische Auktionen tendenziell am besten ab.

6.5.4.1 Vergleich Multiattributer Auktionen mit einfachen Auktionen

Eine Reihe von Experimenten zeigt, dass wiederholte Englische Multiattribute Auktionen zu besseren Ergebnissen für den Auktionator führen als einfache Auktionen mit Mindestniveaus für die Qualitätsattribute. In einer experimentellen Einkaufsauktion von Chen-Ritzo et al., bei der die Teilnehmer auf Basis gegebener Kostenfunktionen neben dem Preis auch für die Qualität und die Lieferzeit bieten, ist sowohl der Nutzen für den Einkäufer als auch die Wohlfahrt (die Summe aus Nutzen für den Einkäufer und Nutzen für die Verkäufer) insgesamt höher als unter den zum Vergleich durchgeführten einfachen Auktionen. Darüber hinaus zeigt sich, dass auch der Gewinn der Verkäufer bzw. Lieferanten häufig höher ist (Chen-Ritzo et al. 2005, S. 13). Multiattribute Auktionen sind also für beide Seiten attraktiver als herkömmliche Preisauktionen. Der höhere Nutzen für den Einkäufer wird auch in einer Untersuchung von Bichler bestätigt, der als erster Laborexperimente zu Multiattributen Auktionen durchführte (Bichler 2000, S. 251).

Grundsätzlich ist zu berücksichtigen, dass die größere Komplexität Multiattributer Auktionen erhöhte Anforderungen an die beteiligten Bieter stellt. Beobachtungen in Laborexperimenten von Seifert und Strecker über mehrere Runden machen deutlich, dass sich die Ergebnisse für den Einkäufer mit zusätzlichen Runden verbessern (Seifert und Strecker 2003, S17). Intensive Schulungen der Bieter, ggf. mit Hilfe von Simulationen sind folglich im Interesse der Unternehmen die Multiattribute Auktionen im Einkauf durchführen. Die Notwendigkeit von Schulungen wird auch in der Untersuchung von Chen-Ritzo et al. bestätigt, wo deutlich bessere Ergebnisse in Auktionsrunden mit erfahrenen Bietern erzielt wurden, als in Auktionsrunden mit unerfahrenen Bietern (Chen-Ritzo et al. 2005, S. 11).

6.5.4.2 Formen Multiattributer Auktionen

Ein erster systematischer Vergleich der verschiedenen Auktionsmechanismen Erstpreis-, Zweitpreisauktion und Englische Auktion im multiattributen Kontext wurde von Bichler durchgeführt. In seinem Experiment zeigte sich, dass sich durch Erstpreisauktionen insgesamt der höchste Nutzen erzielen lässt. Das erzielte Nutzenniveau bei der multiattributen Englischen Auktion lag allerdings nur 1,5% unter dem Nutzenniveau der Erstpreisauktionen. Das Nutzenniveau bei der multiattributen Zweitpreisauktion lag immerhin knapp 6% unter dem der Erstpreisauktion (Bichler 2000, S. 265). Bichler zufolge lassen sich die höheren Gebote bei der Erstpreisauktion vor allem durch Risikoaversion der Teilnehmer erklären.

Auch Seifert und Strecker vergleichen bei dem von ihnen durchgeführten Experiment zu Einkaufsauktionen eine multiattribute Englische Auktion mit einer multiattributen Zweitpreisauktion. Bei der multiattributen Englischen Auktion können die Bieter sukzessive ihre Gebote für den Preis und zwei zusätzlichen Qualitätskriterien anpassen, wobei stets der Nutzenwert[107] des aktuell höchsten Gebotes angezeigt wird. Bei der Zweitpreisauktion geben die Bieter nur ein einmaliges Gebot für Preis und Qualität ab und derjenige dessen Gebot das höchste Nutzenniveau erzielt, bekommt gemäß dem Vickrey-Prinzip zusätzlich zum Preis einen Zuschlag in Höhe der Differenz zwischen dem besten und dem zweitbesten Gebot. Bei den Versuchen zeigte sich, dass sowohl die Effizienz als auch der Nutzen für den Einkäufer bei den Englischen Auktionen um rund 2–3% höher sind, als bei der Zweitpreisauktion. Die Erlöse für die Verkäufer waren bei beiden Auktionen vergleichbar (Seifert und Strecker 2003, S. 14). Als Ursache für das bessere Abschneiden der Englischen Auktion verweisen die Autoren darauf, dass die Teilnehmer im Verlauf der Englischen Auktion lernen können, und ihre Preis- und Qualitätsstrategie sukzessive an das Verhalten der Konkurrenten anpassen.

[107] Bei der experimentellen Analyse von Multiattributen Auktionen wird in der Regel die Scoringfunktion (siehe Abschnitt 3.3.1) über eine Nutzenfunktion in Abhängigkeit der relevanten Attribute abgebildet.

Ein weiteres Indiz für die Vorteile von Englischen Auktionen in einem multiattributen Kontext findet sich bei Koppius und van Heck 2002. Sie vergleichen eine mit der Englischen Auktion vergleichbare iterative Auktion, bei der die Teilnehmer entweder zwei oder vier Runden Zeit haben auf die Gebote der Wettbewerber zu reagieren. Bei ihrem Experiment zeigt sich, dass wenn die Informationen über die Nutzen- bzw. Scoringfunktion des Käufers beschränkt ist, Auktionen über vier Runden zu einem besseren Ergebnis führen, als Auktionen die auf zwei Runden begrenzt sind (Koppius und van Heck 2002, S. 25). Allerdings verschwindet dieser Effekt, wenn die Bieter während der Auktion umfassende Informationen über den Nutzenwert der einzelnen Gebote und der einzelnen Qualitätskriterien erhalten. Insgesamt belegt der Versuch, dass es für die Bieter und den Auktionator sinnvoll ist, wenn die Gebote wie bei einer Englischen Auktion an die Gebote der anderen Bieter sukzessive angepasst werden können.

6.6 Die Einführung von Auktionen im Beschaffungsmanagement

6.6.1 Einführung im beschaffenden Unternehmen

Bei verschiedenen E-Procurement Ansätzen zeigte sich bereits in den Jahren 2000 und 2001, dass viele der ursprünglichen Versprechen nicht haltbar waren, und die Umsetzung der Ansätze wesentlich langsamer vonstatten ging als Ende der 1990er Jahre prognostiziert. In dieser Zeit hatten viele Unternehmen vorschnell neue E-Procurement Technologien eingeführt, nicht zuletzt da IT- und Beratungsfirmen immer wieder die Chancen der neuen Technologien hochjubelten (Davila et al. 2002, S. 2/3). Erste empirische Untersuchungen zum Jahrtausendwechsel wiesen dann darauf hin, dass Unternehmen Zeit und Aufwand für die Umsetzung bzw. Einführung der neuen Technologien stark unterschätzten. Auch in einer jüngeren Untersuchung zur Einführung von E-Procurement Lösungen beim Automobilhersteller Volvo wird darauf hingewiesen, dass die mit neuen Technologien verbundenen Änderungen der Arbeitsroutinen schwierig umzusetzen sind. Der Untersuchung zufolge sind die Einkäufer meistens nicht freiwillig bereit, sich mit den neuen Lösungen auseinanderzusetzen. Viel Zeit, viel Aufwand und eine umfassende Beteiligung des Managements sind daher zu Sicherstellung der Umsetzung neuer E-Procurement Lösungen notwendig (Cederström und Kalling 2005, S. 22). Auch in dem bereits zitierten Stimmungsbarometer E-Procurement des BME zeigt sich, dass vor allem interne Probleme die Umsetzung der neuen Ansätze erschweren. In der Umfrage wurden von den Befragten innerbetriebliche Widerstände sowie fehlende Motivation als die größten Hindernisse bei der Einführung von E-Procurement genannt. Kostengründe und technische Vorraussetzungen spielten bei der Befragung nach Hindernissen eine geringere Rolle (BME 2006, S. 5).

Die oben für das E-Procurement übergreifend getroffenen Aussagen lassen sich direkt auf die Einführung von Einkaufsauktionen übertragen. Die bereits mehrfach zitierte Untersuchung des CAPS Forschungsinstitutes verweist ebenso auf entsprechende interne Umsetzungsschwierigkeiten. Bei der Umfrage berichteten Zweidrittel der befragten Unternehmen von Widerständen gegen die Einführung von Einkaufsauktionen innerhalb des Beschaffungsmanagements (Beall et al. 2003, S. 42). Eine spezifische Untersuchung über die Einführung von Einkaufsauktionen bei der Chemiesparte von Shell belegt die in der eigenen Befragung genannten Ursachen für Umsetzungsprobleme: Einkäufer waren ihr zufolge reserviert gegenüber computerisierten Einkaufstools, erwarteten zusätzliche Arbeit und befürchteten die Beschneidung ihrer eigenen Entscheidungsfreiheit (Gattiker 2005, S. 2). Daraus lässt sich schließen, dass die in der eigenen Befragung aufgedeckten Umsetzungsschwierigkeiten bei der Einführung von Auktionen im Beschaffungsmanagement grundsätzlich erwartet werden müssen. Die in Abschnitt 5.5.1 genannte **zusätzliche Forschungshypothese 18 zu Widerständen der Einkäufer wird demnach voll bestätigt.**

Gleichzeitig werden auch viele der in Abschnitt 5.5.1 genannten Maßnahmen zur Erleichterung der Einführung von Einkaufsauktionen bestätigt. Beall et al. berichten in ihrer Studie davon, dass Training und Schulungen, Anreizsysteme und Zielvereinbarungen sowie die Beteiligung der Einkäufer an der Entwicklung der entsprechenden Auktionsstrategie die zentralen Maßnahmen zur Unterstützung der Einführung von Online Einkaufsauktionen waren (Beall et al. 2003, S. 42). Die Erfahrungen bei der Einführung von Einkaufsauktionen bei Shell gehen in eine vergleichbare Richtung, dort waren ein erfahrenes aus Einkäufern bestehendes Projektteam, Unterstützung des Top Managements und umfassendes Training der Einkäufer die zentralen Erfolgsfaktoren (Gattiker 2005, S. 3–4). Interessant ist dabei, dass in beiden Untersuchungen sowohl Maßnahmen erwähnt werden, die die Akzeptanz seitens der Einkäufer erhöhen (z. B. umfassende Trainings), als auch Maßnahmen die einen gewissen Druck zur Auktionsnutzung aufbauen (z. B. Zielvereinbarungen oder Einbindung des Managements). **Die Forschungshypothese 19 zu Maßnahmen zur Überwindung von Umsetzungsschwierigkeiten wird demnach voll bestätigt.**

Unabhängig von den Schwierigkeiten bei der Einführung im Einkauf berichten Beall et al. außerdem, dass es mitunter zu Widerständen aus anderen Unternehmensbereichen wie IT, Marketing oder Produktion kommt. Den Autoren zufolge waren solche Widerstände insbesondere dann groß, wenn die Einführung von Einkaufsauktionen aus der Einkaufsabteilung selber getrieben war (bottom-up Ansatz) und nicht aus der Unternehmensführung vorgegeben wurde (top-down Ansatz).

6.6.2 Einfluss der Einführung auf die Lieferanten

6.6.2.1 Einfluss auf die Zulieferbeziehung

Seit dem Beginn der Entwicklung von Einkaufsauktionen haben einige Autoren versucht die Auswirkung der Auktionen auf die Lieferanten und die spezifischen Lieferantenbeziehungen zu untersuchen. Als wichtigste Kritiker von Einkaufsauktionen haben sich dabei die beiden Autoren Emiliani und Stec hervorgetan. In einer Reihe von Arbeiten weisen sie darauf hin, dass die Vorteile von Auktionen häufig überbewertet werden, und Auktionen einen schlechten Einfluss auf die Lieferantenbeziehung haben (Emiliani und Stec 2002; Emiliani und Stec 2005, Emiliani 2006). In empirischen Untersuchungen in der Flugzeugzulieferindustrie und bei Herstellern von Holzpaletten zeigen sie, dass Zulieferer nach eigenem Bekunden keine nennenswerten Vorteile aus Auktionen ziehen. Darüber hinaus empfinden die befragten Zulieferer die Nutzung von Auktionen als eine Verschlechterung der Beziehung zu den Abnehmern und bezeichnen Auktionen als unethische Geschäftspraxis. Eine Reihe von Zulieferern versucht darüber hinaus, die Einnahmeverluste aus gesunkenen Preisen durch zusätzliche Forderungen an die Abnehmer in anderen Bereichen zu kompensieren (Emiliani und Stec 2005, S. 283). Emiliani und Stec berichten außerdem, dass viele Lieferanten nach einiger Zeit nicht mehr an Auktionen teilnehmen. In den Interviews der eigenen Untersuchung wurde weder von Anbietern von Auktionstools noch von Nutzern von Auktionen von vergleichbarem Verhalten von Lieferanten berichtet. Dabei muss aber berücksichtigt werden, dass die Befragten tendenziell ein Interesse daran haben, ein solches Verhalten zu negieren. Im Rahmen einer Befragung von Lieferanten kommt auch Jap zu dem Ergebnis, dass diese Auktionen häufig als unfaire Praxis betrachten. Ursache dafür ist vor allem die Einschätzung der Lieferanten, dass Einkäufer Auktionen auf drei Wegen missbrauchen (Jap 2003, S. 21/22):[108]

1. Auktionen erfolgen ohne anschließende Vergabe zur Feststellung von „Marktpreisen“ (bzw. zum Benchmarking der Lieferanten), um auf Basis der Ergebnisse besser mit bestehenden Lieferanten verhandeln zu können.

---

[108] Die Einschätzung von Lieferanten, dass Einkäufer Auktionen missbrauchen wird auch in einer Auswertung der zitierten CAPS-Studie bestätigt. Die Lieferanten befürchten vor allem gefälschte Gebote, die Zulassung unqualifizierter Bieter und die Durchführung von Auktionen ohne anschließende Vergabe (Carter et al. 2004, S. 243/244).

2. Zu Auktionen werden unqualifizierte Bieter zu gelassen, um zusätzlichen und intensiveren Preisdruck zu erzeugen.
3. Einkäufer geben bei Auktionen selber gefälschte Gebote ab, um den Preisdruck zu verstärken.

Jap weißt in ihrer Untersuchung darauf hin, dass es sich bei den Einschätzungen der Lieferanten durchweg um Fehleinschätzungen handelte, da es bei keiner der untersuchten Auktionen zu einem entsprechenden Missbrauch gekommen war. Interessanterweise deuten die Ergebnisse von Jap daraufhin, dass die negative Einschätzung der Lieferanten zur Auktionsnutzung beim Einsatz von Englischen Auktionen größer ist, als beim Einsatz von verdeckten Erstpreisauktionen (Jap 2003, S. 20). Ursache dafür ist der Autorin zufolge der als stärker empfundene Preis- und Zeitdruck bei der Englischen Auktion.

Insgesamt weisen die zitierten Arbeiten auf stärkeren Widerstand beziehungsweise stärkere Vorbehalte der Lieferanten hin als die Ergebnisse der eigenen Untersuchung. Leider widmet sich keine Untersuchung der Frage, welche Maßnahmen oder Anreize zur Überzeugung von Lieferanten am besten geeignet sind. Die Ergebnisse von Jap bestätigen aber, dass es wichtig ist, die Lieferanten von einem fairen und regelkonformen Ablauf der Auktionen zu überzeugen. **Die zusätzliche Forschungshypothese 20 zu Maßnahmen zur Überzeugung von Lieferanten wird damit teilweise bestätigt**

Die unterschiedlichen Ergebnisse lassen sich sicherlich darauf zurückführen, dass bei der eigenen Untersuchung keine Lieferanten befragt wurden. Dass Lieferanten einem Instrument kritisch gegenüberstehen, das in erster Linie die Verhandlungsmacht der Einkäufer stärkt, überrascht grundsätzlich nicht. Es ist daher unwahrscheinlich, dass durch empirische Befragungen eine größere Anzahl von Lieferanten gefunden werden kann, die offen den Einsatz von Einkaufsauktionen begrüßt oder einfordert. Trotzdem ist es fraglich, ob es durch die negative Einschätzung seitens der Lieferanten zu dauerhaften Nachteilen für den Einkauf kommt. Kein einziger der in der eigenen Untersuchung befragten Experten, berichtete von negativen Effekten durch die Einführung von Auktionen auf die Lieferbeziehung oder die gelieferten Güter und Dienstleistungen.

6.6.2.2 Einfluss der Auktionsgestaltung auf Lieferanten

In Bezug auf die Erfahrungen aus verschiedenen UMTS Auktionen in Europa weisen Ökonomen darauf hin, dass Englische Auktionen bei Asymmetrien zwischen den Bietern leicht dazu führen, dass schwächere Bieter für sich keine Chance auf Erfolg in der Auktion sehen. In einer Englischen Auktion können sie am Ende immer von den stärkeren Bietern überboten werden, so dass sie keine realistische Aussicht haben, die Auktion für sich zu entscheiden (Klemperer 2002, S. 3; Wolfstetter 2001, S. 8). Das bedeutet, dass die Auswahl der Auktionsform die Beteiligung von Auktionsteilnehmern beeinflusst, und somit bei der Überzeugung von Lieferanten berücksichtigt werden sollte. Diese These wird auch in einer Untersuchung von Verkaufsauktionen für die Berechtigung zum Holzeinschlag in Waldgebieten in den USA bestätigt. Athey et al. zeigen, dass Erstpreisauktionen eine größere Anzahl Bieter anziehen als offene Englische Auktionen. Als Ursache dafür wird geltend gemacht, dass es unter den Bietern starke Asymmetrien bei der Wertschätzung gibt, je nach dem ob es sich um große, vertikal integrierte Holzmühlen oder kleine Holzeinschlagsfirmen handelt. Die kleinen Holzeinschlagsfirmen haben tendenziell eine niedrigere Wertschätzung, da sie das unverarbeitete Holz zu geringeren Preisen weiterverkaufen müssen. Es zeigt sich, dass ihre Beteiligung bei Erstpreisauktionen höher ist als bei Englischen Auktionen (Athey et al. 2004, S. 23). Insgesamt schätzen die Autoren, dass die Erstpreisauktionen einen 4–13% höheren Erlös erzielen, da sie den Markteintritt bei Asymmetrien fördern (Athey et al. 2004, S. 36). Folglich ist es wichtig bei der Gestaltung von Auktionen immer auch die Belange schwächerer Bieter zu berücksichtigen, um den Wettbewerb insgesamt zu verschärfen.

7 Handlungsempfehlungen zum Einsatz und zur Ausgestaltung von Auktionen

Das folgende Kapitel entwickelt auf Basis der in den Kapiteln 5 und 6 gewonnenen Erkenntnisse praktische Handlungsempfehlungen zum Einsatz von Auktionen im Beschaffungsmanagement. Dazu werden die Ergebnisse im Folgenden nochmals zusammenfassend diskutiert, um dann Empfehlungen und Ratschläge für die Nutzer von Auktionen abzuleiten. Im Gegensatz zu den eher deskriptiv orientierten Analysen in den vorangegangenen Kapiteln sind die folgenden Abschnitte präskriptiver Natur. Sie enthalten konkrete Handlungsempfehlungen und Entscheidungshilfen, die beim Einsatz und bei der Gestaltung von Auktionen berücksichtigt werden sollten. Zu diesem Zweck gliedert sich das Kapitel in drei Abschnitte, die sich am Entwicklungsstand der Auktionsnutzung in einem Unternehmen orientieren. Der erste Abschnitt 7.1 richtet sich vorrangig an solche Unternehmen, die noch keine Auktionen einsetzen, oder sich in einem noch nicht abgeschlossenen Einführungsstadium befinden. In diesem Abschnitt geht es primär um die Vorteile der Auktionsnutzung, geeignete Beschaffungsumfänge und den Umgang mit möglichen Problemen bei der Einführung von Auktionen. Der zweite Abschnitt richtet sich dann an Unternehmen, die bereits Auktionen nutzen und zeigt Möglichkeiten auf, wie die Auswahl von Auktionsformen und die Ausgestaltung von Auktionen insgesamt verbessert werden können. Der dritte Abschnitt 7.3 wendet sich an Unternehmen, die bei der Nutzung von Auktionen bereits weiter vorangeschritten sind, und schon umfassende Erfahrungen mit Auktionen gesammelt haben. Für solche Unternehmen zeigt der Abschnitt die Möglichkeiten und Vorteile durch die Nutzung der verschiedenen komplexeren Auktionsformen auf.

Diese Aufteilung der Empfehlungen zum Einsatz und zur Gestaltung von Auktionen impliziert einen dreistufigen Entwicklungsprozess bei der Nutzung von Auktionen im Beschaffungsmanagement. Diese drei Stufen treten in der Realität in einem Unternehmen nicht immer in vergleichbarer Deutlichkeit auf, es gibt aber eine Tendenz in diese Richtung, was durch die Analysen in Abschnitt 5.6 bestätigt wurde. Außerdem erscheint eine solche dreistufige Darstellung sinnvoll, um die Orientierung für die Nutzer zu verbessern und die Handhabbarkeit der unterschiedlichen Empfehlungen zu erleichtern.

7.1 Einführung und Einsatz von Auktionen

7.1.1 Vorteile von Einkaufsauktionen

Im Beschaffungsmanagement gehören die Identifikation von Lieferanten, die Verhandlung der Einkaufskonditionen und insbesondere die Preisverhandlung zu den operativen Aufgaben der Einkäufer. Dabei muss berücksichtigt werden, dass eine Verhandlung unter der Bedingung, dass beide Seiten unvollständige Information[109] besitzen, häufig ein unbefriedigender Prozess ist. Erstens ist es bei solchen Verhandlungen immer möglich, dass keine Lösung erreicht wird, weil beide Parteien immer versucht sind, übermäßige Forderungen zu stellen (siehe Fußnote zum Myerson-Satterthwaite Theorem in Abschnitt 3.1). Zweitens kommt es bei solchen Verhandlungen häufig zu Zeitverlusten, da beide Seiten einen Anreiz haben, Blockaden in Kauf zu nehmen, um die andere Verhandlungspartei davon zu überzeugen, dass sie an ihrer Forderung bzw. an ihrem Gebot festhalten werden (Kennan und Wilson 1993, S. 79). In der Spieltheorie spricht man in diesem Fall von einem „War of Attrition", also einem Spiel, bei dem beide Seiten versuchen, die andere Partei von ihrer Stärke zu überzeugen, und dabei bereit sind, Nachteile in Kauf zu nehmen. Auch in Einkaufsverhandlungen kommt es immer wieder zu Verzögerungen, da beide Seiten zu einem Zeitpunkt an ihren Forderungen festhalten, um so ihre Verhandlungsposition zu stärken. Zu guter Letzt ist es in Verhandlungen wesentlich schwieriger, die andere Seite zu Konzessionen zu bewegen, als im Rahmen einer Auktion. Das bedeutet, dass Verhandlungen nicht unbedingt die beste Lösung zur Preisfindung mit den Lieferanten sind, auch wenn sie dafür seit Jahrhunderten eingesetzt werden.

Diese Nachteile von Verhandlungen verringern sich zwar, wenn die Möglichkeit besteht, mit verschiedenen Parteien zu verhandeln, aber auch dann ist bei reinen Preisverhandlungen nicht zu erwarten, dass bessere Ergebnisse erzielt werden können, als bei Auktionen. Keine Verhandlungstaktik kann einen Lieferanten glaubhafter überzeugen, als selber zu sehen, dass seine Konkurrenten ein günstigeres Angebot unterbreiten. Dieser Effekt wurde auch in den Gesprächen zur Validierung von erfahrenen Einkaufsmanagern hervorgehoben. Sie betonten mehrfach, dass auch bereits erfolgreich verhandelte Verträge durch Auktionen häufig zusätzlich noch verbessert wurden. Im Gegensatz zu Verhandlungen haben Auktionen außerdem den Vorteil, dass der Einkäufer selber keine Informationen zu seiner potenziellen Zah-

[109] Einkaufsverhandlungen können grundsätzlich als Verhandlungen unter beidseitig unvollständiger Information charakterisiert werden. Der Einkäufer hat i.d.R. keine Information darüber, wo der notwendige Mindestpreis für den Lieferanten liegt, und der Lieferant weiß nicht, wie viel der Einkäufer höchstens zu zahlen bereit ist.

lungsbereitschaft preisgeben muss. Zusammenfassend lässt sich sagen, dass Auktionen effektiver als Verhandlungen sind, wenn es darum geht, günstige Preise durchzusetzen, und effizienter als Verhandlungen sind, wenn es darum geht, ohne langes Taktieren eine Lösung zu finden.

Diesen theoretischen Überlegungen entsprechend, spielt die Senkung der Einkaufspreise immer eine zentrale Rolle bei der Einführung von Auktionen. Dabei berichten die verschiedenen empirischen Untersuchungen anderer Autoren von durchschnittlichen Einsparungen zwischen 5% und 20% durch die Einführung von Einkaufsauktionen (siehe Abschnitt 6.2.3). Somit zeigt sich, dass Auktionen grundsätzlich ein sinnvolles Instrument zur Reduzierung der Einkaufspreise sind und sie bei der Erarbeitung einer übergreifenden Einkaufsstrategie immer berücksichtigt werden sollten. Ihr Einsatz ist vor allem dann sinnvoll, wenn die Struktur des Lieferantenmarktes und der Wertbeitrag der Einkaufsobjekte es nahe legen, die Einkaufsmacht einzusetzen, um günstigere Preise zu realisieren. Wie in 2.2.2 dargestellt, sollte daher insbesondere **die Beschaffung von Schlüsselprodukten auf den Einsatz von Auktionen hin überprüft werden**.

Neben der Preissenkung helfen Auktionen auch, die Einkaufsprozesse zu verbessern und langwierige Verhandlungsprozesse zu verkürzen. In einer Einkaufsauktion können Verhandlungen mit mehreren Bietern, die üblicherweise über mehrere Runden und Wochen verlaufen, auf den Zeitraum von einigen Stunden verkürzt werden. **Daher eignen sich Auktionen auch für die Beschaffung der unkritischen Produkte** (siehe Abschnitt 2.2.2), für die die Einkaufsstrategie empfiehlt, vor allem die internen Prozesskosten zu optimieren. Bei unkritischen Produkten, die durch einen geringen Wertbeitrag und niedrige Komplexität am Lieferantenmarkt gekennzeichnet sind, ist die Gefahr groß, dass ein übermäßiger operativer Aufwand für ihre Beschaffung betrieben wird. Gerade aus großen Unternehmen und Organisationen gibt es immer wieder Berichte darüber, dass der administrative Aufwand für die Beschaffung solcher einfachen Kleinteile zu hoch ist. Einkaufsauktionen können hier helfen, zumindest den Auswahl- und Verhandlungsprozess zu verkürzen. Da Einkaufsauktionen computerbasiert durchgeführt werden, ist es außerdem leichter, die mit der Beschaffung verbundenen Rechnungsprüfungs- und Zahlungsvorgänge automatisch abzuwickeln.

Ein zusätzliches Motiv für die Nutzung von Auktionen ist sicherlich die verbesserte Transparenz der Marktsituation und der Preise der Lieferanten. Die Ergebnisse aus Verhandlungen mit verschiedenen Lieferanten müssten über alle Verhandlungsrunden aufwendig dokumentiert werden, um eine vergleichbare Darstellung der Marktsituation zu erhalten wie auf Basis des Auktionsverlaufs. Alle am Markt einge-

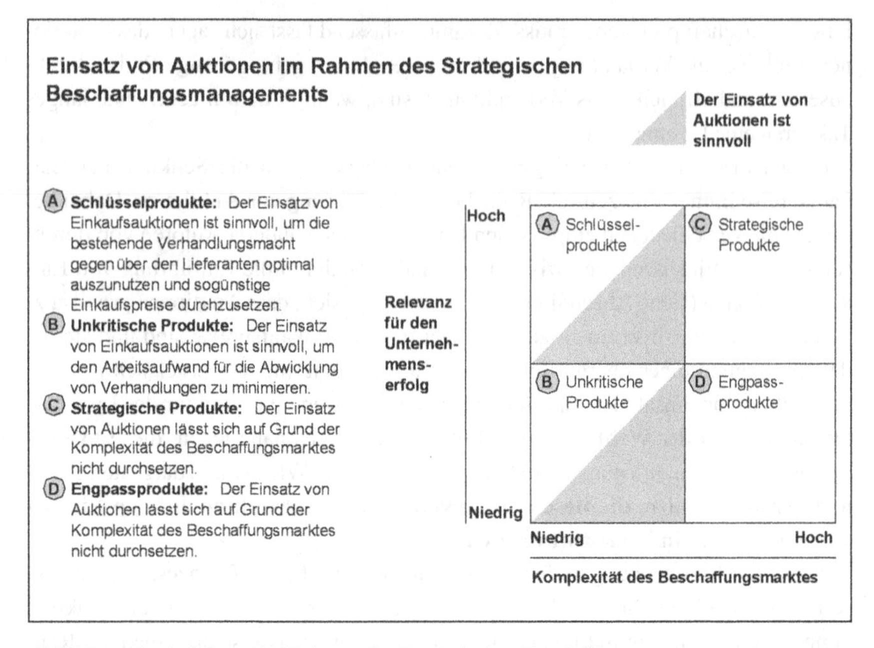

Abbildung 6: Auktionen im Rahmen des Strategischen Beschaffungsmanagements
Quelle: Eigene Ergebnisse

setzten Auktionssysteme speichern die unterschiedlichen Angebote der Lieferanten und können problemlos zu einem späteren Zeitpunkt für Marktanalysen im Einkauf verwendet werden. Als letzter Aspekt sollte darauf hingewiesen werden, dass es bei Auktionen für einzelne Einkäufer deutlich schwieriger ist, Aufträge gegen Bestechungsgelder zu vergeben.

7.1.2 Merkmale von Auktionsnutzern

Sowohl die eigene Untersuchung als auch andere Quellen (siehe Abschnitt 5.1.1 und 6.2.1) weisen darauf hin, dass vor allem große Unternehmen Auktionen einsetzen, wohingegen kleinere Unternehmen nur sehr begrenzt Auktionen nutzen. Für diesen Effekt lässt sich eine Vielzahl unterschiedlicher Erklärungen finden, die hier kurz diskutiert und analysiert werden sollen. Hintergrund dieser Analyse ist die grundlegende Fragestellung, inwieweit und ob Auktionen auch für kleinere Unternehmen ein geeignetes Einkaufsinstrument sind.

Als erstes lässt sich der verstärkte Einsatz von Auktionen in Großunternehmen auf den statistischen Effekt zurückführen, dass es im Rahmen eines größeren Einkaufsvolumens grundsätzlich wahrscheinlicher ist, dass verschiedene und alternative Einkaufsinstrumente zum Einsatz kommen. Zusätzlich dazu spielt es sicherlich eine Rolle, dass sich größere Unternehmen eher eine gesonderte Abteilung für strategische Beschaffung oder für E-Procurement-Ansätze leisten als kleine Unternehmen. Solche Abteilungen, die typischerweise weniger in die operativen Beschaffungsaufgaben eingebunden sind, haben eher die Kapazitäten, um neue innovative Ansätze wie Einkaufsauktionen auszuprobieren. Diese beiden Erklärungsansätze machen deutlich, warum größere Unternehmen eher Auktionen einsetzen, sprechen aber nicht grundsätzlich dagegen, dass auch kleinere Unternehmen erfolgreich Auktionen in der Beschaffung einsetzen können. Es gibt aber auch Argumente, die grundsätzlich dagegen sprechen, dass Auktionen für kleinere Unternehmen geeignet sind. Bei kleineren Unternehmen ist es fraglich, ob diese ein hinreichend großes, für den Einsatz von Auktionen geeignetes Einkaufsvolumen haben (siehe auch 7.1.3). Darüber hinaus ist es denkbar, dass es für kleinere Unternehmen wesentlich schwieriger ist, die entsprechenden Lieferanten zur Teilnahme an Einkaufsauktionen zu bewegen. Große Unternehmen sind für viele Lieferanten häufig attraktiver und verfügen in der Regel über eine deutlich größere Marktmacht bei den Lieferanten als kleine Unternehmen.

Auf Grund der hier aufgeführten Argumente ist zu erwarten, dass Einkaufsauktionen tendenziell eher ein Instrument für größere Unternehmen sind. Es ist aber nicht der Fall, dass sie für kleinere Unternehmen grundsätzlich nicht geeignet sind. Kleine Unternehmen, die die Nutzung von Einkaufsauktionen erwägen, sollten aber kritisch prüfen, ob sie erstens ein hinreichend großes geeignetes Einkaufsvolumen für Auktionen haben, und zweitens, ob sie in der Lage sind, die Nutzung von Auktionen bei den Lieferanten durchzusetzen. Um erste Erfahrungen mit Auktionen zu machen, besteht für kleinere Unternehmen die Möglichkeit, die in Abschnitt 3.0.4 beschriebenen Auktionsanbieter für Handwerkerleistungen in Anspruch zu nehmen. Über solche Plattformen können kleinere Unternehmen ohne größere Investitionen ausprobieren, erste Aufträge per Auktion zu vergeben.

7.1.3 Geeignete Beschaffungsobjekte für Einkaufsauktionen

Wie bereits im Abschnitt 7.1.1 diskutiert, sind insbesondere Schlüsselprodukte und unkritische Produkte für den Einsatz von Einkaufsauktionen geeignet, da bei ihnen hinreichender Wettbewerb zwischen den Lieferanten besteht. Die Ergebnisse der eigenen und anderer Untersuchungen weisen außerdem darauf hin, dass Auktionen in größerem Maße für die Beschaffung indirekter Materialien eingesetzt werden (siehe Abschnitte 5.1.4 und 6.2.4). Unabhängig davon zeigt sich aber, dass grundsätzlich alle Produkte per Auktion beschafft werden können, wenn bestimmte Rahmenbedingungen erfüllt sind. Diese Erkenntnis wird auch von verschiedenen Autoren bestätigt, welche Rahmenbedingungen für den Einsatz von Einkaufsauktionen beschreiben (Leenders et al. 2006, S. 101; Beall et al. 2003, S. 26; Kaufmann und Carter 2004, S. 24). Aus den eigenen Ergebnissen und denen anderer Autoren lassen sich fünf zentrale Bedingungen extrahieren:

- Die Anforderungen an die Objekte müssen klar spezifizierbar sein.
- Ein hinreichendes Maß an Wettbewerb zwischen den Lieferanten muss an den Beschaffungsmärkten vorherrschen.
- Die Kosten für einen Wechsel des Lieferanten müssen so gering sein, dass ein Wechsel problemlos erfolgen kann.
- Die bisherigen Preise lassen weiteren Preissenkungsspielraum zu, der die Anwendung der Auktion rechtfertigt.
- Der Beschaffungsumfang ist hinreichend attraktiv für mehrere Lieferanten, um deren Beteiligung an der Auktion sicher zu stellen.

Anhand dieser Kriterien lässt sich leicht ablesen, wann und in welchen Bereichen Auktionen nicht angewendet werden sollten. Wenn das Beschaffungsmanagement nicht in der Lage ist, klar und deutlich die Anforderungen an das Beschaffungsobjekt zu beschreiben, sind Auktionen weniger geeignet. Auf Grund der mangelhaften Spezifikationen ist eine Vergleichbarkeit der Angebote der Lieferanten auf Basis der Auktionsgebote nicht möglich und es besteht die Gefahr, dass Lieferanten den Zuschlag erhalten, die nicht das geeignetste Angebot unterbreitet haben. Auktionen sind ebenso ungeeignet, wenn kein Wettbewerb zwischen den Lieferanten herrscht, oder andere Wettbewerbseinschränkungen maßgeblich sind. In den Fallstudien zu seiner Dissertation berichtet Lüdtke vom enttäuschenden Verlauf einer Einkaufsauktion für Magermilchkonzentrat. Erst im Nachhinein wurde dabei festgestellt, dass die beteiligten Lieferanten ihr Konzentrat auch zu Festpreisen an die Europäische Union verkaufen können, die im Rahmen ihrer Agrarpolitik über solche Aufkäufe die Hersteller subventioniert (Lüdtke 2003, S. 182). In einem solchen Fall fixer externer Preise ist es kaum überraschend, dass kein hinreichender Bieterwettbewerb in der Auktion entstand, und das Ergebnis einer Preissenkung nicht realisiert werden konnte. Ebenso wichtig ist, dass Unternehmen problemlos den Lieferanten wechseln können. Überall dort wo hohe Wechselkosten bestehen, kann der Lieferant nicht ohne weiteres gegen einen günstigeren Anbieter ausgetauscht werden. In der Fachzeitschrift eines Auktionsanbieters berichtet ein leitender Manager, dass eine Erlaubnis der Bedarfsträger/Fachstellen den Lieferanten wechseln zu dürfen, sogar eine zentrale Vorraussetzung für den Einsatz von Auktionen ist (Lein 2006). Der Begriff der Wechselkosten darf dabei nicht nur auf direkt messbare finanzielle Kosten beschränkt bleiben. Wechselkosten bestehen immer dann, wenn gewisse Abhängigkeiten zu den Lieferanten bestehen. Solche Abhängigkeiten sind vor allem dort, zu berücksichtigen, wo die Lieferanten aktiv in Design und Entwicklungsaufgaben eingebunden sind oder dort, wo die Lieferanten auch während des Produktnutzungs- und Lebenszykluses wie z. B. bei Wartungsaufgaben oder bei nachträglichen Änderungen eine wichtige Rolle spielen. In solchen Situationen muss sichergestellt werden, dass jeder mögliche neue Lieferant auch in gleicher Weise und ohne relevante Zusatzkosten die notwendigen Aufgaben in vergleichbarer Qualität erledigen kann. In einer Analyse der kalifornischen Bauindustrie weisen Bajari et al. darauf hin, dass bei Bauaufträgen Verhandlungen dann erfolgreicher sind als Auktionen, wenn entweder Änderungen nach Verhandlungsabschluss (Nachträge) eine große Rolle spielen, oder wenn es sinnvoll erscheint, die Kompetenz der Lieferanten auch für die Entwicklungs- und Designphase zu nutzen (Bajari et al. 2002, S. 19). Die Ergebnisse lassen sich dahingehend interpretieren, dass unter diesen Umständen Auktionen weniger geeignet sind. Der vierte Aspekt hinsichtlich des möglichen Preissenkungsspielraums spielt sicherlich eine geringere, aber keine unwesentliche Rolle. Dabei muss berücksichtigt werden, dass Einkäufer nur sehr begrenzte Informationen über den Preissenkungsspielraum besitzen. Trotzdem kann es mitunter sinnvoll sein, aus diesem Motiv auf den Einsatz von Auktionen zu verzichten. Im Rahmen der eigenen Untersuchung berichtete ein leitender Einkäufer eines Bauunternehmens, dass dort ganz bewusst auf den Einsatz von Auktionen verzichtet wird. Auf Grund der in den vergangenen Jahren durchweg schlechten Baukonjunktur in Deutschland befürchtete das befragte Unternehmen, dass bei zusätzlichem Preisdruck durch Einkaufsauktionen vermehrt Lieferanten in den Konkurs getrieben würden. Dass der letzte oben genannte Aspekt zur Attraktivität des Beschaffungsumfangs erfüllt sein muss, um die Beteiligung der Lieferanten sicherzustellen, erscheint offensichtlich und bedarf keiner tieferen Erklärung.

Solange die hier aufgeführten Einschränkungen keine zentrale Rolle spielen, zeigen die Analysen in den Abschnitten 5.1.4 und 6.2.4, dass die verschiedensten und auch durchaus komplexere Objekte per Auktion beschafft werden können. Die in der Validierungsphase befragten leitenden Manager von Auktionsanbietern berichteten, dass Unternehmen mit zunehmender Erfahrung immer mehr und immer komplexere

Beschaffungsobjekte per Auktion einkaufen. Ihnen zufolge hängt es weniger von den Objekten selbst, als vielmehr von den oben beschriebenen Umständen am Markt und beim Lieferantenverhältnis ab, ob Auktionen geeignet sind oder nicht. Daher kann davon ausgegangen werden, dass theoretisch alle Beschaffungsobjekte über Auktionen beschafft werden können. Allerdings muss vor dem spezifischen Einsatz von Auktionen geprüft werden, ob eine der oben aufgeführten Einschränkungen im Einzelfall relevant ist.

7.1.4 Erfolgreiche Einführung von Auktionen

7.1.4.1 Überzeugung der Mitarbeiter

Nach Ansicht vieler befragter Auktionsnutzer und Auktionsanbieter ist die Überzeugung der eigenen Mitarbeiter, Einkaufsauktionen zu nutzen die größte Herausforderung bei der Einführung von Auktionen. Die zitierten Aussagen in Abschnitt 5.5.1 und die Studien anderer Autoren in 6.6.1 zeigen, dass es bei Einkäufern eine Vielzahl von Vorbehalten gegenüber der Auktionsnutzung gibt. Daher haben Unternehmen, die Auktionen im Beschaffungsmanagement einführen wollen, eine Reihe von Maßnahmen zur Überzeugung der Mitarbeiter entwickelt. Bei diesen teilweise bereits in 5.5.1 aufgeführten Maßnahmen lässt sich grundsätzlich zwischen solchen Ansätzen unterscheiden, bei denen zusätzlicher Druck auf die Einkäufer zur Auktionsnutzung ausgeübt wird (Push-Ansatz), und solchen bei denen die Nachfrage der Einkäufer nach Auktionen erhöht wird (Pull-Ansatz). Die Begriffe Push- und Pull-Ansatz entstammen ursprünglich dem Marketing. Bei einem Push-Ansatz versucht ein Hersteller seine Produkte aktiv in den Markt zu drücken, dazu veranlasst er den Einzelhandel seine Produkte besonders hervorzuheben. Bei einer Pull-Strategie versucht er eine erhöhte Nachfrage direkt bei den Endabnehmern zu erzeugen, die dann sein Produkt verstärkt im Einzelhandel nachfragen (Szeliga 1996, S. 16ff.). Diesem Konzept entsprechend sollten Unternehmen versuchen, einerseits eine Nachfrage nach Auktionen durch die Einkäufer selbst zu erzeugen (Pull-Strategie), und andererseits die Nutzung von Auktionen von den Einkäufern direkt einfordern (Push-Strategie).

Im Folgenden werden verschiedene Maßnahmen vorgeschlagen, die teilweise bereits in den relevanten Abschnitten 5.5.1 und 6.6.1 erwähnt wurden. Zusätzlich zu den bereits erwähnten Maßnahmen werden hier weitere Ansätze vorgeschlagen, die häufig in der Literatur zu internen Veränderungsmaßnahmen als sinnvolle Change-Management Maßnahmen erwähnt werden (siehe zum Beispiel Drew et al. 2004 oder Gattermeyer und Al-Ani 2000), oder die in den abschließend durchgeführten

Gesprächen zur Validierung empfohlen wurden. Als Pull-Ansätze lassen sich dabei die folgenden Maßnahmen klassifizieren:

- Umfassende inhaltliche und technische Schulungen der Einkäufer;
- Übungen oder Simulationen, die den Einkäufern transparent machen, dass sie häufig nicht optimal verhandeln, und dass Auktionen tendenziell zu größeren Preissenkungen führen;[110]
- Trainings für Verfahren zur Festlegung und Priorisierung von Spezifikationen (wie z. B. paarweise Vergleiche oder Preisvergleiche mit Äquivalenzziffern; siehe Fara 1998, S. 207);
- Einsatz monetärer und/oder nichtmonetärer Anreize[111] für die erfolgreiche Durchführung von Auktionen;
- Eindeutige Kommunikation, dass die Nutzung von Auktionen und die entsprechenden Effizienzgewinne nicht zu einem Personalabbau im Einkauf führen werden. Durch die Auktionsnutzung gesparte Zeit soll für andere wichtige Tätigkeiten wie die Suche neuer Lieferanten oder intensivere klassische Verhandlungen genutzt werden;
- Eindeutige Kommunikation, dass persönlicher Kontakt mit den Lieferanten weiterhin notwendig ist, und dass alle Einkäufer auch weiterhin für Vorverhandlungen und die Festlegung von Spezifikationen gebraucht werden;
- Einsatz sogenannter *Change Agents*, die als erfahrene und allgemein angesehene Mitarbeiter ihre Kollegen an die Nutzung von Auktionen heranführen und jederzeit als Ansprechpartner bei Rückfragen dienen;
- Schaffung von *Best-Practice* Beispielen durch Auktionen in Einkaufsbereichen, bei denen Auktionen bisher als ungeeignet galten;
- Durchführung von einzelnen Auktionen als *„Public Event"* per Videobeamer, so dass alle Einkäufer den Ablauf und die Erfolge von Auktionen direkt beobachten können;
- Ggf. Einsatz so genannter *Biddings* bzw. unverbindlicher Auktionen, bei denen die Einkäufer am Ende mit den zwei bis drei Lieferanten verhandeln, die die besten Gebote im auktionsähnlichen Bidding abgegeben haben.

[110] Aus der sozialpsychologischen Verhandlungsforschung ist bekannt, dass Verhandlungsteilnehmer häufig zu Selbstüberschätzung bzw. übermäßigem Optimismus neigen (Lewicki et al. 2003, S. 124ff.). Im Effekt führt dieses Verhalten dazu, dass man häufig positivere Verhandlungsergebnisse erwartet, als man letztendlich durchsetzen kann.

[111] Gattiker beschreibt in seinem Erfahrungsbericht bei Shell, dass dort die erfolgreiche Durchführung von Auktionen von einer zentralen Führungsperson in einer Email an alle Einkäufer explizit gelobt wird (Gattiker 2005, S. 3).

Als Push-Ansätze sollten parallel dazu die folgenden Maßnahmen berücksichtigt werden:

- Festschreiben der Auktionsnutzung in den Zielvereinbarungen der einzelnen Mitarbeiter;
- Kontinuierliches Einfordern der Auktionsnutzung durch das Management und insbesondere durch die oberste Führungsebene;
- Ggf. Einfordern einer eindeutigen und schriftlich festgehaltenen Erklärung, warum keine Auktion für eine Vergabe genutzt werden konnte;[112]
- Ggf. transparente Darstellung für alle Mitarbeiter wer in welchen Bereichen Auktionen einsetzt, und wo bislang keine Auktionen eingesetzt werden.

7.1.4.2 Überzeugung der Lieferanten

Vor allem den Untersuchungen anderer Autoren zufolge (siehe Abschnitt 6.6.2) sind Lieferanten sehr skeptisch gegenüber der Einführung von Auktionen. Eine zentrale Rolle spielt dabei die Befürchtung, dass die Einkäufer die Auktionen nicht nach fairen Regeln durchführen. Insofern ist es von vorneherein wichtig, allen beteiligten Lieferanten zu signalisieren, dass die Auktionen nach fairen und für alle Teilnehmer einheitlichen Regeln durchgeführt werden. Eine Festlegung darauf, dass der günstigste Bieter auch tatsächlich und verbindlich den entsprechenden Beschaffungsauftrag erhält, verbessert dabei sicherlich die Akzeptanz unter den Lieferanten. Außerdem kann die Einbeziehung eines unabhängigen und anerkannten Anbieters von Auktionssoftware helfen, den Lieferanten zu signalisieren, dass die Auktionen nach fairen und für alle einheitlichen Regeln ablaufen.

Den Erfahrungen der im Rahmen der Untersuchung befragten Nutzern von Auktionen zufolge, ist es außerdem wichtig, den persönlichen Kontakt zu den Lieferanten auch nach Einführung von Auktionen weiterhin aufrechtzuerhalten. Auktionen tragen grundsätzlich dazu bei, die Distanz zwischen Lieferanten und Einkäufern zu vergrößern, da keine persönlichen und direkten Verhandlungen mehr geführt werden müssen. Durch diese Zunahme an Distanz kann es passieren, dass die Lieferanten ihr Interesse an der Geschäftsbeziehung verlieren, oder dass sie auf entscheidende Veränderungen im Beschaffungsbedarf nicht frühzeitig und angemessen reagieren können. Beide Entwicklungen können dem beschaffenden Unternehmen langfristig

---

[112] In einem Gespräch zur Validierung der Untersuchungsergebnisse berichtete der Vizepräsident vom Auktionsanbieter Ariba, D. T. Rolley, dass der CEO eines US-amerikanischen Unternehmens mittlerweile solche schriftlichen Erklärungen von den Einkäufern verlangt, wenn keine Auktionen genutzt werden.

schaden. Einkäufer sollten daher auch weiterhin den persönlichen Kontakt mit wichtigen Lieferanten pflegen, und versuchen, den partnerschaftlichen Charakter der Geschäftsbeziehung aufrechtzuerhalten.

Sicherlich eine Grundvorrausetzung für die dauerhaft erfolgreiche Nutzung von Auktionen sind umfassende technische Schulungen und Fortbildungen für die Lieferanten. Ein wirklicher Bieterwettbewerb kann in einer Online-Auktion nur dann entstehen, wenn alle Teilnehmer die Anforderungen verstehen und in der Lage sind, die entsprechende Software richtig zu bedienen. Im Rahmen solcher Schulungen ist es außerdem möglich, den Lieferanten nochmal klar zu kommunizieren, welche Vorteile sie aus der Auktionsnutzung ziehen (siehe auch Abschnitt 5.5.2). Dabei sollten die Vorteile Zeitersparnis, größere Markttransparenz und objektivere Vergabe nicht nur aufgezählt werden, sondern nach Möglichkeit ausführlich mit den einzelnen Lieferanten diskutiert werden. Die Einbeziehung von Lieferanten aus anderen Beschaffungsfeldern, die bereits erfolgreich an Auktionen teilgenommen haben, kann in solchen Schulungen zusätzlich helfen, die Glaubwürdigkeit gegenüber den Lieferanten zu erhöhen.

Das wichtigste Argument für die Lieferanten wird aber sicherlich immer die Attraktivität des Beschaffungsobjektes sein. Daher ist es wichtig, im Vorfeld dafür zu sorgen, dass die Auktionen immer für hinreichend große und attraktive Beschaffungsvolumina erfolgen. Kleinteilige oder volumenschwache Aufträge hingegen, die für die meisten Lieferanten wenig interessant sind, sollten nach Möglichkeit nicht über Auktionen vergeben werden.

7.2 Gezielte Nutzung unterschiedlicher Auktionsdesigns

7.2.1 Gestaltung Englischer Auktionen

Aus rein ökonomischer Sicht verhalten sich alle Akteure bei den verschiedenen Ausgestaltungsvarianten der Englischen Auktion einheitlich. Sie steigern so lange ihre Gebote, bis sie ihre Zahlungsbereitschaft (bzw. Kosten) erreicht haben oder bis kein anderer Bieter sie mehr überbietet und sie die Auktion gewinnen. Eine Ausnahme bestünde nur im Fall sehr speziell ausgeprägter Abhängigkeiten zwischen den Wertschätzungen der Bieter, und zwar wenn einzelne Bieter ihre Wertschätzung und ihr Gebot auch von den Geboten der dritt- und viertplazierten übrigen Bieter abhängig machen würden. Aus einer klassischen ökonomischen oder spieltheoretischen Perspektive sollten daher die unterschiedlichen Varianten der Englischen Auktion eigentlich keinen systematischen Einfluss auf das Auktionsergebnis haben. Unabhängig von Auktionen ist es aber mittlerweile in der Ökonomie anerkannt, dass die Darstellung einer Frage oder einer Entscheidungssituation erheblichen Einfluss auf das Verhalten und die Entscheidung der Teilnehmer haben kann (Tversky und Kahnemann 1986, S. *S*251 ff.). Unter dem Begriff **Framing** zeigten Tversky und Kahnemann, dass es einen großen Unterschied macht, ob Entscheidungssituationen in positiver Weise als Gewinne, oder in negativer Weise als Verluste dargestellt werden. Wird eine Entscheidungssituation als Gewinnmöglichkeit formuliert, verhalten sich die Akteure meist risikoavers und bevorzugen den sicheren Gewinn. Wird eine rechnerisch identische Situation durch eine Erhöhung der Anfangsausstattung als Verlustmöglichkeit formuliert, so verhalten sich die Akteure risikofreudig und bevorzugen eine Lotterie über die Höhe des Verlustes gegenüber einem vergleichbaren sicheren Verlust (Tversky und Kahnemann 1986, S. *S*258). In einer jüngeren experimentellen Studie zeigen Kirchler et al. dass Framing-Effekte auch dann relevant sind, wenn Akteure an experimentellen Kapitalmärkten mit Hilfe irrelevanter Informationen über überdurchschnittliche oder unterdurchschnittliche Renditen beeinflusst werden (Kirchler et al. 2001, S. 3/13). Dabei zeigt sich, dass Framing-Effekte über eine positive oder negative Darstellung hinausgehend auch graduell das Entscheidungsverhalten beeinflussen.

Die in Abschnitt 5.2.2 beschriebenen Ausgestaltungsvarianten der Englischen Auktion können also Einfluss auf das Verhalten der Bieter haben, wenn man berücksichtigt, dass sie die Darstellung der Situation und damit die Perspektive der Bieter beeinflussen. Entscheidenden Einfluss hat dabei, ob alle eingeladenen Bieter auch tatsächlich aktiv an der Auktion teilnehmen. Die empirische Untersuchung von Millet et al. hat gezeigt, dass in vielen Einkaufsauktionen Bieter sich zwar in die Auktionsplattform einloggen, sie aber keine eigenen Angebote abgeben. Davon ausgehend, dass in gewissem Umfang Bietkosten bestehen,[113] ist zu erwarten, dass die Teilnehmer nur dann aktiv in einer Auktion bieten, wenn die Erfolgsaussichten für sie hinreichend groß sind.

Bei einer Englischen Rangauktion ohne Anzeige des besten Preises ist anzunehmen, dass in einer Auktion mit vielen Teilnehmern, Bieter mit einem entsprechenden hohen Rang wie z. B. der 8. oder der 10. Bieter entmutigt werden, und auf weitere Gebote verzichten. Da sie nur ihre (schlechte) relative Position kennen, aber nicht den tatsächlichen Abstand zum besten Gebot, kann eine Englische Rangauktion ohne Angabe des besten Preises für einzelne Teilnehmer entmutigend wirken, und die

[113] Bietkosten können z. B. dadurch entstehen, dass die Bieter grundsätzlich kein Interesse haben, durch ihre Gebote ihre Preis- und Kostenstruktur offen zu legen.

Bietaktivität insgesamt reduzieren. Wenn die Anzahl der Bieter hingegen relativ gering ist, kann es sinnvoll sein, ihre relative Position darzustellen, da somit suggeriert wird, dass der erste Rang für sie leicht erreichbar ist. Rangauktionen erscheinen demnach insgesamt für Auktionen mit wenigen Bietern attraktiver. Diese Hypothese wird auch durch die empirischen Ergebnisse von Millet et al. 2004 bestätigt, bei denen sich als einziges bei einer Englischen Rangauktion ein negativer Zusammenhang zwischen der Anzahl der Bieter und dem Auktionserfolg zeigte (siehe Abschnitt 6.3.2.2).

Ein vergleichbarer Darstellungs- bzw. Framing Effekt ist denkbar, wenn die Abstände zwischen den Geboten der Bieter eine Rolle spielen. Sind die Abstände zum besten Gebot insgesamt gering, so kann es vor allem bei vielen Bietern sinnvoll sein, das beste Gebot und nicht den eigentlichen Rang anzuzeigen. Die Bieter sehen nur, dass ihr tatsächlicher Abstand zum besten Gebot gering ist, und werden nicht dadurch entmutigt, dass insgesamt viele Bieter an der Auktion teilnehmen. Für den Fall geringer Gebotsabstände und vieler Bieter ist daher anzunehmen, dass eine Bestpreisauktion mit Anzeige des besten Gebotes, aber nicht der Ränge oder Gebote der anderen Bieter zur höchsten Bietdynamik führt.

Im Fall großer Abstände zum besten Gebot und gleichzeitig bei einer großen Zahl von Bietern würde sowohl die Anzeige des besten Preises als auch die Anzeige der Ränge tendenziell entmutigend wirken. In einem solchen Szenario erscheint es sinnvoll, nur dem besten Bieter zu signalisieren, dass er der beste Bieter ist, alle anderen Bieter aber weiterhin im Unklaren über ihre genaue Position zu lassen. Eine solche Möglichkeit besteht bei der Ampelauktion, die dem besten Bieter grünes Licht anzeigt, allen anderen aber über die Farbe Gelb oder Rot signalisiert, dass ihr Gebot noch nicht ausreicht. Eine äquivalente Möglichkeit ist die von Millet et al. beschriebene Best/Not Best Auction, bei der die Bieter nur erfahren, ob sie das beste Angebot abgegeben haben oder nicht (einige Auktionsanbieter nennen diese Auktionsform auch Blind Auction).

Ein letzter denkbarer Fall ist die Situation mit wenigen Bietern und geringen Abständen zum besten Gebot. In dieser Situation erscheint es sinnvoll, den Bietern beide Informationen über den besten Preis und ihren Rang zur Verfügung zu stellen, da beide Informationen eher ermutigend als entmutigend wirken. Insgesamt lässt sich die sinnvolle Ausgestaltung von Englischen Auktionen unter Berücksichtigung von Framing-Aspekten durch die in Abbildung 7 (s. S. 192) skizzierte 2×2-Matrix darstellen.

Bis jetzt sind Darstellungs- oder Framing Effekte bei Auktionen nicht systematisch analysiert worden. Die in Abschnitt 6.3 beschriebenen Erklärungen für das systemati-

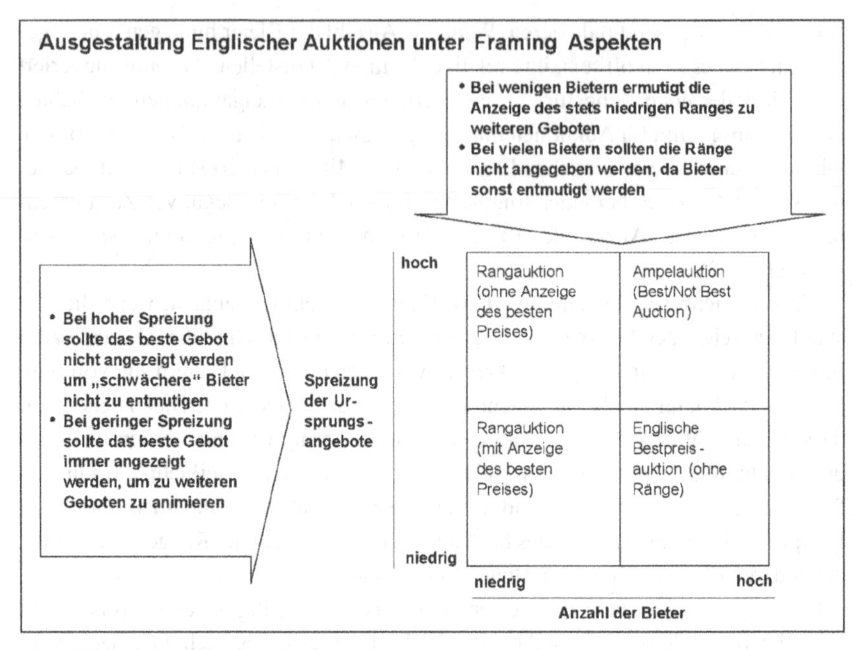

Abbildung 7: Ausgestaltung Englischer Auktionen unter Framing-Aspekten
Quelle: Eigene Ergebnisse

sche Überbieten in Erst- und Zweitpreisauktionen in Laborexperimenten zum Revenue Equivalence Theorem verweisen aber teilweise auf Framing-Aspekte. Dort wird davon ausgegangen, dass bei Erst- und Zweitpreisauktionen die Teilnehmer systematisch überbieten, weil das Gewinnen der Auktion bei der Gebotsabgabe in den Vordergrund rückt, und Profitabilitätsaspekte eine geringere Rolle spielen. Bei Englischen- und Holländischen Auktionen entscheiden die Teilnehmer dagegen, ob sie ein bestimmtes Erlösniveau akzeptieren, so dass dort Profitabilitätsaspekte in den Vordergrund rücken. Dieser Erklärungsansatz unterstützt die These, dass die Darstellung und die Form einer Auktion die Entscheidungssituation für die Teilnehmer verändert, und so ihr Verhalten beeinflusst. Dass psychologische Aspekte bei der Gestaltung von Auktionen Relevanz besitzen können, bestätigen auch verschiedene Arbeiten, die psychologische Effekte bei Auktionen untersuchen (siehe Abschnitt 3.1.4).

Die hier formulierten Framing Effekte entsprechen nicht direkt den von Kahnemann und Tversky identifizierten Effekten bei denen es um die Darstellung von Veränderungen als Gewinne oder Verluste geht, sondern eher den oben beschriebenen von Kirchler et al. untersuchten Effekten. Bei den Letzteren geht es vor allem darum, dass eigentlich irrelevante Informationen die Entscheidungssituation beeinflussen. Aus spieltheoretischer Sicht ist es für einen einzelnen Bieter bei einer Englischen Auktion egal, wie viele Mitbieter bieten, und wie hoch ihre Gebote sind, er bietet einfach so lange bis seine Wertschätzung erreicht wird. Aus einer psychologischen Perspektive lässt sich aber vermuten, dass seine Wahrnehmung der Erfolgsaussichten (in Abhängigkeit von der Anzahl der Bieter und der Gebotshöhen) sein Verhalten beeinflusst.

Im Rahmen des Beschaffungsmanagements sollten Unternehmen, die bereits mit verschiedenen Ausgestaltungsvarianten arbeiten, überprüfen, inwieweit die hier entwickelten Empfehlungen zutreffend bzw. nutzbar sind. Auf Basis von quantitativen Analysen vergangener Auktionen sollte es möglich sein, abzuschätzen, wo die Grenzen zwischen den vier Varianten gezogen werden müssen. Darüber hinaus müsste berücksichtigt werden, inwieweit andere Aspekte wie zum Beispiel die Wahl der Anfangspreise das Verhalten der Auktionsteilnehmer beeinflussen. Außerdem kann an dieser Stelle nicht abgeschätzt werden, inwieweit mit der Zeit Lerneffekte bei den Bietern auftreten, die ihr Verhalten beeinflussen. Es ist durchaus denkbar, dass Bieter mit der Zeit adaptieren, dass es bei Ampelauktionen meist viele Bieter und große Unterschiede zwischen den Geboten gibt. Das würde dazu führen, dass die Beteiligung an Ampelauktionen mit der Zeit rückläufig wird.

7.2.2 *Einsatz anderer Auktionsformen*

Wie bereits dargestellt, sind Englische Auktionen jeglicher Ausgestaltung immer dann besser als andere Auktionsformen, wenn davon ausgegangen werden kann, dass die Bieter ihre Gebote von denen der Konkurrenten abhängig machen (Affiliation). Nachteilig sind Englische Auktionen aber dann, wenn es Asymmetrien zwischen den Bietern gibt, und ein einzelner Bieter wesentlich stärker ist als die übrigen Auktionsteilnehmer. Wie in Abschnitt 3.1.2.3 dargestellt, kann es in einer solchen Situation günstiger sein, eine Holländische- oder eine Erstpreisauktion durchzuführen, da dort der stärkere Bieter aggressiver bieten wird als bei einer Englischen Auktion, wo er das schwächere zweitbeste Gebot immer nur leicht überbieten muss. Darüber hinaus sind Holländische- und Erstpreisauktion bei risikoaversen Bietern vorteilhaft, insbesondere dann, wenn es möglich ist, die Anzahl der Bieter zu verheimlichen. Ein solcher Effekt kann insbesondere bei wenigen Bietern wichtig sein, da dort bereits ein leichtes Überschätzen der Bieterzahl zu einem signifikant höheren Gebot führt. Bei einer großen Bieterzahl hingegen sind die Effekte eines Überschätzens der Bieterzahl insgesamt eher gering (siehe Formel für das optimale Gebot bei Holländischen- und Erstpreisauktionen in Abschnitt 3.1.1). Darüber hinaus kann davon ausgegangen werden, dass die Vorteile der Englischen Auktion durch die Affiliation, also die Anpassung der Gebote an die Gebote der Konkurrenten, bei wenigen Bietern geringer sind, als bei vielen Bietern[114]. Zusammenfassend gesagt lässt sich erwarten, dass bei wenigen Bietern und großen Asymmetrien zwischen den Bietern Holländische- oder Erstpreisauktionen insgesamt günstiger sind als Englische Auktionen.

Dem Vorteil der Holländischen- oder Erstpreisauktionen bei Asymmetrie steht der Nachteil entgegen, dass die Bieter nicht wie bei der Englischen Auktion auf die Angebote der anderen reagieren können. Insbesondere bei vielen Bietern und starker Abhängigkeit der Gebote von den Konkurrenzgeboten relativiert sich daher der Vorteil von Holländischen und Erstpreisauktionen. Um die positiven Effekte der beiden Auktionsformen miteinander zu vereinen, bietet sich die Möglichkeit der Hybriden Auktion an, die auch bereits von einem der befragten Unternehmen eingesetzt wird (siehe Abschnitt 5.2.3). Bei der ersten Runde einer Hybriden Auktion, die dem Konzept der Englischen Auktion folgt, können alle Bieter ihre Gebote an die der anderen Konkurrenten anpassen. Diese erste Runde läuft solange, bis nur noch zwei aktive Bieter übrig bleiben bzw. Gebote abgeben. Diese treten dann in der finalen zweiten Runde in einer geschlossen Erstpreisauktion gegeneinander an, bei der sie ein einmaliges und abschließendes Angebot abgeben können. In dieser zweiten Runde hat der stärkere Bieter einen Anreiz, aggressiver zu bieten als in einer gewöhnlichen Englischen Auktion. In einer Englischen Auktion gleich welcher Ausgestaltung wird der stärkere Bieter das letzte Gebot des schwächeren Bieters immer nur um die kleinstmögliche Einheit überbieten, und damit die Auktion gewinnen. Bei der Erstpreisauktion hingegen muss er eine Abschätzung des Gebotes des schwächeren Bieters treffen. Um sicherzustellen, dass er die Auktion auch sicher gewinnt, ist es dabei für den stärkeren Bieter optimal, ein höheres Gebot abzugeben (siehe Abschnitt 3.1.2.3). Darüber hinaus kann es in einer solchen zweiten Runde weitere Vorteile durch das typische Überbieten in Erstpreisauktionen geben. Unabhängig davon, ob

[114] Milgrom und Weber erklären das Konzept der Affiliation zwischen Wertschätzungen (bzw. Kosten) damit, dass hohe Werte einzelner Wertschätzungen (bzw. Kosten) dafür sorgen, dass die übrigen Wertschätzungen auch eher hoch statt niedrig sind (Milgrom und Weber 1982, S. 1098). Maskin und Riley übersetzen den Begriff der Affiliation mit paarweiser positiver Korrelation (Maskin und Riley 1998, S. 2). Da bei einer steigenden Anzahl von Bietern sowohl die Wahrscheinlichkeit hoher Wertschätzungen einzelner Bieter als auch die Wahrscheinlichkeit von positiven Korrelationen zwischen den Wertschätzungen steigt, müssten die Vorteile einer Englischen Auktion gegenüber einer Holländischen- oder einer Erstpreisauktion mit der Anzahl der Bieter steigen.

das Überbieten durch Risikoaversion oder andere Faktoren verursacht wird, führen Erstpreisauktionen vor allem bei nur zwei Bietern zu überdurchschnittlich ambitionierten Geboten (siehe Abschnitt 6.3.3). Ein weiterer Vorteil von Hybriden Auktionen ist die Tatsache, dass die Durchsetzung von kollusiven Absprachen schwieriger ist als bei Englischen Auktionen. Durch die zweite verdeckte Gebotsrunde können die Mitglieder eines Bieterkartelles nicht wie in einer Englischen Auktion reagieren, wenn ein Kartellmitglied von der Kartellvereinbarung abweicht (siehe Abschnitt 3.1.2.5). Einziger Nachteil der Hybriden Auktion gegenüber den Englischen Auktionen ist, dass die beiden letzten verbleibenden Bieter sich nicht gegenseitig durch immer aggressivere Gebote anstacheln können. Wenn der kompetitive Charakter auf dem Markt sehr stark ausgeprägt ist oder wenn Externalitäten zwischen den beiden aggressivsten Bietern bestehen, sind Englische Auktionen weiterhin vorzuziehen.

Insgesamt zeigt sich, dass Hybride Auktionen eine Vielzahl von Vorteilen gegenüber klassischen Englischen Auktionen haben. Dass sie nur so selten in der Praxis anzutreffen sind, kann auf ihren geringen Bekanntheitsgrad zurückgeführt werden, und darauf, dass sie von Auktionstheoretikern bislang wenig betrachtet wurden. Paul Klemperer entwickelte das Konzept der Hybriden Auktionen Ende der 90er Jahre, da in einem Common Value Kontext bereits kleine Asymmetrien zu großen Nachteilen für den schwächeren Bieter bei Englischen Auktionen führen. Ihm zufolge wirken daher Englische Auktionen abschreckend für schwächere Bieter, halten diese von der Teilnahme ab und können im Ergebnis zu verringertem Wettbewerb führen (Klemperer 1998). Unabhängig davon sind außer den in Abschnitt 6.2.3 beschriebenen Ausführungen von Samuelson 2001 bislang keine Untersuchungen zu den hier beschriebenen Vorteilen und möglichen Nachteilen Hybrider Auktionen veröffentlicht worden. Auf eine persönliche Anfrage hin bestätigte Paul Klemperer die hier formulierte These, dass Hybride Auktionen auch in einem Independent Private Value Kontext mit Asymmetrien attraktiv sein können, um einen stärkeren Bieter zu einem höheren Gebot zu veranlassen (Klemperer 2006).

Für den Fall, dass die Spreizung zwischen den Ursprungsangeboten gering ist und somit die Kosten der einzelnen Bieter vermutlich symmetrisch sind, sollten weiterhin die in 7.2.1 beschriebenen Varianten der Englischen Auktionen verwendet werden. Für den Fall vieler Bieter bietet sich eine Anzeige des besten Gebotes ohne Anzeige der Ränge an, für den Fall weniger Bieter kann zusätzlich auch der Rang angezeigt werden. Die in 7.2.1 entwickelte Matrix für die optimale Wahl von Ausgestaltungsvarianten der Englischen Auktion muss in ihrer Erweiterung für die übergreifend optimale Wahl von Auktionsformen demnach nur in den oberen zwei Feldern angepasst werden.

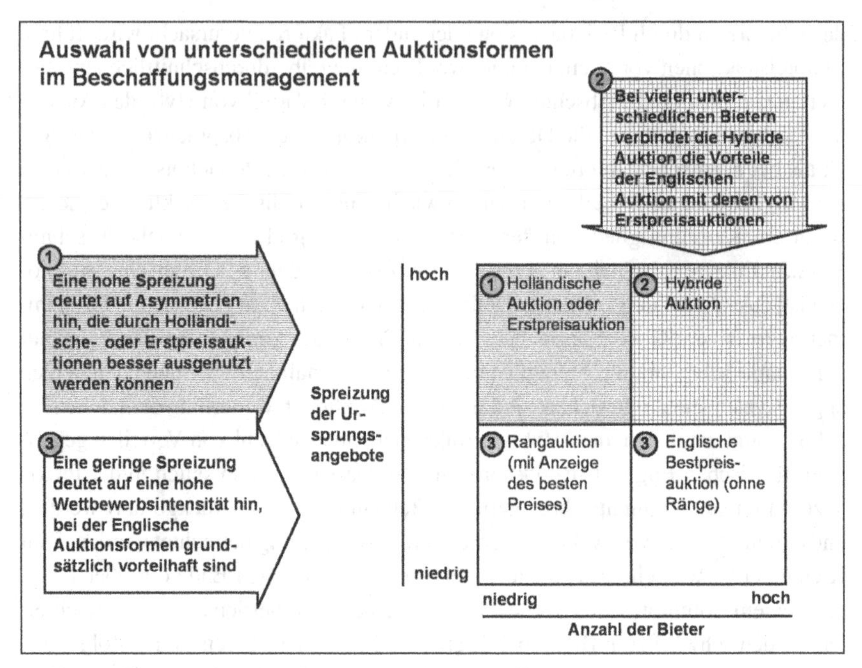

Abbildung 8: Auswahl von Auktionsformen im Beschaffungsmanagement
Quelle: Eigene Ergebnisse

Einschränkend muss hinzugefügt werden, dass die hier beschriebenen Empfehlungen im Wesentlichen auf Basis theoretischer Einsichten entwickelt worden sind. Umfassende empirische Untersuchungen, ob die hier entwickelten Empfehlungen tatsächlich maßgeblich sind, oder ob andere Einflussfaktoren bei der Wahl der Auktionsform wichtiger sind, sind bislang nicht vorgenommen worden. Eine entsprechende Umsetzung der Empfehlungen sollte daher so erfolgen, dass es möglich ist, die Ergebnisse der Umsetzung mit den Ergebnissen von Auktionen zu vergleichen, die nicht wie empfohlen spezifisch an das Umfeld angepasst wurden.

Aus ökonomischer Sicht stellt sich zusätzlich die Frage, warum verdeckte Erst- und Zweitpreisauktionen kaum in der Praxis eingesetzt werden. Aus Sicht vieler Untersuchungsteilnehmer sind insbesondere Erstpreisauktionen den klassischen Ausschreibungen zu ähnlich. Die teilnehmenden Bieter wüssten bei einem solchen Format nicht, worin der Unterschied zu klassischen Auftragsvergaben liegt. Bei Englischen und Holländischen Auktionen hingegen, gibt es immer eine gewisse Dynamik durch die Gebote oder die Auktionsuhr. Dadurch ist bei diesen Auktionen ein klarer Unterschied zur herkömmlichen Auftragsvergabe im Rahmen einer Ausschreibung sichtbar. Gegen die Zweitpreis- bzw. Vickreyauktion sprechen außerdem die von Rothkopf et al. aufgeführten Gründe (siehe Abschnitt 3.1.5). Erstens haben Lieferanten kein Interesse, ihre Mindest- oder Niedrigstpreise offen zu legen. Zweitens haben Einkäufer kein Interesse, den Anschein zu erwecken, sie hätten zu teuer beschafft. Dies kann passieren, da die Differenz zwischen dem niedrigsten und dem als Preis zu zahlenden zweitniedrigsten Gebot (engl. „money left on the table") weiteres Preissenkungspotenzial suggeriert.

7.2.3 Wesentliche Gestaltungsaspekte einzelner Auktionen

7.2.3.1 Anzahl der Bieter

Sowohl die eigenen Untersuchungen, als auch die Ergebnisse anderer Autoren, unterstützen die theoretische Empfehlung die Anzahl der Bieter in einer Auktion möglichst groß zu halten. Für Einkaufsauktionen sollte also immer versucht werden möglichst viele Lieferanten für die Teilnahme an einer Auktion zu gewinnen. Allerdings wird der positive Effekt durch zusätzliche Bieter immer geringer, je mehr Bieter bereits an der Auktion teilnehmen. Wenn bereits 10 oder 15 Bieter an einer Auktion teilnehmen, ist der durchschnittliche Effekt (im ökonomischen Sinne der marginale Effekt), der durch einen zusätzlichen Bieter entsteht, eher gering. Gleichzeitig muss aber sichergestellt werden, dass alle Bieter auch tatsächlich in der Lage sind, die Beschaffungsobjekte in geforderter Qualität und Lieferzeit bereitzustellen. Diese Qualifizierung oder Auditierung der Lieferanten verursacht im Einkauf zusätzliche Kosten, die bei der Vorbereitung einer Auktion berücksichtigt werden sollten. Das bedeutet, dass bei der Vorbereitung einer Auktion zusätzliche Einsparungen durch mehr Bieter und stärkeren Wettbewerb gegenüber den Kosten zusätzlicher Lieferantenqualifizierungen abgewogen werden müssen. Bei Auktionen für große Beschaffungsvolumina lohnt es sich sicherlich häufig zusätzliche Lieferanten zu qualifizieren. Bei Aufträgen mit hohen Anforderungen an die Lieferanten und entsprechend hohen Qualifizierungskosten, erscheint es eher sinnvoll, auf die Zulassung übermäßig vieler Lieferanten zu verzichten. Um exaktere Entscheidungshilfen zu entwickeln, wann zusätzliche Lieferanten qualifiziert werden sollten, können die Unternehmen die historischen Daten eigener Einkaufsauktionen analysieren. Mit Hilfe statistischer Verfahren kann berechnet werden, welche zusätzlichen Ersparnisse im Durchschnitt durch weitere Bieter erzielt werden.

Grundsätzlich sollte aber immer angestrebt werden, dass mindestens vier oder fünf Lieferanten an einer Auktion teilnehmen. Dies lässt sich sowohl durch den intensiveren Bieterwettbewerb begründen, als auch dadurch, dass ein Teil der eingeladenen Bieter häufig keine aktiven Gebote in der Auktion abgibt (siehe Abschnitt 6.3.1). Um sicherzustellen, dass Lieferanten nicht nur zur Informationsgewinnung an Auktionen teilnehmen, können entsprechende Sanktionsmechanismen in die Auktionssoftware eingebaut werden. Einige Unternehmen berichteten in der Befragung, dass bei ihnen Bieter, die keine Gebote abgeben, entweder während des Ablaufs der Auktion ausscheiden, oder für die nächsten Auktionen gesperrt werden.

7.2.3.2 Einsatz von Diskriminierungen und Prämien

Die empirische Untersuchung hat gezeigt, dass bei Einkaufsauktionen häufig dann Prämien bzw. Bonus-Malus Regeln genutzt werden, wenn es tatsächliche Unterschiede zwischen den Lieferanten gibt. Zum Beispiel kann durch die entsprechende Festlegung der Bonus-Malus Faktoren bereits in einer Auktion berücksichtigt werden, dass bei den Lieferanten unterschiedliche Transportkosten für die Beschaffung anfallen. Insofern erleichtern solche Bonus und Malus Regeln den Einsatz von Auktionen und ermöglichen es auch dort Einkaufsauktionen zu nutzen, wo die Angebote der Lieferanten nicht a priori vergleichbar sind. Unternehmen, die bislang keine Auktionen mit Bonus-Malus Faktoren einsetzen, sollten überprüfen, ob durch solche Verfahren der Anwendungsbereich von Einkaufsauktionen über die bestehenden Beschaffungsumfänge ausgedehnt werden kann.

Im Gegensatz zu den Empfehlungen aus der ökonomischen Theorie werden die Bonus-Malus Faktoren aber anscheinend nicht strategisch eingesetzt, um stärkere oder günstigere Lieferanten zu aggressiveren Geboten zu veranlassen. Dieser offensichtliche Verzicht auf eine Möglichkeit zur Verbesserung der Auktionsergebnisse lässt sich vor dem grundsätzlichen Anspruch einer fairen Zusammenarbeit rechtfertigen. Wie die entsprechenden Abschnitte 5.5.2 und 6.6.2 gezeigt haben, ist es sehr wichtig, dass die Lieferanten grundsätzlich der Fairness des Auktionsprozesses vertrauen. Folglich sollten Bonus und Malus Faktoren immer in enger Abstimmung mit den Lieferanten festgelegt werden, so dass diese grundsätzlich verstehen, warum und in welchem Umfang ihre Gebote angepasst werden. Durch eine enge Abstimmung der Boni und Mali mit den Lieferanten wird es außerdem schwieriger, durch exzessive Faktoren einzelne Lieferanten zu bevorzugen.

7.2.3.3 Festlegung von Anfangspreisen

Die von der Auktionstheorie üblicherweise empfohlene Nutzung ambitionierter Anfangspreise (im theoretischen Kontext wird in der Regel von Reservationspreisen gesprochen) ist ein zweischneidiges Schwert. Prinzipiell können anspruchsvolle Anfangspreise dazu führen, dass sich das Auktionsergebnis insgesamt verbessert, da die Teilnehmer aggressivere Gebote abgeben (siehe Abschnitt 3.1.2.4). Gleichzeitig besteht aber die Gefahr, dass Bieter verstärkt das Interesse an der Auktion verlieren und keine aktiven Gebote abgeben. Im Extremfall eines übermäßigen Anfangspreises scheitert die Auktion und ein Handel findet nicht statt. Vor allem aufgrund dieses negativen Einflusses des Anfangspreises auf die Anzahl der Gebote, die Anzahl der Bieter und auf die Verkaufswahrscheinlichkeit sind ambitionierte Anfangspreise ein riskantes Instrument zur Erlössteigerung.

Der Einsatz ambitionierter Anfangspreise sollte daher im Beschaffungsmanagement vor jeder Einkaufsauktion sorgfältig abgewogen werden. Insbesondere wenn Dringlichkeit besteht und beim Scheitern einer Auktion keine kurzfristigen Alternativen zur Beschaffung existieren, erscheint ihr Einsatz nicht empfehlenswert. Das Gleiche gilt für den Fall, dass nur wenige Lieferanten an einer Auktion teilnehmen. Hier kann ein überhöhter Anfangspreis schnell dazu führen, dass kein echter Wettbewerb mehr in der Auktion stattfindet. Das bedeutet aber nicht, dass überhaupt kein Anfangspreis gesetzt werden sollte. Ein gemäßigter Anfangspreis in Abhängigkeit von bestehenden Angeboten oder in Abhängigkeit von historischen Preisen sollte grundsätzlich immer gesetzt werden, um zu vermeiden, dass die Lieferanten durch Absprachen untereinander künstlich überhöhte Preise in einer Auktion durchsetzen können. Bei den Auktionen für UMTS-Lizenzen in der Schweiz führte wenig Wettbewerb, kombiniert mit sehr niedrigen Reservationspreisen, zu den insgesamt schlechtesten Erlösen einer UMTS-Auktion in Europa (siehe Abschnitt 3.0.1). Wenn bei einer Auktion viele Bieter ihre Teilnahme bestätigt haben und grundsätzlich keine übermäßige Dringlichkeit bei der Vergabe besteht, können durchaus ambitionierte Anfangspreise eingesetzt werden, um so das Auktionsergebnis zu verbessern.

7.2.3.4 Der Umgang mit Kartellen und Kollusion

Beim Thema Umgang mit Kartellen und Kollusion gab es sicherlich die größte Differenz zwischen den Ergebnissen der eigenen Untersuchung und den Empfehlungen der Wissenschaft. Sowohl in der Theorie als auch in empirischen Untersuchungen anderer Autoren wird gezeigt, dass vor allem Englische Auktionen und wiederholte Auktionen mit einem identischen Bieterkreis anfällig für Absprachen der Bieter sind (siehe Abschnitte 3.1.2.5 und 6.4.4). Bei der eigenen Befragung von Experten hingegen äußerte die überwiegende Mehrheit, dass Kartellbildung in Einkaufsauktionen bei ihnen im Unternehmen kein relevantes Thema ist. Nur 15% der Befragten äußerten wenigstens, dass ein Kartellverdacht bei ihnen im Unternehmen ein wichtiges Argument dafür ist, grundsätzlich keine Einkaufsauktion durchzuführen. Dieses Ergebnis lässt den Schluss zu, dass Unternehmen die Gefahr von Kartellen oder kollusiven Absprachen bei ihren Lieferanten gering einschätzen. Darüber, ob diese Einschätzung richtig ist oder ob sie übertrieben optimistisch ist, kann an dieser Stelle nur spekuliert werden. Auf Grund der vielfachen empirischen Ergebnisse zu Kollusion beim Straßenbau oder in anderen Feldern der öffentlichen Beschaffung, sollte aber Vorsicht geboten sein. Insbesondere dort, wo Unternehmen regelmäßig auf einen eingeschränkten Kreis von Lieferanten zurückgreifen müssen, sind die Anreize für Preisabsprachen zwischen den Lieferanten groß. In einem solchen Umfeld sollte das Beschaffungsmanagement regelmäßig überprüfen, ob tatsächlich Wettbewerb zwischen den Lieferanten vorherrscht. Bei hinreichend großem Datenmaterial zu vorangegangenen Auktionen und zu den Lieferanten empfehlen sich die in Abschnitt 6.4.4.2 kurz skizzierten ökonometrischen Verfahren zur Identifikation von Kartellen. Sind solche Verfahren nicht praktikabel, sollte geprüft werden, ob anderweitig Möglichkeiten bestehen, das potenzielle Kartell zu erschüttern. Auf Grund technischer Restriktionen ist es häufig nicht möglich, alternative Konkurrenten zu den bestehenden Lieferanten aufzubauen. Es kann aber versucht werden, das Kartellgleichgewicht zu destabilisieren, indem man einem der Mitglieder für einen bestimmten Zeitraum einen Exklusivvertrag einräumt. Durch ein solches Angebot würden die anderen Kartellmitglieder um ihren Anteil an der Kartellrente gebracht und hätten einen starken Anreiz, in stärkere Konkurrenz gegenüber dem übervorteilten Lieferanten zu treten.

7.2.3.5 Beendigung von Auktionen

Eine erfreuliche Übereinstimmung von theoretischer Empfehlung, Ergebnissen der eigenen Untersuchung und Ergebnissen anderer Autoren gibt es hinsichtlich der Beendigung von Auktionen. Hier ist der Befund der Untersuchung ganz eindeutig: Bei Einkaufsauktionen sollte immer eine Verlängerungsregel zur flexiblen Beendigung der Auktionen eingesetzt werden. Jedesmal wenn ein Gebot kurz vor dem vorläufig festgelegten Ende der Auktion eintrifft, wird die Auktion automatisch um einige Minuten verlängert. Durch diese Verlängerungsregel haben alle Bieter eine Möglichkeit, auf das letzte und aktuell gültige Gebot zu reagieren, und die Auktion läuft so lange weiter, wie die Bieter neue Gebote abgeben wollen.

In den Gesprächen zur Validierung der Untersuchungsergebnisse verwiesen mehrere der Experten darauf, die Gesamtzeit von Einkaufsauktionen nicht ausufern zu lassen. Da insbesondere am Anfang von Auktionen häufig nur wenig Bietaktivität stattfindet, empfehlen die Experten die eigentliche Auktionszeit möglichst kurz zu fassen. So kann sichergestellt werden, dass auch nach mehreren Verlängerungsrunden die gesamte Auktionszeit nicht mehr als 90–120 Minuten in Anspruch nimmt.

7.2.3.6 Informationen über die Anzahl der Bieter

Bei den überwiegend eingesetzten Englischen Auktionen sollte die Anzahl der Bieter eigentlich keinen Einfluss auf das Verhalten der Teilnehmer haben. Nichtsdestoweniger zeigen die Ergebnisse der eigenen Untersuchung, dass die meisten Unternehmen die Lieferanten nicht über die Anzahl der Konkurrenten informieren. Gemäß den hier entwickelten Empfehlungen zum gezielten Einsatz unterschiedlicher Varianten der Englischen Auktion (siehe Abschnitt 7.2.1) ist ein solches Vorgehen dann sinnvoll, wenn besonders viele Bieter an der Auktion teilnehmen. Durch das Zurückhalten der Information über die Anzahl der Bieter wird verhindert, dass einzelne Bieter die Auktion vorzeitig beenden, da sie sich nur geringe Erfolgschancen ausrechnen. Bei wenigen Bietern hingegen, könnte es durchaus sinnvoll sein, die Anzahl bekannt zu geben, um so zu signalisieren, dass alle Teilnehmer eine realistische Chance haben, die Auktion für sich zu entscheiden.

Wenn statt einer Englischen Auktion eine Holländische Auktion oder eine Erstpreisauktion durchgeführt wird, ist es immer sinnvoll, die Anzahl der Teilnehmer nicht bekannt zu geben. Dadurch, dass die Teilnehmer die Anzahl der Konkurrenten nicht kennen, haben sie einen Anreiz aggressiver zu bieten, um die Wahrscheinlichkeit zu erhöhen, dass sie die Auktion für sich entscheiden. In experimentellen Untersuchungen konnte dies bestätigt werden (siehe Abschnitt 6.4.6), allerdings wurde auch gezeigt, dass der Effekt insgesamt nicht übermäßig groß ist.

Wenn es sich um einen sehr kompetitiven Markt handelt, bei dem sich die Lieferanten untereinander kennen und in einem aggressiven Wettbewerb zueinander stehen, kann es bei einer Englischen Auktion sinnvoll sein, die Namen der Lieferanten sichtbar zu machen. In einem solchen Fall ist es möglich, dass negative Externalitäten zwischen den Bietern eine Rolle spielen und einzelne Lieferanten aggressivere Gebote abgeben, um zu verhindern, dass die Konkurrenten den Auftrag erhalten. Wie in Abschnitt 5.3.6 gezeigt, wird ein solches Verfahren in einigen Unternehmen angewandt, vorausgesetzt, die Lieferanten haben vorab der Veröffentlichung ihrer Firmennamen zugestimmt.

7.2.3.7 Verbindlichkeit von Einkaufsauktionen

Die empirische Untersuchung zeigte, dass einige Unternehmen (25%) auch unverbindliche Auktionen einsetzen, bei denen nicht automatisch der beste Bieter den Zuschlag erhält. Ein solches Verfahren ist insbesondere dann nachvollziehbar, wenn schwer zu messende Qualitäts- oder Zuverlässigkeitsunterschiede eine große Rolle bei der Vergabe spielen. Die Einkäufer möchten in einem solchen Umfeld häufig die Freiheit haben, den Auftrag an einen etwas teureren, aber qualitativ besseren oder zuverlässigeren Lieferanten zu vergeben. Auch wenn ein solches Vorgehen auf den ersten Blick nachvollziehbar und sinnvoll erscheint, sollten dabei folgende negative Rückkoppelungseffekte berücksichtigt werden. Erstens weisen die Interviewergebnisse darauf hin, dass durch ein solches Vorgehen bei den Lieferanten verstärkt der Eindruck einer unfairen Vergabepraxis entsteht, da es für sie nicht nachvollziehbar ist, warum nicht der Bieter mit dem besten Gebot auch den Zuschlag erhält. Es ist also durchaus möglich, dass durch ein solches Vorgehen die Anzahl der Lieferanten mittelfristig sinkt. Zweitens lässt sich auf Basis der spieltheoretischen Analysen erwarten, dass ein solches Vorgehen dazu führt, dass die Lieferanten zukünftig weniger aggressive Gebote abgeben. Schließlich lohnt es sich nicht zwingend, das beste Gebot weiter zu unterbieten, wenn man als zweitbester Bieter ähnlich gute Chancen hat, den Auftrag zu erhalten. Das bedeutet, dass durch die Praxis der unverbindlichen Auktion mittelfristig die Wettbewerbsdynamik in den Auktionen abnehmen kann. Die Lieferanten bekommen so einen Anreiz sich stärker auf ihre spezifichen Wettbewerbsvorteile zu konzentrieren als auf ihre Herstellungskosten. Auf Grund dieser negativen Effekte auf die Anzahl der Bieter und die Aggressivität der Gebote, zeigt die vorliegende Untersuchung, dass es zweifelhaft ist, ob solche unverbindlichen Auktionen langfristig ein sinnvolles Instrument sind. In den Gesprächen zur Validierung der Untersuchungsergebnisse wurde von den Befragten berichtet,[115] dass Unternehmen die schon länger mit Einkaufsauktionen arbeiten, mittlerweile auf solche unverbindlichen Auktionen verzichten.

Eine Ausnahme von dieser Empfehlung kann auch für die Einführungsphase von Auktionen gelten. Hier kann es sein, dass Einkäufer eine solche unverbindliche Auktion eher akzeptieren und einsetzen als eine Auktion mit verbindlicher Vergabe an den günstigsten Bieter. Die beschriebenen möglichen negativen Effekte auf die Lieferanten sollten dabei aber berücksichtigt werden und sowohl mit Einkäufern als auch mit Lieferanten offen diskutiert werden.

Eine sinnvolle Alternative zu den unverbindlichen Auktionen können die beschriebenen Auktionen mit Bonus-Malus Regeln darstellen. Durch die Nutzung solcher Boni und Mali können für alle Auktionsteilnehmer nachvollziehbare Nivellierungen von Qualitäts- oder Zuverlässigkeitsunterschieden vorgenommen werden. Durch entsprechende Vorabinformation und durch hinreichende inhaltliche Fundierung kann so der Eindruck vermieden werden, dass der Einkauf eine willkürliche Vergabeentscheidung trifft. Außerdem wird die Gefahr mittelfristig nachlassender

---

[115] Eine Ausnahme ist anscheinend General Electrics, wo der befragte Experte berichtete, dass bei General Electrics durchgängig nur unverbindliche Auktionen eingesetzt werden (General Electrics hat bereits Ende der 90er Jahre Einkaufsauktionen eingeführt und gilt als eines der Pionierunternehmen bei Einkaufsauktionen).

Bietdynamik reduziert, da durch entsprechend aggressive Gebote die bevorzugten Lieferanten immer überboten werden können.

7.2.3.8 Weitere Gestaltungsaspekte einfacher Auktionen

Ein weiteres, vorab festzulegendes Gestaltungsmerkmal von Auktionen ist die Höhe der Inkremente beziehungsweise Größe der Gebotsschritte. Zur Festlegung müssen zwei Faktoren gegeneinander abgewogen werden: Große Gebotsschritte beschleunigen die Auktion, können aber dazu führen, dass die Lieferanten nicht bis zu ihrem maximal Preis bieten, da ihnen der nächste Gebotsschritt zu groß erscheint. Kleine Gebotsschritte ermöglichen es jedem Bieter, genau bis zu dem Preis zu bieten, den er sich vorher als Preisuntergrenze festgelegt hat, beinhalten aber die Gefahr, dass es zu einem sehr langwierigen Bietwettbewerb kommt, da jeder die Konkurrenten immer nur ganz knapp unterbietet. Zur Festlegung der Gebotsschritte gibt es einen Vorschlag von Lüdtke (siehe Abschnitt 2.4), der aber eine Abschätzung der Anzahl erwarteter Gebote nötig macht. Die in der eigenen Umfrage von einigen Befragten genannte Faustregel, nach der die Inkrementgröße rund 0,5 bis 1% des Anfangspreises ausmachen sollte, erscheint daher einfacher zu handhaben und nicht weniger sinnvoll.

Unabhängig von den in diesem Abschnitt aufgeführten auktionstechnischen Gestaltungsmerkmalen wurde in der Befragung auch immer wieder auf Faktoren im Auktionsumfeld hingewiesen (siehe Abschnitt 5.3.7). Diese Empfehlungen werden im Folgenden noch mal hervorgehoben, da viele dieser Punkte auch in den Gesprächen zur Validierung der Ergebnisse als besonders wichtige Umfeldaspekte für den Erfolg von Einkaufsauktionen betont worden sind.

Zur Sicherstellung der Vergleichbarkeit der Angebote ist die Erstellung umfassender und exakter Spezifikationen der Beschaffungsobjekte wichtig. Jeder Aspekt, der bei den Spezifikationen vergessen wird, kann dazu führen, dass es bei der Beschaffung zu fehlerhaften Lieferungen kommt. Zur Erarbeitung stimmiger Spezifikationen ist in der Regel eine enge Abstimmung mit den entsprechenden Fachstellen/Bedarfsträgern, für die die Beschaffung erfolgt, notwendig. Hier hat sich in den letzten Jahren die Arbeit crossfunktionaler Abteilungen, also übergreifender Teams immer stärker in der Praxis durchgesetzt. Durch die Arbeit solcher Teams kann sichergestellt werden, dass die Anforderungen an das Beschaffungsobjekt aus allen betroffenen Unternehmensbereichen berücksichtigt werden.

Zur Vermeidung technischer Fehler ist es wichtig, ein zuverlässiges und einfach zu handhabendes Auktionstool zu nutzen. Zur Sicherstellung der technischen Zuverlässigkeit sollte die entsprechende Software vorab umfassend und in Zusammenarbeit mit den Lieferanten getestet werden. Durch entsprechende Schulungen muss gewährleistet werden, dass alle Beteiligten die Auktionssoftware problemlos bedienen können. Gegebenenfalls sollten entsprechende Regeln für den Fall festgelegt werden, dass es zu technischen Problemen während der Auktion kommt.

Um Schwierigkeiten im eigenen Betriebsablauf zu vermeiden, ist es sinnvoll, das Vorgehen beim Einsatz von Auktionen durch die Festlegung entsprechender Regelprozesse zu vereinheitlichen. Ähnlich dem in Abschnitt 2.2.1 beschriebenen Einkaufsprozess und dem in 2.3.1 beschriebenen Verhandlungsprozess sollten die wichtigsten Arbeitsschritte vor, während und nach einer Auktion für alle Einkäufer einheitlich festgelegt werden. Eine Beschreibung wichtiger Aktivitäten während der Vorbereitungsphase, die einer Prozessbeschreibung ähnelt, findet sich in der Arbeit von Beall et al. 2003, S. 44–49.

7.3 Nutzung komplexer Auktionen

Der folgende Abschnitt beschreibt Empfehlungen zum Einsatz der untersuchten komplexen Auktionsformen. Zur Übersicht werden die Auktionsformen und Ihre Nutzung auf der folgenden Darstellung kurz schematisch dargestellt.

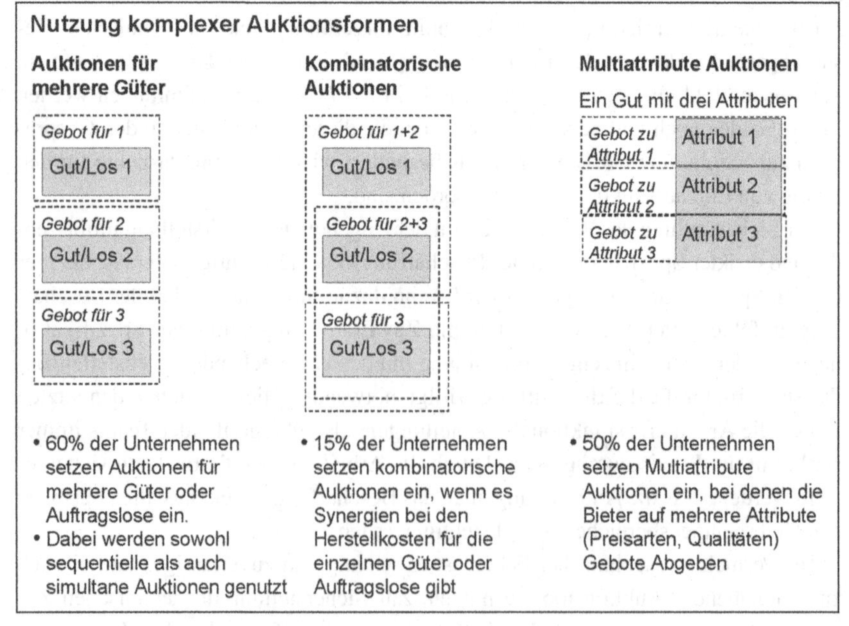

Abbildung 9: Nutzung komplexer Auktionsformen
Quelle: Eigene Ergebnisse

7.3.1 Simultane oder Sequentielle Auktionen mehrerer Güter

Als einfachste Form komplexer Auktion wird zuerst auf Auktionen für mehrere Güter eingegangen. Solche Auktionen werden insgesamt von rund 60% der befragten Unternehmen eingesetzt. Im Gegensatz zu den theoretischen Empfehlungen zeigt der empirische Teil der Arbeit, dass sequentielle Auktionen sehr wohl in der Beschaffungspraxis angewendet werden. Da es sich in der Praxis meistens um die Beschaffung unterschiedlicher Güter beziehungsweise Aufträge handelt, können die theoretischen Einwände gegen diese Auktionsform (siehe Abschnitt 3.2.1) vernachlässigt werden. Gerade in einer Phase, in der Auktionen eingeführt werden, und in der die Lieferanten bislang wenig Erfahrung mit Einkaufsauktionen gesammelt haben, können sequentielle Auktionen einfacher und übersichtlicher für die Lieferanten sein. Sequentielle Auktionen sollten daher nicht von vorneherein ausgeschlossen werden. Wenn hinreichend Erfahrung im Umgang mit Einkaufsauktionen besteht, spricht aber grundsätzlich nichts gegen die Nutzung simultaner Auktionen für die zeitlich parallele Vergabe mehrerer Aufträge oder Lose eines Auftrags. Dieses Verfahren wird bereits von einem Drittel aller befragten Unternehmen verwendet, von denen keines über Probleme bei der Nutzung berichtete.

Grundsätzlich sollte bei der Entscheidung berücksichtig werden, wie die einzelnen Lose beschaffen sind, und durch vorbereitende Gespräch mit den Lieferanten geklärt werden, ob es dort Vorbehalte gegen eines der beiden Verfahren gibt. Handelt es sich um die Vergabe wirklich identischer Aufträge oder Lose, so sollte grundsätzlich das simultane Verfahren angewendet werden, um die Effekte der *„Declining Price Anomaly"* zu vermeiden (siehe Abschnitte 3.2.1.1 und 6.5.1.1).

7.3.2 Festlegung von Losgrößen

Wie die Unternehmen bei der Festlegung von Losgrößen vorgehen, wurde in der Untersuchung nicht explizit abgefragt. Einige Arbeiten zu Einkaufsauktionen anderer Autoren weisen aber auf die Wichtigkeit dieses Gestaltungsmerkmales hin (siehe Abschnitt 6.5.1). Allerdings ist es in diesem Bereich nicht möglich, einfache und eindeutige Handlungsempfehlungen abzugeben, vielmehr müssen die spezifischen Charakteristika jedes einzelnen Beschaffungsvorganges berücksichtigt werden. Grundsätzlich sollten die Lose so zugeschnitten sein, dass für einen möglichst großen Teil des wertmäßigen Beschaffungsvolumens ein möglichst intensiver Wettbewerb entsteht. Die Auftragsbestandteile, die nur von einzelnen oder wenigen Lieferanten erbracht werden können, sollten möglichst getrennt vergeben werden, um überall dort Wettbewerb zuzulassen wo Wettbewerb auch möglich ist. Unter gewissen Umständen kann es aber auch sinnvoll sein, weniger attraktive Beschaffungsobjekte mit attraktiven Umfängen zu bündeln. In der Automobilindustrie ist es durchaus üblich, dass Zulieferer Aufträge für die volumenträchtigen Großserienfahrzeuge nur bekommen, wenn sie gleichzeitig Aufträge für wenig attraktive Kleinserien zu niedrigen Preisen akzeptieren.

Auch für die Festlegung von Losgrößen ist es ratsam, durch entsprechende Vorgespräche mit Lieferanten Informationen darüber zu sammeln, welche Auftragsbestandteile für welche Lieferanten attraktiv sind und welche nicht.

7.3.3 Kombinatorische Auktionen für die Beschaffung ähnlicher Güter

Die Untersuchung hat gezeigt, dass Kombinatorische Auktionen insgesamt nur sehr begrenzt eingesetzt werden. Dieses Ergebnis kommt relativ überraschend, da Kombinatorische Auktionen bereits seit den 1990er Jahre erfolgreich eingesetzt werden, und bereits von verschiedenen Wissenschaftlern umfassend untersucht wurden. Immer dann, wenn verschiedene einander ähnliche Beschaffungsobjekte eingekauft werden, sollten mögliche Synergien bei den Herstellungskosten der Beschaffungsobjekte berücksichtigt werden. Ein einfaches und in der Praxis häufig anzutreffendes Beispiel ist die Versorgung verschiedener Standorte mit Energie, Rohstoffen oder Dienstleistungen. Wenn das Beschaffungsmanagement verschiedene Standorte versorgen muss, ist es oft schwierig abzuschätzen, welcher Lieferant an welchem Standort zu den günstigsten Preisen anbieten kann. Ähnliches gilt in Bereichen, wo mehrere ähnliche und vergleichbar hergestellte Materialien (zum Beispiel Baustoffe, Werkzeuge, Befestigungsmaterialien, etc.) oder Leistungen (zum Beispiel Transportdienstleistungen, Reinigungsleistungen, Entsorgung, etc.) eingekauft werden müssen. In beiden Situationen müssen sehr aufwändige und komplexe Verhandlungen mit mehreren Lieferanten geführt werden, um das günstigste Lieferanten-Produktportfolio für das Unternehmen zu bestimmen. In solchen Situationen können Kombinatorische Auktionen hilfreich sein, da die Lieferanten selber in der Auktion anzeigen, für welche Objekte oder Standorte sie günstige Gebote abgeben können. Durch die Auktionssoftware wird dann berechnet, durch welche Kombination aus Lieferanten der gesamte Beschaffungsvorgang am günstigsten abgewickelt werden kann.

Die Unternehmen, die bereits solche Auktionen eingesetzt haben, berichteten durchwegs von sehr positiven und erfreulichen Ergebnissen, was auch durch die zitierten empirischen Arbeiten anderer Autoren (siehe Abschnitt 6.5.3) bestätigt wird. Die zur Validierung befragten Auktionsexperten berichteten, dass Kombinatorische

Auktionen vor allem von den Unternehmen erfolgreich eingesetzt werden, die bereits über mehrjährige Erfahrung mit Einkaufsauktionen verfügen. Diese Erkenntnis wird auch durch die Analyse von Zusammenhängen in der Auktionsnutzung in Abschnitt 5.6.2 unterstützt. Dort zeigt sich, dass nur solche Unternehmen Kombinatorische Auktionen einsetzen, die bereits mindestens 5% ihres Einkaufsvolumens über Auktionen abwickeln.

Insgesamt zeigt sich, dass Kombinatorische Auktionen ein sehr sinnvolles und hilfreiches Instrument für das Beschaffungsmanagement sind. Auf Grund ihrer größeren technischen und inhaltlichen Komplexität sollten sie aber erst bei hinreichender Erfahrung mit Auktionen eingesetzt werden. Unternehmen die sich erst in der Phase der Einführung von Einkaufsauktionen befinden, sollten vorerst auf die Nutzung Kombinatorischer Auktionen verzichten. Neben der Erfahrung der verantwortlichen Einkäufer ist es ebenso wichtig, die beteiligten Lieferanten intensiv auf die Durchführung der Auktion vorzubereiten. Nur wenn sie die Logik und die praktische Handhabung der Kombinatorischen Auktion richtig verstehen, werden beide Seiten von den Vorteilen gegenüber einfachen Auktionen profitieren.

7.3.4 Multiattribute Auktionen für die Vergabe komplexer Aufträge

Im Gegensatz zu Kombinatorischen Auktionen werden Multiattribute Auktionen offensichtlich deutlich häufiger in der Praxis eingesetzt. Allerdings zeigen die Ergebnisse, dass sie weniger zur Abbildung unterschiedlicher Qualitätsattribute als vielmehr zur parallelen Verhandlung unterschiedlicher Preisattribute eingesetzt werden. Solche unterschiedlichen Preisattribute können sowohl bei der Vergabe von Dienstleistungsaufträgen als auch bei größeren Aufträgen für Zulieferteile eine Rolle spielen (siehe Abschnitt 5.4.4). Vielen Befragten zufolge spielt ein dynamischer Qualitätswettbewerb in den betroffenen Beschaffungsbereichen keine wesentliche Rolle, vielmehr werden normalerweise Mindeststandards festgelegt, die dann von allen Lieferanten erfüllt werden müssen. Im Folgenden werden daher zuerst mögliche Argumente dafür entwickelt, warum Multiattribute Auktionen bislang noch nicht in größerem Umfang im Beschaffungsmanagement zur Forcierung des Qualitätswettbewerbs eingesetzt werden. Anschließend werden dann Handlungsempfehlungen abgeleitet, um den intensiveren Einsatz von Multiattributen Auktionen zu fördern.

Ein Wettbewerb der Lieferanten darüber, wer noch langlebigere oder anderweitig hochwertigere Güter anbieten kann, oder wer die Lieferzeiten noch weiter verkürzen kann, wird überraschenderweise seltener als erwartet angestrebt. Es muss aber berücksichtigt werden, dass sich viele für den interindustriellen Handel relevante Qualitätsmerkmale nur ex-post feststellen lassen. Lieferzuverlässigkeit, die tatsächliche Qualität oder die Reaktionsfähigkeit eines Lieferanten bei Mengen- oder Qualitätsänderungen sind für die Abnehmer wichtige Faktoren, die sich vorab nur begrenzt vertraglich absichern lassen.[116] Folglich kann die Qualität eines Lieferanten in allen relevanten Aspekten erst nach einer gewissen Dauer der Zusammenarbeit, also nur ex-post richtig beurteilt werden. Eine Voraberfassung der Qualität über Scoringfunktionen zum Vergleich einzelner Qualitätsparameter ist immer nur eine unvollständige Erfassung der tatsächlichen Lieferantenqualität.

Eine zweite Ursache dafür, dass Multiattribute Auktionen bislang nur begrenzt für komplexere Qualitätswettbewerbe genutzt werden, kann auch in den damit verbundenen Schwierigkeiten während der Spezifikationsphase liegen. Bei der Diskussion über die Probleme bei der Einführung von Auktionen im Unternehmen wurde mehrfach erwähnt, dass sich Einkäufer damit schwer tun, bereits vorab die Spezifikationen eindeutig festzulegen (siehe Abschnitt 5.5.1). Dieses Problem wurde auch in den Gesprächen zur Validierung der Ergebnisse als besonders schwierige Herausforderung bei der Einführung von Einkaufsauktionen hervorgehoben. Wenn es in der Praxis schon Schwierigkeiten bei der Spezifikationsfestlegung gibt, so ist es sicherlich noch wesentlich schwieriger entsprechende Scoringfunktionen (siehe Abschnitt 3.3.1) festzulegen, die die einzelnen Qualitätsattribute eindeutig gewichten, um sie miteinander vergleichbar zu machen.

Darüber hinaus lässt sich annehmen, dass die Vorteile von Multiattributen Auktionen gegenüber einfachen Auktionen bislang wenig bekannt sind. Vor allem die Vorteile für die beteiligten Lieferanten, sich stärker und auch über andere Faktoren von ihren Wettbewerbern zu differenzieren, sind vermutlich nur Experten geläufig (siehe Abschnitt 3.3). Das entsprechende Potenzial Multiattributer Auktionen wäre demnach in der Praxis bislang noch nicht vollständig erkannt. Auch die bereits diskutierte grundsätzliche Ablehnungshaltung vieler Einkäufer gegenüber Einkaufsauktionen lässt darauf schließen, dass das Interesse an anspruchsvolleren Auktionsformen insgesamt begrenzt ist. Ein letzter Grund kann darin liegen, dass in den meisten Fällen die relevanten Qualitätsstandards von den entsprechenden Fachstellen bzw. Bedarfsträgern eindeutig festgelegt werden, so dass für die Einkäufer nur begrenzter Spielraum für einen Qualitätswettbewerb zwischen den Lieferanten verbleibt. Die Bedarfsträger/Fachstellen sind vermutlich noch weniger darüber informiert, welche

---

[116] Dementsprechend beschreiben Monczka et al. Lieferantenqualität, als die dauerhafte und langfristige Erfüllung heutiger und zukünftiger Erwartungen des Abnehmers durch den Lieferanten (Monczka et al. 1998, S. 281).

neueren Auktionslösungen es gibt, um die Lieferanten zu einem intensiveren Wettbewerb über Preis und Qualitätsfaktoren zu bewegen.

Während das erste Argument noch auf die begrenzte Einsetzbarkeit von Multiattributen Auktionen hinweist, deuten die weiteren Argumente stärker auf Umsetzungsbarrieren hin, die prinzipiell überwindbar sind. Die Festlegung von eindeutigen und auch vergleichbaren Spezifikationen kann durch entsprechende Vergleichsverfahren, die auch zur Bewertung von Lieferantenangeboten genutzt werden (z.B. Muschinski 1998, S. 98ff. und Fara 1998, S. 207ff.), erleichtert werden. Auf Basis gut erstellter Parametervergleiche lassen sich entsprechende Scoringfunktionen relativ einfach ableiten. An dieser Stelle muss daher sichergestellt werden, dass alle betroffenen Einkäufer in hinreichendem Maße mit den Verfahren vertraut sind und diese problemlos in der Praxis anwenden können. Je geübter die Einkäufer im Umgang mit solchen Vergleichsverfahren sind, desto eher werden sie auch ein Interesse daran entwickeln, die Lieferanten über verschiedene Faktoren dynamisch anbieten zu lassen. Im gleichen Maße fehlt es bislang vermutlich an Transparenz über die Vorteile von Multiattributen Auktionen gegenüber einfachen Auktionen. Hier muss über entsprechende Kommunikationsmaßnahmen (z.B. Berichte über erfolgreich durchgeführte Beispielfälle) sichergestellt werden, dass alle Mitarbeiter über die Potenziale Multiattributer Auktionen informiert sind. Die eigenen Untersuchungen zum Zusammenhang von Intensität des Auktionseinsatzes und dem Einsatz komplexer Auktionen in Abschnitt 5.6.2 zeigen, dass es an dieser Stelle einen Zusammenhang zwischen Intensität der Auktionsnutzung insgesamt und dem Einsatz komplexer Auktionen gibt. Unternehmen, die in größerem Umfang Auktionen in der Beschaffung einsetzen, nutzen auch wesentlich häufiger Multiattribute Auktionen. Das weist darauf hin, dass die Nutzung Multiattributer Auktionen mit zunehmender Verbreitung und intensiverer Nutzung von Einkaufsauktionen insgesamt an Popularität gewinnen wird.

8 Ausblick

8.1 Zukünftige Entwicklungen bei der Nutzung von Einkaufsauktionen

Die Ergebnisse der Untersuchung zeigen, dass sich Einkaufsauktionen zumindest bei großen Unternehmen als ein festes Instrument im Einkauf etabliert haben. In den nächsten Jahren wird die Intensität der Nutzung von Einkaufsauktionen vermutlich noch zunehmen, worauf die von den Befragten häufig getroffene Aussage hinweist, dass sich der Einsatz von Einkaufsauktionen in ihrem Unternehmen noch in einer Entwicklungsphase befindet. Außerdem ist zu erwarten, dass auch verstärkt kleine Unternehmen Einkaufsauktionen einsetzen, entweder, weil sie selbst als Lieferanten für Großunternehmen an Auktionen teilnehmen müssen, oder weil sie anderweitig von den Vorteilen von Einkaufsauktionen erfahren. Ein wichtiger unterstützender Faktor kann hier die zunehmende Verbreitung von Auktionen beim privaten Konsum sein, wo mittlerweile nicht nur über Ebay per Auktion verkauft, sondern auch verstärkt über alternative Anbieter per Auktion gezielt eingekauft werden kann (siehe Abschnitt 3.0.4). Auch die zur Validierung befragten Führungskräfte gehen davon aus, dass der Einsatz von Einkaufsauktionen in Zukunft weiter steigen wird. Ihnen zufolge besitzt die deutsche Wirtschaft hier bislang keine internationale Vorreiterrolle, in anderen Ländern insbesondere in Skandinavien und den USA ist die Nutzung von Einkaufsauktionen anscheinend deutlich stärker verbreitet. Dabei ist aber zu berücksichtigen, dass die Unterschiede in der Nutzung von Einkaufsauktionen auch in der Wirtschaftsstruktur begründet sein können. Die eigene Umfrage unter börsennotierten Unternehmen zeigte, dass Einkaufsauktionen eher in Unternehmen mit standardisierten Produkten eingesetzt werden und weniger im Maschinen- und Anlagenbau, der in Deutschland eine überdurchschnittlich große Rolle spielt (siehe Abschnitt 5.1.1).

Ein weiterer unterstützender Faktor für die Nutzung von Einkaufsauktionen kann in der weiterhin zunehmenden Globalisierung liegen. Wenn mehr Produkte von Lieferanten aus verschiedenen Ländern und Erdteilen beschafft werden, ist es eher sinnvoll, die Verhandlungen mit Hilfe von Auktionen zu parallelisieren, um übermäßigen Verhandlungs- und Reiseaufwand zu vermeiden. Wie in Abschnitt 2.1.3 gezeigt wurde, ist die Globalisierung und die zunehmende Integration der Märkte ein Trend der von Führungskräften im Einkauf zurzeit mit besonderem Augenmerk verfolgt wird.

Hinsichtlich der Ausgestaltung von Einkaufsauktionen bleibt abzuwarten, ob die Unternehmen verstärkt mit einfachen und einheitlichen Standardauktionen beschaffen werden, oder ob sie das ganze, in dieser Arbeit beschriebene Spektrum von Auktionsformen und Ausgestaltungsvarianten nutzen werden. Die diskutierten Probleme bei der Einführung von Auktionen sind ein starkes Argument dafür, während der Einführung den Schwerpunkt auf die Anwendung standardisierter Auktionen zu setzen. Durch einfache und transparente Englische Auktionen lassen sich sicherlich schnell und mit beschränktem Aufwand erste Erfolge bei der Einführung von Auktionen erreichen. Vor allem der Widerstand der eigenen Einkäufer dürfte geringer sein, wenn vorerst auf die vielfältigen Gestaltungsvarianten von Auktionen verzichtet wird. Wenn dann später hinreichend Erfahrungen im Umgang mit Einkaufsauktionen bestehen, erscheint es ratsam, mit Hilfe der in 7.2 und 7.3 beschriebenen unterschiedlichen und komplexeren Auktionsformen die Ergebnisse systematisch zu verbessern. Viele der in Kapitel 6 zitierten experimentellen Arbeiten zu Auktionen belegen, dass eine kontextabhängige Ausgestaltung von Auktionen zu besseren Ergebnissen und Preisen führt als eine immergleiche Nutzung derselben Auktionsform mit einheitlicher Ausgestaltung. Komplexere Auktionsformen können außerdem helfen, den Einsatz von Auktionen auf Beschaffungsbereiche auszudehnen, bei denen es um mehr als nur um einfache Güter und ihre Preise geht. Sie spielen daher eine wichtige Rolle, wenn der Einsatz von Auktionen im Unternehmen auf die verschiedensten Einkaufsbereiche ausgedehnt werden soll.

In der Beschaffung der öffentlichen Haushalte spielt die Nutzung von Einkaufsauktionen bislang keine relevante Rolle. Keiner der in der ersten Untersuchungsphase befragten Anbieter von Auktionssoftware konnte von öffentlichen Einrichtungen berichten, die bereits Einkaufsauktionen einsetzen. Auch in einer Einkaufsauktionen gegenüber kritischen, juristischen Arbeit wird bemerkt, dass bislang keine nennenswerten Erfahrungen über Einkaufsauktionen bei der öffentlichen Beschaffung in Deutschland existieren (Spindler und Wiebe 2005, S. 402). Vor dem Hintergrund der vielen Diskussionen über die öffentliche Verschuldung und notwendige Kürzungsmaßnahmen überrascht diese Erkenntnis. Nicht zuletzt, da bereits 2001 Einkaufsauktionen für die öffentliche Beschaffung umfassend untersucht wurden und ihr Einsatz seinerzeit empfohlen wurde (BMWI 2001, S. 86). Gleichzeitig lässt sich aber vermuten, dass in der öffentlichen Beschaffung sowohl bei Einkäufern wie auch bei Lieferanten ähnlicher Widerstand gegen die Einführung von Einkaufsauktionen besteht, wie bereits in den Abschnitten 5.5 und 6.6 für Unternehmen beschrieben. Dieser Widerstand könnte bei gleichzeitig fehlendem direktem Handlungsdruck für die „Einkäufer" der öffentlichen Beschaffung ein Hauptgrund für die mangelnde Nutzung von Einkaufsauktionen sein. Eine weitere Ursache kann aber auch darin liegen, dass die klassische öffentliche Auftragsvergabe per Ausschreibung von vielen Autoren fälschlicherweise als Erstpreisauktion verstanden wird (siehe Abschnitt 3.0.3). Gepaart mit einer falschen Auslegung des Revenue Equivalence Theorems wird dann häufiger die Meinung vertreten, dass es (theoretisch gesehen) gar keinen Unterschied machen würde, ob man eine Englische Auktion oder eine Ausschreibung/ Erstpreisauktionen durchführt. Dementsprechend bleibt abzuwarten, ob sich Auktionen in der öffentlichen Beschaffung in ähnlichem Maße durchsetzen werden wie in der privatwirtschaftlichen Beschaffung. Die in den Abschnitten 5.1 und 6.2 beschriebenen Erkenntnisse zu Auktionsnutzern und Auktionsobjekten sprechen zumindest nicht gegen einen Einsatz von Auktionen im öffentlichen Bereich. Aus Sicht des Steuerzahlers lassen die in Abschnitt 5.1.3 genannten Vorteile aus dem Einsatz von Auktionen (Preissenkungen, Prozessvereinfachungen und erhöhte Transparenz), eine verstärkte Nutzung von Einkaufsauktionen in der öffentlichen Beschaffung sogar wünschenswert erscheinen.

8.2 Weitere Forschungsfragen

Die vorliegende Arbeit versucht, die eingangs in Abschnitt 1.1 formulierten grundsätzlichen Forschungsfragen so umfassend wie möglich zu beantworten. Dazu wurde eine Vielzahl aus der Auktionstheorie abgeleiteter Forschungshypothesen empirisch überprüft und eine Reihe von plausiblen Ergebnissen generiert. Trotz der vielen Antworten die dabei gefunden wurden, verbleibt doch eine Vielzahl weiterer und neuer Fragen für die Forschung. Im Folgenden werden diese weiteren Forschungsfragen kurz vorgestellt und zur Erhöhung der Übersichtlichkeit in drei Themenkategorien untergliedert. Die erste Kategorie umfasst die Fragen, die sich mit dem Einsatz von Auktionen, ihrer Einführung und den entsprechenden Auswirkungen auf die Lieferantenbeziehung beschäftigen. Diese Fragen sind am stärksten anwendungsorientiert und daher grundsätzlich betriebswirtschaftlicher Natur. Zusätzlich soll zu diesen weiterführenden und anwendungsorientierten Fragestellungen kritisch angemerkt werden, dass viele der getroffenen Handlungsempfehlungen insbesondere die zur Nutzung verschiedener Auktionsvarianten und Auktionsformen (Abschnitt 7.2) nur auf qualitativen Aussagen basieren. Weil es an umfassenden Datensätzen zu tatsächlichen Auktionsergebnissen im Rahmen dieser Arbeit mangelte, war es leider nicht möglich, die Hypothesen und die abgeleiteten Empfehlungen quantitativ zu überprüfen. Daher sollten die gegebenen Empfehlungen durch

Rückgriff auf Unternehmensdaten oder durch entsprechende Laborexperimente kritisch überprüft werden. Bei diesen Fragestellungen aus der zweiten Kategorie geht es folglich um eine quantitative Validierung der Ergebnisse und Empfehlungen. Zu guter Letzt hat die Arbeit gezeigt, dass in der Einkaufspraxis auch Auktionen und Gestaltungsvarianten genutzt werden, die bisher nicht von der Auktionstheorie berücksichtigt wurden. Dementsprechend umfasst die dritte Kategorie Fragestellungen, die einen auktionstheoretischen Hintergrund haben.

a) Betriebswirtschaftliche Fragestellungen
Wie schon im vorigen Abschnitt 8.1 und auch im Abschnitt 7.1 diskutiert, ist eine entscheidende Fragestellung für die zukünftige Entwicklung, inwieweit sich Einkaufsauktionen auch für mittelständische und kleinere Unternehmen eignen. Die eigene Untersuchung zeigte, dass vor allem große Unternehmen Einkaufsauktionen nutzen, während bei kleineren Unternehmen anscheinend bislang nur wenige Unternehmen per Auktion beschaffen. Wenn Auktionen sich nur in Großunternehmen als Einkaufsinstrument durchsetzen, sind ihre Wachstumschancen insgesamt stark begrenzt, da dort der Durchdringungsgrad bereits vergleichsweise hoch ist. In diesem Zusammenhang muss auch untersucht werden, was die Ursachen dafür sind, dass kleinere Unternehmen bislang deutlich seltener Auktionen einsetzen. Ein möglicher Ansatzpunkt für Voraussagen zur Entwicklung können hierbei Analysen über die Auktionsnutzung in Ländern sein, in denen nach Aussage der zur Validierung befragten Führungskräfte Auktionen häufiger eingesetzt werden.

Die empirische Untersuchung hat gezeigt, dass die unternehmensinternen Widerstände gegen die Nutzung von Auktionen ein großes und anscheinend häufig unterschätztes Hindernis darstellen. Vor diesem Hintergrund erscheint es notwendig, die identifizierten Ursachen für den Widerstand (siehe Abschnitt 5.5.1) und die genannten Maßnahmen zur Überwindung des Widerstandes (siehe Abschnitt 7.1.4) genauer auf ihre Relevanz und ihren Einfluss hin zu untersuchen.

Ein weiterer wichtiger Aspekt für die Forschung sind langfristige Untersuchungen hinsichtlich der Auswirkung von Auktionen auf die Lieferanten und die Beziehungen zwischen Abnehmern und Lieferanten. Es existieren bislang nur einige kritische Arbeiten, die von der Nutzung von Einkaufsauktionen abraten (Emiliani und Stec 2005; Emiliani 2006). Vor dem Hintergrund, dass viele der befragten Unternehmen bereits seit vier und mehr Jahren Auktionen in der Beschaffung einsetzen, erscheint diese Kritik schwer haltbar. Daher wäre es wichtig zu untersuchen, ob und wie sich Lieferanten mit dem Einsatz von Einkaufsauktionen langfristig arrangieren, und welche Biet- und Produktstrategien sie als Reaktion darauf entwickeln. Eine häufig anzutreffende Kritik an Einkaufsauktionen ist der Vorwurf, dass Einkaufsauktionen zu einem ruinösen Preiswettbewerb unter den Lieferanten mit negativen Folgen für die Produktqualität führen. Würde eine solche Entwicklung tatsächlich häufig durch Einkaufsauktionen verursacht, so wäre zu erwarten, dass der Einsatz von Einkaufsauktionen zukünftig eher zurückgeht als dass er weiter zunimmt. Untersuchungen zu den langfristigen Folgen von Einkaufsauktionen für Lieferanten und ihre Produkte sind daher hilfreich, um die Perspektiven von Einkaufsauktionen besser abschätzen zu können.

Die Fragestellung, in welchen Warengruppen eher und in welchen weniger per Auktion eingekauft wird, ist ein weiterer Ansatzpunkt für Untersuchungen. Die Beantwortung dieser Frage ist aber vermutlich eher für die Einkäufer in der Praxis als für die betriebswirtschaftliche Forschung interessant.

Als letzter Punkt ist nochmals der Aspekt der öffentlichen Beschaffung zu nennen. Allein für Deutschland wird das Beschaffungsvolumen der öffentlichen Haushalte auf über 250 Milliarden Euro im Jahr geschätzt (Spindler und Wiebe 2005, S. 337). Da vor allem im Bereich der indirekten Materialien dort ähnliche Produkte beschafft werden wie in der Privatwirtschaft, bleibt zu untersuchen, warum dabei bislang keine Einkaufsauktionen eingesetzt werden.

b) Fragestellungen zur quantitativen Validierung

Alle in Abschnitt 7.2.3 gegebenen Empfehlungen zur Gestaltung von Auktionen basieren auf dem Abgleich von auktionstheoretischen Erkenntnissen mit qualitativ generierten empirischen Daten. Die Empfehlungen zur Auswahl von Varianten der Englischen Auktion in 7.2.1 und die zur situationsgerechten Nutzung unterschiedlicher Auktionsformen in 7.2.2 konnten sogar überhaupt noch nicht empirisch überprüft werden. Für all diese Punkte erscheint es daher wichtig, die getroffenen Aussagen auf Basis der Ergebnisse tatsächlicher Auktionen quantitativ zu überprüfen. Hier könnten Laborexperimente, die bereits häufig für die Überprüfung von auktionstheoretischen Konzepten eingesetzt werden, sehr hilfreich sein. Zusätzlich dazu wäre es aber ebenso sinnvoll, empirisches Datenmaterial von Einkaufsauktionen aus Unternehmen zu analysieren. Anfragen zur Nutzung von Datenmaterial, die im Rahmen dieser Forschungsarbeit an Nutzer von Auktionen und an Anbieter von Auktionssoftware gerichtet wurden, wurden leider abschlägig beschieden. Insbesondere die in 7.2.2 beschriebenen Empfehlungen zur Nutzung von Hybriden Auktionen bei Asymmetrien und zur Nutzung von Holländischen oder Erstpreisauktionen bei wenigen Bietern erscheinen aber nicht nur für Einkaufsauktionen, sondern auch für viele andere Anwendungen von Auktionen hilfreich. Diese Punkte sollten daher besonders kritisch und möglichst auch unter verschiedenen Rahmenbedingungen überprüft werden. Ein weiterer wichtiger Gestaltungsaspekt bei dem die empirischen Ergebnisse nicht eindeutig sind, ist die richtige Wahl des Anfangspreises. Hier existiert bereits eine Vielzahl empirischer Untersuchungen aus anderen Auktionsanwendungen (siehe Abschnitt 6.4.3), die als Basis für Untersuchungen im Bereich von Einkaufsauktionen genutzt werden könnten.

c) Fragestellungen mit auktionstheoretischem Hintergrund
Die in Abschnitt 7.2.2 beschriebenen Vorzüge von Hybriden Auktion fundieren auf plausiblen Übertragungen der theoretisch begründeten Vorteile von Erstpreisauktionen unter bestimmten Annahmen. Eine umfassende theoretische Analyse zu den Vorteilen von Hybriden Auktionen im Vergleich zu einfachen Auktionsformen ist bislang noch nicht erfolgt. Die vielversprechenden Vorzüge der Hybriden Auktionsform lassen darauf schließen, dass eine solche Untersuchung (sicherlich) sinnvoll wäre. Auf Grund der umfangreichen, bereits existierenden Literatur zum Mechanismus Design und zu optimalen Auktionen ist es schwer nachzuvollziehen, dass ein derart attraktiver Mechanismus wie die Hybride Auktion bislang so wenig Beachtung fand. Als mögliche Ursache für diese Lücke in der Auktionstheorie nannte der „Erfinder" der Hybriden Auktionen Paul Klemperer auf Anfrage die mathematischen Probleme, die bei der Modellierung von Auktionen mit asymmetrischen Bietern auftreten (Klemperer 2006).

Ein weiterer, für die Praxis relevanter Punkt ist die Nutzung von unverbindlichen Auktionen, bei denen nach Ablauf der Auktion der Einkäufer selber entscheidet, welcher Bieter den Zuschlag erhält. Dieses Verfahren ist in der Praxis häufiger als erwartet anzutreffen, spielt aber in der Auktionstheorie bislang keine Rolle. Für eine solche Untersuchung wäre es allerdings notwendig, zu modellieren, wie die Einkäufer ihre Vergabeentscheidung treffen, welche Rolle dabei das Auktionsergebnis spielt und welche Erwartungen die Teilnehmer haben.

Anhang

Anhang 1. Interviewleitfaden für Expertengespräche
(überarbeitete Version der 3. Untersuchungsphase)

Zielsetzung des Experteninterviews „Einkaufsauktionen“

- Abschätzung der Perspektiven von Einkaufsauktionen als Alternative zu Verhandlungen in der betrieblichen Beschaffung
- Aufbau von Verständnis für den Einsatz spezifischer Auktionsformen und für die Ursachen ihrer Anwendung
- Erfassung relevanter Gestaltungsmerkmale beim Design einzelner Einkaufsauktionen
- Bewertung der Entwicklungschancen komplexer Auktionsformen wie Auktionen mehrerer Güter, kombinatorischer oder multiattributer Auktionen

---

1. Perspektiven des Einsatzes von Einkaufsauktionen

Fragen	Antworten
Werden Auktionen in naher Zukunft **Verhandlungen** in ihrem Unternehmen zu einem signifikanten Anteil (>5 % Beschaffungsvolumens) **ersetzen**? (Oder werden Auktionen nur in begrenztem Umfang und eher als Ergänzung von Verhandlungen bei der Selektion einzelner Bieter eingesetzt?)	...
Werden Auktionen vornehmlich zur systematischen **Senkung der Einkaufspreise** eingesetzt? (Oder werden Auktionen in erster Linie zur Senkung der Kosten im Einkaufsprozess eingesetzt?)	...
Werden **komplexere Auktionsformen** wie kombinatorische oder multiattribute Auktionen in den kommenden Jahren eine verstärkte Rolle spielen? (Oder werden Auktionen im betrieblichen Einkauf auf die Beschaffung einfacher und standardisierbarer Teile (z.B. C-Teile) beschränkt sein?)	...
Sind die Auktionsergebnisse i.d.R. **verbindlich**, oder lediglich eine Vorstufe, auf die dann Verhandlungen mit dem oder den besten Bieter folgen?	...
Weitere Anmerkungen zu den Perspektiven von Einkaufsauktionen?	...

2. Auswahl einzelner Auktionsformen

Fragen	Antworten
Welche **verschiedenen Auktionsformen** (Englische/Reverse, Holländische, Erstpreisauktionen, etc..) werden für Beschaffungsauktionen genutzt?	...
Wann werden vornehmlich **Englische Auktionen** eingesetzt?	...
Welche Faktoren beeinflussen die Ausgestaltung Englischer Auktionen (Rangauktionen, feste Inkremente, Tickerauktionen, ...)	...
Wann werden grundsätzlich **andere Auktionsformen** eingesetzt	...
Werden Englische Auktionen eingesetzt wenn die Bieter in ihren Kostenstrukturen vergleichbar (**Symmetrie**) sind und starke **Konkurrenz** herrscht?	...
Werden **Holländische Auktionen** eingesetzt, wenn starke Unterschiede (Asymmetrien) bei den Lieferanten zu erwarten sind?	...
Weitere Anmerkungen zur Auswahl einzelner Auktionsformen?	...

3. Gestaltungsmerkmale einzelner Auktionen

Fragen	Antworten
Wird zur Erhöhung des Auktionserfolges aktiv versucht die **Anzahl der Bieter** zu maximieren? Wenn ja, durch **welche Maßnahmen**?	...
Wird versucht bei bekannten Kostenunterschieden der Bieter (Asymmetrien) diese durch **Diskriminierungen und Prämien** zu nivellieren?	...
Wird bei Einkaufsauktionen versucht, durch die Setzung ambitionierter **Anfangspreise** das Ergebnis der Auktion zu beeinflussen?	...
Welche Maßnahmen werden betrieben, um die Entstehung von **Bieterkartellen** z. B. bei wiederholten Auktionen zu vermeiden?	...
Werden bei Beschaffungsauktionen zeitlich **fixierte Endpunkte** gesetzt (wie bei Ebay)?	...
Werden die Bieter darüber **informiert**, wie hoch die **Anzahl der Bieter** insgesamt ist?	...
Gibt es weitere relevante Gestaltungsmerkmale von Einkaufsauktionen?	...

4. Einsatz komplexer Auktionsformen

Fragen	Antworten
Werden **sequentielle** (auf einander folgende) **Auktionen** für die Vergabe mehrerer gleicher Aufträge im Beschaffungsmanagement eingesetzt?	...
Wird bei simultanen Auktionen mehrerer gleicher Aufträge das **kompetitive** oder das **diskriminierende Auktionsverfahren** eingesetzt?	...
Werden in Branchen die Güter mit Kostensynergien in der Produktion beziehen (z.B. Handel oder Logistik), **kombinatorische Auktionen** eingesetzt?	...
Werden **multiattribute Auktionen**, bei denen sowohl für den Preis als auch für Qualitätsmerkmale geboten wird, für Beschaffungsauktionen eingesetzt?	...
Weitere Anmerkungen zum Einsatz komplexer Auktionsformen?	...

5. Qualitative Einordnung Interviewteilnehmers und Firma

- Umsatz der Firma (Mio. EUR): <50 ☐ 50–100 ☐
  100–500 ☐ >500 ☐

- Vom Einkauf verantwortetes Einkaufsvolumen (Mio. EUR):
  <50 ☐ 50–100 ☐
  100–500 ☐ >500 ☐

- Branche: ______________________________

- Erfahrung des Interviewpartners mit Einkaufsauktionen seit: _____

- Ökonomische bzw. Spieltheoretische Ausbildung: ______________

Anhang 2. Spezialisierte Unternehmen aus dem Finanz- und Immobiliensektor aus DAX, MDAX oder SDAX, die nicht in der Befragung kontaktiert wurden

DAX:
Deutsche Börse
Hypo Real Estate

MDAX:
MPC Capital
AAreal Bank
Vivacon
Deutsche Euroshop

SDAX:
Indus
EM.TV
Colonia Real Estate
Highlight Communication
WCM Beteiligung
DT Beteiligung
Arques Industries
Cash Life
DIS – Deutscher Industrie Service
HCI Capital
Interhyp

Anhang 3. Übersicht Führungskräfte, mit denen in der 4. Phase Gespräche zur Validierung durchgeführt wurden

Anbieter von Softwarelösungen für Einkaufsauktionen
Robin Titus,
Director Product Management, Portum AG

Darryl.T. Rolley,
Senior Vice President and General Manager, Ariba International

Nutzer von Einkaufsauktionen
Adam Hubbard,
Regional Purchasing Manager, T-Mobile UK

Uwe Ortgies,
Leiter Einkaufsstrategie, T-Mobile Osteuropa

Koray Serbest,
Category Manager Professional Services Europe, General Electrics

Literatur

Abele, S., Ehrhart, K.-M. und Ott, M. 2006: An Experiment on Auction Fever. In: *Group Decision and Negotiation – International Conference 2006,* Herausgeber: Seifert, S. und Weinhart, C.; *Universitätsverlag Karlsruhe*, Karlsruhe.

Albano, G. L., Germano, F. und Lovo, S. 2001: A Comparison of standard multi-unit auctions with synergies. In *Economics Letters*, Vol. 71, S. 55–60.

Anton, J. J. und Yao, D. A. 1992: Coordination in Split Award Auctions. In *Quarterly Journal of Economics,* Mai 1992, S. 681–707.

Arnold, U. 1982: Strategische Beschaffungspolitik. *Peter Lang Verlag,* Europäische Hochschulschriften: Reihe 5, Frankfurt am Main.

Arnold, U. 1997: Beschaffungsmanagement. *Schäfer und Poeschel Verlag,* Stuttgart, 2. überarbeitete Auflage.

Arnold, D., Kuhn, A., Isermann, H. und Tempelmeier, H. 2004: Handbuch Logistik. *Springer-Verlag,* Berlin; Heidelberg, 2. überarbeitete Auflage.

Arnolds, H., Heege, F. und Tussing, W. 1985: Materialwirtschaft und Einkauf. *Gabler,* Wiesbaden, 4. überarbeitete Auflage.

Arthur, H. 1976: The Structure and Uses of Auctions. In *Bidding and Auctioning for Procurement and Allocation,* Herausgeber: Amihud, Y.; *University Press,* New York, USA.

Ashenfelter, O. 1989: How Auctions Work for Wine and Art. In *Journal of Economic Perspectives,* Vol. 3, Nr. 3, S. 23–36.

Ashenfelter, O. und Graddy, K. 2002: Art Auctions: A Survey of Empirical Studies. *NBER Working Papers Nr. 8997,* National Bureau of Economic Research.

Asker, J. und Cantillon, E. 2004: Properties of Scoring Auctions. *CEPR Discussion Paper DP 4734,* Oktober 2004.

Asker, J. und Cantillon, E. 2005: Optimal Procurement when both Price and Quality matter. *CEPR Discussion Paper DP 5276,* Oktober 2005.

Athey, S. , Levin, J. und Seira, E. 2004: Comparing Open and Sealed Bid Auctions: Theory and Evidence from Timber Auctions. *Working Paper UCLA Department of Economics,* erhältlich unter: http://www.stanford.edu/~athey/comparingformats0904.pdf.

Ausubel, L. M. 2004: An Efficient Ascending-Bid Auction for Multiple Objects. In *American Economic Review,* Vol. 94, Nr. 5, S. 1452–1475.

Ausubel, L. M. und Cramton, P. 2002: Demand Reduction in Multi-Unit Auctions. *Working Paper,* Universität Maryland.

Aust, E., Diener, W., Engelhard, P. und Lüth, A. 2001: eSourcing – Die Revolution im strategischen Einkauf. *Trade2B.com AG,* 2001.

Baily, P. 1998: Purchasing principles and practices. In *The Gower Handbook of Management,* Herausgeber: Lock, D.; *Gower Publishing,* Hampshire, UK.

Bajari, P. und Summers, G. 2002: Detecting Collusion in Procurement Auctions. *Revised Version forthcoming in Antitrust Law Journal, Working Paper,* Universität Stanford, Kalifornien, USA.

Bajari, P. und Ye, L. 2001: Competition versus Collusion in Procurement Auctions: Identification and Testing. *Working Paper*, Universität Stanford, Kalifornien, USA.

Bajari, P., MacMillan, R. und Tadelis, S. 2002: Auctions versus Negotiations in Procurement: An empirical Analysis. *Working Paper,* Universität Stanford, Kalifornien, USA.

Bamberg, G. und Baur, F. 1989: Statistik. In *R. Oldenbourg Verlag,* München, 6. überarbeitete Auflage.

Baker, C.C. 1976: Auctioning Coupon-Bearing Securities: A Review of Treasury Experience. In *Bidding and Auctioning for Procurement and Allocation,* Herausgeber: Amihud, Y; *University Press*, New York, USA.

Beall, S. , Carter, C., Carter, P. L., Germer, T., Hendriks, T., Jap, S. , Kaufmann, L., Macijewsky, D., Monczka, R. und Petersen, K. 2003: The Role of Reverse Auctions in Strategic Sourcing. *CAPS Research – Focus Study,* Arizona, USA.

Berndt, R., Fantapie Altobelli, C. und Schuster, P. 1998: Springers Handbuch der Betriebswirtschaftslehre 1. *Springer-Verlag,* Berlin-Heidelberg.

Bichler, M. 2000: An Experimental Analysis of Multi-Attribute Auctions. In *Decision Support Systems,* Vol. 29, Nr. 3, S. 249–268.

Bichler, M. Kaukal, M. und Segev, A. 1999: Multi-Attribute Auctions for Electronic Procurement. In *First IBM IAC Workshop on Internet Based Negotiation Technologies*, Yorktown Heights, USA.

Bichler, M., Pikovsky, A. und Setzer, T. 2005: Kombinatorische Auktionen in der betrieblichen Beschaffung – Eine Analyse grundlegender Entwurfsprobleme. In *Wirtschaftsinformatik,* Jahrgang 47, Nr. 2, S. 126–134.

Blume, A. und Heidhues, P. 2001: Tacit Collusion in Repeated Auctions. *Discussion Paper FS IV 01–25,* Wissenschaftszentrum Berlin, WZB, Berlin.

BME 2006: Stimmungsbarometer Elektronische Beschaffung 2006. *BME und IBL der Bayrische Julius-Maximilians-Universität Würzburg,* erhältlich unter: http://www.bme.de/jpdk/htdocs/pirobase/image.jsp?itemID=1029760&languageID=0&uid=-anonymous.

BMWI 2001: Chancen und Risiken inverser Auktionen im Internet für Aufträge der öffentlichen Hand. BMWI-Dokumentation Nr. 496; Bundesministerium für Wirtschaft und Industrie, Bonn.

Board, S. und Klemperer, P. 1999: A note on Ortega-Reichert's "A Sequential Game with Information Flow". Vorläufiger Beitrag für das Buch *The Economic Theory of Auctions.* erhältlich unter: www.nuff.ox.ac.uk/economics/people/klemperer.htm.

Bogaschefsky, R. 1999: Electronic Procurement – Neue Wege der Beschaffung. In *Elekronischer Einkauf,* Herausgeber: Bogaschefsky, R.; *Deutscher Betriebswirte-Verlag,* Gernsbach.

Bogner, A. und Menz, W. 2005: Das theoriegenerierende Experteninterview. In *Das Experteninterview – Theorie, Methode, Anwendung,* Herausgeber: Bogner, A., Littig, B. und Menz, W.; *VS Verlag für Sozialwissenschaften*, Wiesbaden; 2. Auflage.

Bogner, A., Littig, B. und Menz, W. 2005: Das Experteninterview – Theorie, Methode, Anwendung. *VS Verlag für Sozialwissenschaften*, Wiesbaden; 2. Auflage.

Bolton, P. und Dewatripont, M. 2005: Contract Theory. *MIT Press,* Boston, USA.

Bormann, M. 2003: Ausschreibungen im Schienenpersonennahverkehr – Eine ökonomische Analyse auf Basis der Vertrags- und Auktionstheorie. *Beiträge aus dem Insitut für Verkehrswissenschaft an der Universität Münster,* Herausgeber: Hartwig, K.-H.

Branco, F. 1997: The Design of multidimensional Auctions. In *RAND Journal of Economics,* Vol. 28, Nr. 1, S. 63–81.

Bulow, J. und Roberts, J. 1989: The simple Economics of Optimal Auctions. In *Journal of Political Economy 1989,* Vol. 97, Nr. 5, S. 1060–1090.

Bulow, J. und Klemperer, P. 1996: Auctions versus Negotiations. In *American Economic Review,* Vol. 86, Nr. 1, S. 180–194.

Cannon, S. 1998: Partnership Sourcing. In *The Gower Handbook of Management,* Herausgeber: Lock, D.; *Gower Publishing Ltd.,* Hampshire, UK.

Cantillon, E. 2005: The Effects of Bidder's Asymmetries on Expected Revenue in Auctions. *Working Paper,* erhältlich unter: http://www.people.hbs.edu/ecantillon/benchmark.pdf.

Cantillon, E. und Pesendorfer, M. 2004: Combination Bidding in Multi-Unit Auctions. Vorläufiger Artikel für das 2006 veröffentlichte Buch *Combinatorial Auctions,* Ed. von Cramton, P., Shoham, Y. und Steinberg, R.; *MIT Press,* Boston, USA.

Cantillon, E. und Pesendorfer, M. 2006: Auctioning Bus Routes: The London Experience. Vorläufiger Artikel für das 2006 veröffentliche Buch *Combinatorial Auctions,* Herausgeber: Cramton, P., Shoham, Y. und Steinberg, R.; *MIT Press,* Boston, USA.

Capen, E. C., Clapp, R. V. und Campbell, W. M., 1971: Competitive bidding in high-risk situations. In *Journal of Petroleum Technology,* Vol. 23, S. 641–653.

CAPS 2006: Focus on E-Procurement. *CAPS, Center for Strategic Supply Research,* Arizona, USA; erhältlich unter: http://www.capsresearch.org/publications/pdfs-protected/eProcurement2006.pdf.

Carter, C. R., Kaufmann, L., Beall, S. , Carter, P. L., Hendrick, T. E. und Petersen, K. J. 2004: Reverse auctions – grounded theory from the buyer and supplier perspective. In *Transportation Research Part E,* Vol. 40, Nr. 3.

Cederström, C. und Kalling, T. 2005: Technology implementation: A qualitative case study of e-procurement. *IRIS 27, Arbeitspapiere Växjö and Halmstad,* Herausgeber: Flensburg, P. und Ihlström, C.

Chalmers, A. F. 1991: Wege der Wissenschaft. *Springer-Verlag,* Berlin Heidelberg, 2. durchgesehene Auflage 1991.

Che, Y.-K. 1993: Design competition through multidimensional Auctions. In *RAND Journal of Economics,* Vol. 24, Nr. 4, S. 668–680.

Che, Y. und Gale, I. 1998: Standard Auctions with financially constrained Bidders. In *Review of Economic Studies,* Vol. 65, S. 1–21.

Chen-Ritzo, C.-H., Harrison, T. P., Kwasnica, A. M. und Thomas, D. J. 2005: Better, Faster, Cheaper: An experimental analysis of a multi-attribute reverse auction mechanism with restricted information feedback. Vorläufiges Manuskript zur Veröffentlichung in *Management Sciences.*

Clauß, G., Finze F.-R. Partzsch L. 1994: Statistik für Soziologen, Pädagogen, Psychologen und Mediziner – Band 1. *Verlag Harri Deutsch,* Frankfurt am Main.

Compte, O. und Jehiel, P. 2002: On the Value of Competition in Procurement Auctions. In *Econometrica,* Vol. 70, S. 343–355.

Cox, J. C., Smith, V. L. und Walker, J. M. 1985: Experimental Development of Sealed-Bid Auction Theory; Calibrating Controls for Risk Aversion. In *American Economic Review – Papers and Proceedings,* Vol. 75, Nr. 2, S. 160–165.

Cox, A., Chicksand, L. und Ireland, P. 2002: Purchasing IS/IT software: the impact of e-business on procurement and supply management. In *Gower Handbook of Purchasing Management,* Herausgeber: Day, M.; *Gower Publishing*, Burlington, USA.

Cramton, P. 1997: The FCC Spectrum Auctions: An Early Assessment. In *Journal of Economics and Management Strategy,* Vol. 6, Nr. 3, S. 431–495.

Cramton, P. 1998: Ascending Auctions. In *European Economic Review,* Vol. 4242, S. 745–756.

Cramton, P., Shoham, Y. und Steinberg, R. 2006: Combinatorial Auctions. *MIT Press,* Boston, USA.

Cropley, A. J. 2002: Qualitative Forschungsmethoden: eine praxisnahe Einführung. *Verlag Dietmar Klotz,* Eschborn.

David, E., Azoulay-Schwarz, R., Kraus, S. 2002: An English Auction Protocol for Multi-Attribute Items. In *Agent Mediated Electronic Commerce IV: Designing Mechanisms and Systems,* Herausgeber: Padget, J., Parkes, D., Sadeh, N., Shehory, O. and Walsh; W., Vol. 2531, S. 52–68.

Davila, A., Gupta, M. und Palmer, R. J. 2002: Moving Procurement Systems to the Internet: The Adoption and Use of E-Procurement Technology Models. Stanford GSB Research Paper Nr. 1742, erhältlich unter: http://ssrn.com/abstract=323923.

De Silva, D.G., Jeitschko, T.D. und Kosmopoulou, G. 2004: Stochastic Synergies in Sequential Auctions. In *International Journal of Industrial Organisation,* Vol 23, Nr. 3–4, S. 183–201, zitiert aus vorläufigem Arbeitspapier, erhältlich unter: http://www3.tltc.ttu.edu/ecowp/working%20paper/w2003_06.pdf.

De Vries, M. und Vohra, R. 2000: Combinatorial Auctions: A Survey. *Working Paper veröffentlicht im INFORMS Journal,* erhältlich unter http://www.ima.umn.edu/talks/workshops/12-3-5.2000/vohra/comauction.pdf.

Die Zeit 2006: Arbeit um jeden Preis. Artikel aus der Wochenzeitung *Die Zeit,* Nr. 42, 2006, S. 14.

Diekmann, J. 1983: Über qualitative und quantitative Ansätze empirischer Sozialforschung. *Dissertationsschrift,* Abteilung Wirtschafts- und Sozialwissenschaften der Universität Dortmund, Dortmund.

Dodonova, A. und Khoroshilov, D. 2004: Optimal Auction Design when Bidders are Loss Averse. *Working Paper*, School of Management Universität Ottawa, Kanada.

Dommann, D. 1993: Erfolgreich Einkaufen – Einkaufsverhandlungen strategisch und taktisch überzeugend führen. *VDE-Verlag,* Berlin und Offenbach.

Drew, J., McCallum B. und Roggenhofer, S. 2004: Journey to Lean – Making Operational Change Stick. In *Palgrave MacMillan,* New York, USA.

Dyer, D., Kagel, J. und Levin, D. 1989: Resolving Uncertainty about the Number of Bidders in Independent Private-Value Auctions: An Experimental Analysis. In *RAND Journal of Economics*, Vol. 20, Nr. 2, S. 268–279.

Easley, R. F. und Tenorio, R. 1999: Bidding Strategies in Internet Yankee Auctions. *Working Paper*, erhältlich unter: http://papers.ssrn.com/sol3/papers.cfm?abstract_id=170028.

Elmaghraby, W. 2004: Auctions and Pricing in E-Marketplaces. In *Handbook of Quantitative Supply Chain Analysis,* Herausgeber: Simchi-Levi, D., Wu, S. D. und Shen, Z.-J.; *Kluwer Academic Publishers*, Norwell, USA.

Emiliani, M. L. und Stec, D. J. 2002: Realizing Savings from Online Reverse Auctions. In *Supply Chain Management: an International Journal,* Vol. 7, Nr. 1, S. 12–23, erhältlich unter: http://www.theclbm.com/papers/realizing_savings.pdf.

Emiliani, M. L. und Stec, D.J. 2005: Wood pallet's suppliers reaction to online auctions. In *Supply Chain Management: an International Journal,* Vol. 10, Nr. 4, S. 278–288, erhältlich unter: http://www.theclbm.com/papers/pallet_suppliers.pdf.

Emiliani 2006: Reverse Auctions. Homepage mit Interview und kurzen Thesen; http://www.theclbm.com/research.html.

Engelbrecht-Wiggans, R. 1983: An Introduction to the Theory of Bidding for a Single Object. In *Auctions, Bidding and Contracting,* Herausgeber: Engelbrecht-Wiggans, R., Shubik, M. und Stark, R.M.; *University Press,* New York, USA.

Engelbrecht-Wiggans, R. 2001: The Effect of entry and information costs on oral versus sealed-bid auctions. In *Economics Letters,* Vol. 70, S. 195–202.

Engelbrecht-Wiggans, R., Haruvy, E. und Katok, E., 2005: Market Design for Procurement: Empirical and theoretical investigation of buyer-determined multi-attribute mechanisms. unveröffentlichtes Arbeitspapier, erhältlich unter: http://www.uta.edu/faculty/mikeward/Haruvy.pdf.

Engelmann, D. und Grimm, V. 2003: Bidding Behaviour in Multi-Unit Auctions – Experimental Investigation and some Theoretical Insights. *CERGE-EI Working Paper Series Nr. 210,* Charles University, Center for Economic Research and Graduate Education, Prag, Tschechische Republik.

EU-Richtlinie 2004/17/EG, 2004: Richtlinie zur Koordinierung der Zuschlagserteilung durch Auftraggeber im Bereich der Wasser-, Energie- und Verkehrsversorgung sowie der Postdienste. In *Amtsblatt der Europäischen Union,* 30.04.2004, S. L 134/1– L 134/105.

Fara, K. 1998: Preis- und Vertragsverhandlung. In *Das grosse Handbuch Einkaufs- und Beschaffungsmanagement,* Herausgeber: Strub, M.; *Verlag Moderne Industrie,* Landsberg/ Lech.

Financial Times Deutschland 20.11.2006: Wie Deutschlands Konzerne schmieren. *Online-Artikel,* gefunden unter: http://www.finanztreff.de/ftreff/news.htm?id=26741524&sektion=nachrichten&u=0&k=0.

Fisher, R. und Ury, W. 1992: Getting to Yes. *Random House Business Books,* Vereinigtes Königreich, 2. aktualisierteAuflage.

Flick, U 2004: Triangulation – Eine Einführung. *VS Verlag für Sozialwissenschaften,* Wiesbaden.

Friedman, M. 1960: A Program for Monetary Stability. *Fordham University Press*, New York, USA.

Froschauer, U. und Lueger, M. 2003: Das qualitative Interview. *WUV-Universitätsverlag*, Wien, Österreich.

Gabler, 1983: Gabler Lexikon Materialwirtschaft und Einkauf. *Betriebswirtschaftlicher Verlag Dr. Th. Gabler,* Herausgeber: Bundesverband für Materialwirtschaft und Einkauf e.V., Wiesbaden.

Gale, I. L. und Hausch, D. B. 1994: Bottom-fishing and Declining Prices in Sequnetial Auctions. In *Games and Economic Behavior,* Vol. 7, S. 318–331.

Gandal, N., 1997: Sequential Auctions of Interdependent Objects: Israeli Cable Television Licenses. In *Journal of Industrial Economics,* Vol. 45, Nr. 3, S. 227–244.

Garbade, K. und Ingber, J. 2005: The Treasury Auction Process: Objectives, Structure and Recent Adaptations. In *Current Issues in Economics and Finance,* Volume 11/2, Februar 2005, Federal Reserve Bank of New York, New York, USA.

Gattermeyer W. und Al-Ani, A. 2000: Change Management und Unternehmenserfolg – Grundlagen, Methoden Praxisbeispiele, *Gabler,* Wiesbaden, 2. Auflage.

Gattiker, T. F. 2005: Individual User Adoption and Diffusion of Internet Reverse Auctions at Shell Chemicals. *CAPS-Research – PRACTIX;* April 2005, erhältlich unter: http://www.capsresearch.org/publications/reports.cfm?Section=2.

Geldermann, C. J. und van Weele, A. J. 2005: Purchasing Portfolio Models: A Critique and Update. In *The Journal of Supply Chain Management,* Vol. 41, Nr. 3, S. 19–27.

Gibbons, E. 1776: Chapter V: Sale Of The Empire To Didius Juliannus. In *History and Decline of the Roman Empire – Volume 1*, Elektronische Version ohne Seitenzahlen erhältlich unter: http://www.gutenberg.org/etext/731.

Gläser, J. und Laudel, G. 2004: Experteninterviews und qualitative Inhaltsanalyse. *VS Verlag für Sozialwissenschaften,* Wiesbaden.

Goebel, D. J., Marshall, G. W. und Locander, W. B. 2003: Enhancing Purchasing's Strategic Reputation: Evidence and Recommendations for Future Research. In *The Journal of Supply Chain Management,* Frühjahr 2003, S. 4–13.

Goeree, J.K. und Offermann, T. 2002: The Amsterdam Auction. In *Economics Working Paper Archive*, Nr. 0205002, erhältlich unter: http://econwpa.wustl.edu/eps/mic/papers/0205/0205002.pdf.

Goeree, J. K., Offermann, T. und Sloof, R. 2005: Demand Reduction and Preemptive Bidding in Multi-Unit License Auctions. *Tinbergen Institute Discussion Paper Nr. 04-122/1,* erhältlich unter: http://www.tinbergen.nl/discussionpapers/04122.pdf.

Gomm, R. 2004: Social research methodogy – a critical Introduction. *Palgrave McMillan,* New York, USA.

Goswami, G., Noe, T. und Rebello, M. 1995: Collusion in Uniform-Price Auctions: Experimental Evidence and Implications for Treasury Auctions. *Working Paper 95-5,* Federal Reserve Bank of Atlanta, Atlanta, USA.

Grimm, V. und Engelmann, D. 2005: Auctions Revisited: Implications of a Multi-Unit Auctions Experiment. Working Paper Series in Economics, Universität Köln, erhältlich unter: http://ockenfels.uni-koeln.de/download/papers/grimm_Engelmann2005.pdf.

Grimm, V., Riedl, L. und Wolfstetter, E 2001: Low Price Equilibrium in Multi-Unit Auctions: The GSM Spectrum Auction in Germany. *Humboldt Universität Berlin,* Berlin, alternativ als CESifo Working Paper Nr.506 erhältlich.

Grochla, E. und Kubicek, H. 1976: Zur Zweckmäßigkeit und Möglichkeit einer umfassenden betriebswirtschaftlichen Beschaffungslehre. In *Zeitschrift für Betriebswirtschaftliche Forschung, zfbf,* 28. Jahrgang, S. 257–276.

Grochla, E. und Schönbohm, P. 1980: Beschaffung in der Unternehmung. *Schaefer Poeschel Verlag,* Stuttgart.

Güth, W., Ivanova-Stenzel, R. und Wolfstetter, E. 2001: Bidding Behavior in Asymmetric Auctions: An Experimental Study. *Discussion Paper Nr. 15,* Sonderforschungsbereich 373: Quantifikation und Simulation Ökonomischer Prozesse, *Humboldt Universität Berlin,* Berlin.

Hahn, O. 1997: Allgemeine Betriebswirtschaftslehre. *Oldenbourg,* München, 3. überarbeitete Auflage.

Hansen, R. G. 1986: Sealed-Bid versus Open Auctions: The Evidence. In *Economic Inquiry,* Vol. 24, Nr. 1, S. 125–142.

Hansen, R. G. 1988: Auctions with Endogenous Quantity. In *RAND Journal of Economics,* Vol. 19, Nr. 1, S. 44–58.

Harris, M. und Raviv, A. 1981: Allocation Mechanisms and the Design of Auctions. In *Econometrica,* Vol. 49, Nr. 6, S. 1477–1499.

Harrison, G. W. 1992: Theory and Misbehavior of First-Price Auctions: Reply. In *American Economic Review,* Vol. 82, Nr. 5, S. 1426–1443.

Harstadt, R. M. 2005: Rational Participation Revolutionizes Auction Theory. *University of Missouri, Department of Economics Working Paper*, Nr. 0504.

Hausch, D.B. 1986: Multi-Object Auctions: Sequential vs. Simultaneous Sales. In *Management Science,* Vol. 32, Nr. 12, S. 1599–1610.

Hendricks, K. und Porter, R. 1989: Collusion in Auctions,. *Discussion Papers 817*, Northwestern University, Center for Mathematical Studies in Economics and Management Science; Illinois, USA.

Heyman, J. E., Orhun, Y. und Ariely, D. 2004: Auction Fever: The Effect of Opponents and Quasi-Endowment on Product Valuations. In *Journal of Interactive Marketing,* Vol. 18, Nr. 4, S. 7–21.

Hirschsteiner, G. 1999: Einkaufsverhandlungen : Strategien, Techniken, Regeln, Praxis. *Schäfer Poeschel Verlag,* Stuttgart.

Hohner, G., Rich, J., Ng, E., Reid, G., Davenport, A. J., Kalagnanam, J. R., Lee, H. S., An, C. 2003: Combinatorial and Quantity-Discount Procurement Auctions Benefit Mars Incorporated and its Suppliers. In *Interfaces,* Vol. 33, Nr. 1, S. 23–35.

Holler, M. und Illing, G. 1992: Einführung in die Spieltheorie. *Springer Verlag* Berlin; 2. Auflage.

Hornych, C. 2005: Bieterkartelle bei Auktionen. *Diplomarbeit,* eingereicht an der Wirtschafts- und Sozialwissenschaftlichen Fakultät der Universität Rostock.

Hortacsu, A. 2002: Mechanism Choice and Strategic Bidding in Divisible Goods Auctions. Working Paper, Universität Chicago, Chicago, USA.

IBX 2006: The Man with the Matrix. In *Efficient Purchasing,* Nr. 2, 2006, IBX, Stockholm, Schweden.

Ivaldi, M., Jullien, B., Rey, P., Seabright, P., Tirole, J. 2003: The Economics of Tacit Collusion. *IDEI Toulouse,* Final Report for the European Commission, erhältlich unter: http://europa.eu.int/comm/competition/mergers/review/the_economics_of_tacit_collusion_en.pdf.

Jap, S. 2002: Online, Reverse Auctions: Issues, Themes and Prospects for the Future. *Journal of the Academy of Marketing Science – Special Issue on Marketing to and Serving Customers Through the Internet*, Vol. 30, Nr. 4, erhältlich unter: http://www.bus.emory.edu/sdjap/pdf/Auctions%20MSI-JAMS%202002.pdf.

Jap, S. 2003: An Exploratory Study of the Introduction of Online Reverse Auctions. *Journal of Marketing,* Juli 2003, erhältlich unter: http://www.bus.emory.edu/sdjap/pdf/JM%20SUBMISSION%20-%20Forthcoming.pdf.

Jehiel, P. und Moldovanu, B. 1996a: Strategic Nonparticipation. In *RAND Journal of Economics,* Vol. 27, Nr. 1, S. 84–98.

Jehiel, P. und Moldovanu, B. 1996b: How not to sell Nuclear Weapons. In *American Economic Review,* Vol. 86, Nr. 4, S. 814–829.

Jehiel, P. und Moldovanu, B. 2002: An Economic Perspective on Auctions. In *Economic Policy*, Vol. 36, April 2003.

Jeitschko, T. D. und Wolfstetter, E. 2002: Scale Economies and the Dynamics of Recurring Auctions. In *Economic Inquiry,* Vol. 40, Nr. 3, S. 403–414.

Jofre-Bonet, M. und Pesendorfer, M. 2003: Estimation of a Dynamic Auction Game. In *Econometrica*, Vol. 79, Nr. 5, S. 1443–1489, zitiert aus vorläufigem Arbeitspapier erhältlich unter: http://web.mit.edu/afs/athena/org/e/econometrica/EconAcc/3061.pdf.

Jofre-Bonet, M. und Pesendorfer, M. 2005: Optimal Sequential Auctions. *Technical Report London School of Economics*, London, UK.

Kagel, J. H. 1995: Auctions: A Survey of Experimental Research. In *Handbook of Experimental Economics,* Herausgeber: Kagel, J. H. und Roth, A. E., *Princeton University Press*, Princeton New Jersey, USA.

Kagel, J. H. und Levin, D. 2001: Behaviour in Multi-Unit Demand Auctions: Experiments with Uniform Price and Dynamic Vickrey Auctions. In *Econometrica*, Vol. 69, Nr. 2, S. 413–454.

Kalagnanam, J. und Parkes, D.C. 2004: Auctions, Bidding and Exchange Design. Chapter 5, in *Handbook of Quantitative Supply Chain Analysis: Modeling in the E-Business Era,* David Simchi-Levi, S. David Wu, and Max Shen (eds.), Kluwer, 2004.

Kaufmann, L. 2001: Internationales Beschaffungsmanagement. *Deutscher Universitätsverlag,* Wiesbaden.

Kaufmann, L. und Carter, C. G. 2004: Deciding on the Mode of Negotiation: To Auction or Not to Auction Electronically. In *Journal of Supply Chain Management*, 40(2), S. 15–26; zitierte Online-Version erhältlich unter: http://www.ism.ws/pubs/JournalSCM/results.cfm?MetaDataID=366.

Kennan, J. und Wilson, R.B. 1993: Bargaining with Private Information. In *Journal of Economic Literature,* Vol. 31, Nr. 1, S. 45–104.

Kirchler, E., Maciejovsky, B. und Weber, M. 2001: Framing Effects on Asset Markets – An Experimental Analysis –. *Discussion Paper – Economics Series, Nr. 181, Humboldt Universität Berlin,* Berlin.

Klemperer, P. 1998: Auctions with almost Common Values. In *European Economic Review,* Vo. 42, S. 757–769.

Klemperer, P. 1999: Auction Theory: a Guide to the Literature. In *Journal of Economic Surveys* Vol.13, Nr. 3, S. 227–286.

Klemperer, P. 2001: Why every economist should learn some Auction Theory. unveröffentlichtes Manuskript, erhältlich unter: www.paulklemperer.org.

Klemperer, P. 2002: How (not) to run Auctions: The European 3G Telecom Auctions. *European Economic Review* 2002, Vol. 46, hier zitierte vorläufige Version erhältlich unter: www.paulklemperer.org.

Klemperer, P. 2006; Persönliche, telefonische Mitteilung auf Anfrage hinsichtlich der Eigenschaften Hybrider Auktionen.

Koppius, O. R. und van Heck, E. 2003: Information Architecture and Electronic Market Performance in Multidimensional Auctions. *Working Paper, RotterdamSchool of Management,* Erasmus University, Rotterdam, Niederlande.

Kraljic, P. 1977: Neue Wege im Beschaffungsmarketing. In *Manager Magazin*, Nr. 11, S. 72–80.

Kraljic, P. 1983: Purchasing must become supply management. In *Harvard Business Review*, September-Oktober 1983, Nr. 5.

Krishna, J. 2002: Auction Theory. *Elsevier Academic Press,* USA.

Ku, G., Galinsky, A. D. und Murningham, J. K. 2006: Starting Low but Ending High: A Reversal of the Anchoring Effect in Auctions. In *Journal of Personality and Social Psychology,* Vol. 90, Nr. 6.

Kvale, S. 1995: Validierung – Von der Beobachtung zu Kommunikation und Handeln. In *Handbuch Qualitative Sozialforschung,* Herausgeber: Flick, U., von Kardoff, E., Keupp, H., von Rosenstiel, L., Wolff, S. ; *Psychologie Verlags Union,* Weinheim, S. 427–431.

Kwasnica, A. M., Ledyard, J. O., Porter, D. und DeMartini, C. 2005: A new and improved design for multi-object iterative auctions. In *Management Science* Vol. 51, Nr. 3, S. 419–434.

Laffont, J.-J., Ossard, H. and Vuong, Q. 1995: Econometrics of First-Price Auctions. In *Econometrica*, Vol. 63, S. 953–980.

Laffont, J.-J. 1997: Game theory and empirical economics: The case of auction data. In *European Economic Review,* Vol. 41, S. 1–35.

Lamming, R. 2002: Purchasing and organizational design. In *Gower Handbook of Purchasing Management,* Herausgeber: Day, M.; *Gower Publishing*, Burlington, USA.

Lamnek, S. 2004: Qualitative Sozialforschung. *Beltz Verlag,* Weinheim/Basel, Schweiz; 4. überarbeitete Auflage.

Ledyard, J. O., Porter, D. P. und Rangel, A. 1997: Experiments Testing Multi-Object Allocations Mechanisms. In *Journal of Economics and Management Strategy,* Vol. 6, Nr. 3, S. 639–675.

Ledyard, J. O., Olson, M., Porter, D., Swanson, J. A. und Torma, D. P. 2002: The First Use of Combined Value Auctions for Transportation Services. In *Interfaces,* Vol. 32, Nr. 5, S. 4–12.

Leenders, M. R., Fraser, J., Flynn, A. und Fearon, H. 2006: Purchasing and Supply Management. *McGraw-Hill Irwin,* New York, USA; 13. Auflage.

Levin, D. und Smith, J.L. 1994: Equilibrium in auctions with entry. In *American Economic Review*, Vol. 84, Nr.3, S. 585–599.

Lein, U. 2006: Interview mit Udo Lein, Manager Purchasing Services, Linde Gas. In Portum INSIDE SOURCING 04/06, erhältlich unter: http://www.portum.com/media/3..2..1..MEINS.pdf#search=%22udo%20lein%20linde%22.

Lewicki, R. J., Saunders, D. M., Barry, B. und Minton, J. W. 2003: Essentials of Negotiation. *McGraw-Hill,* Singapur, Singapur; 3. Auflage.

Li, H. und Riley, J. G. 1999: Auction Choice. *Technical Report UCLA, Business Ecnomics,* Los Angeles, USA, erhältlich unter: http://www.econ.ucla.edu/riley/research/ach_a12.pdf.

List, J. A. und Lucking-Reiley, D. 2000: Demand Reduction in Multi-Unit Auctions: Evidence from a Sportscard Field Experiment. In *American Economic Review*, Vol. 90, Nr. 4, S. 203–231.

Lu, X. und McAfee, R. P. 1996: The Evolutionary Stability of Auctions over Bargaining. In *Games and Economic Behavior,* Vol. 15, S. 228–254.

Lucking-Reiley, D. 1999: Using Field Experiments to Test Equivalence Between Auction Formats: Magic on the Internet. In *American Economic Review,* Vol. 89, Nr. 5, S. 1063–1079.

Lucking-Reiley, D. 2000: Vickrey Auctions in Practice: From Nineteenth-Century Philately to Twenty-First-Century E-Commerce. In *Journal of Economic Perspectives*, Volume 14/3 2000, S. 183–192.

Lucking-Reiley, D. 2004: Experimental Evidence on the Endogenous Entry of Bidders in Internet Auctions. In *Experimental Business Research, Vol. 2: Economic and Managerial Perspectives*, Herausgeber: Rapoport, A. and Zwick, R., *Kluwer Academic Publishers,* Norwell, USA und Dordrecht, Niederlande.

Lüdtke, E. 2003: Gestaltung von Online-Auktionen im Einkauf – Eine theoretische und empirische Untersuchung. *TCW Transfer-Centrum GmbH,* München.

Lynn, A. E. 2004: Developing and Implementing E-Sourcing Strategy. *CAPS, Critical Issue Report,* CAPS Research, erhältlich unter: http://www.capsresearch.org/publications/ reports.cfm?Section=5.

Macbeth, D. K. 2002: Managing a portfolio of supplier relationships. In *Gower Handbook of Purchasing Management,* Herausgeber: Day, M.; *Gower Publishing,* Burlington, USA.

Marion, J. 2004: Are Bid Preferences Benign? The Efect of Small Business Subsidies in Highway Procurement Auctions. *University of California Working Paper,* erhältlich unter: http://www.stanford.edu/group/SITE/papers2005/Marion.05.pdf.

Maskin, E. und Riley, J. 1980: Auctioning an Indivisible Object. *Working Paper Kennedy School of Government,* Harvard University, Boston, USA.

Maskin, E. und Riley, J. 1998: Asymmetric Auctions. preliminary paper for the *Review of Economic Studies,* erhältlich unter http://www.econ.ucla.edu/riley/research/index.htm.

McAfee, R. P. und McMillan, J. 1987a: Auctions and Bidding. In *Journal of Economic Literature,* Vol. 25, Nr. 2, S. 699–738.

McAfee, R. P. und McMillan, J. 1987b: Auctions with a Stochastic Number of Bidders. In *Journal of Economic Theory*, Vol. 43, Oktober 1985, S. 1–18.

McAfee, R. P. und McMillan, J. 1989: Government Procurement and International Trade. In *Journal of International Economics,* Vol. 26, S. 291–308.

McAfee, R. P. und McMillan, J. 1992: Bidding Rings. In *American Economic Review,* Vol. 82, Nr. 3, S. 579–599.

McAfee, R. P. 1998: Four Issues in Market Design. In *Revista Analisis Economico, Nr.* 13, 1. Juni 1998, S. 7–24.

Menezes, F. und Monteiro, P. 1996: A Note on Auctions with Endogenous Participation. *Microeconomics 9610003, Economics Working Paper Archive* EconWP, erhältlich unter: http://econwpa.wustl.edu/eps/mic/papers/9610/9610003.pdf.

Messe Nürnberg 2006a: Messekatalog e_procure und supply 2006. *NürnbergMesse GmbH,* Nürnberg.

Messe Nürnberg 2006b: Abschlussbericht e_procure und supply wieder gut behauptet. *Messe Nürnberg,* Abschlussbericht der Messe 2006, erhältlich unter: http://press.nuernbergmesse.de/ e_procure/25.pm.2900.html.

Meuser, M. und Nagel, U. 2005: ExpertInneninterviews – vielfach erprobt, wenig bedacht. In *Das Experteninterview – Theorie, Methode, Anwendung,* Herausgeber: Bogner, A., Littig, B. und Menz, W.; VS Verlag für Sozialwissenschaften, Wiesbaden; 2. Auflage 2005.

Milgrom, P. 1989: Auctions and Bidding: A Primer. In *Journal of Economic Perspectives,* Vol. 3, Nr. 3, S. 3–22.

Milgrom, P. 2004: Putting Auction Theory to Work. *Cambridge University Press,* Cambridge UK.

Milgrom, P. und Weber, R. J. 1982a: A Theory of Auctions and Competitive Bidding. In *Econometrica* Vol. 50, S. 1089 – 1122.

Milgrom, P. und Weber, R. J. 1982b: The Value of Information in a Sealed-Bid Auction. In *Journal of Mathematical Information,* Vol. 10, S. 105–114.

Millet, I. Parente, D., Fizel, J. and Venkataraman, R. 2004: Metrics for Managing Procurement Auctions. In *Interfaces,* Vol. 43, Nr. 3.

Millet, I. 2006; Persönliche Mitteilung zu weiteren Ergebnissen der Untersuchung von Millet et al. 2004.

Monczka, R., Trent, R. und Handfield, R. 1998: Purchasing and Supply Chain Management. *South-Western College Publishing,* Cincinatti, USA.

Müller, H. 1999; Elektronische Märkte im Internet. In *Elektronischer Einkauf,* Herausgeber, Bogaschefsky, R; BME – Expertenreihe Band 4, Gernsbach.

Muschinski, W. 1998: Lieferantenbewertung. In *Das grosse Handbuch Einkaufs- und Beschaffungsmanagement,* Herausgeber: Strub, M. *Verlag Moderne Industrie,* Landsberg/Lech.

Myerson, R. B. 1981: Optimal Auction Design. In *Mathematics of Operations Research,* Vol. 6, S. 58–73.

Myerson, R. B. 1983: The Basic Theory of Optimal Auctions. In *Auctions, Bidding and Contracting,* Herausgeber: Engelbrecht-Wiggans, R., Shubik, M. and Stark, R.M.; New York 1983.

Myerson, R. B. und Satterthwaite, M. A. 1983: Efficient Mechanisms for Bilateral Trading. In *Journal of Economic Theory,* Vol. 29, S. 265–281.

Nautz, D. 1995: Optimal bidding in multi-unit auctions with many bidders. In *Economics Letters,* Vol. 48, S. 301–306.

Nautz, D. 1997: How Auctions Reveal Information: A Case Study on German REPO Rates. In *Journal of Money, Credit and Banking*, Februar 1997, S. 17–25.

Nautz, D. und Wolfstetter, E. 1996: Optimal Bids in Multi-Unit Auctions when Demand is Price Elastic. *Humboldt Universität Berlin Discussion Papers, Humboldt Universität Berlin,* Berlin.

Nerdinger, F. W. 2003: Grundlagen des Verhaltens in Organisationen. *W. Kohlhammer,* Stuttgart, Herausgeber: von der Oelsnitz, D. und Weibler, J.

Neugebauer, T. und Selten, R. 2006: Individual behavior of first-price auctions: The importance of informational feedback in computerized experimental markets. In *Games and Economic Behaviour,* Vol. 54, Nr. 1, S. 183–204.

Ockenfels, A. und Roth, A. E. 2003: Late and Multiple Bidding in Second Price Internet Auctions: Theory and Evidence Concerning Different Rules for Ending an Auction. *CESIfo,* Workingpaper Nr. 992.

Oeldorf, G. und Olfert, K. 2004: Materialwirtschaft. *Friedrich Kiehl Verlag,* Ludwigshafen, Herausgeber: Olfert, K.

Ogden, J. A., Petersen, K. J., Carter, J. R. und Monczka, R. M. 2005: Supply Management Strategies for the Future: A Delphi Study. In *The Journal of Supply Chain Management,* Sommer 2005, S. 29–42.

Olley, G. S. 2005: Applying the Lessons of Auction Theory to the Analysis of Mergers in Bidding Markets. *Working Paper NERA Consulting*, July 2005.

Pekec, A. und Rothkopf, M.H. 2003: Combinatorial Auction Design. In *Management Science,* Vol 49, Nr. 11, S. 1485–1503.

Petersen, T. 2000: Keine Alternativen: Telefon- und Face-to-Face-Umfragen. In *Neue Erhebungsinstrumente und Methodeneffekte,* Band 15 der Schriftenreihe Spektrum Bundesstatistik, Herausgeber: Statistisches Bundesamt, *Verlag Metzler-Poeschel*, Stuttgart.

Pinker, E. J., Seidmann, A. und Vakrat, Y. 2003: Managing Online Auctions: Current Business and Research Issues. In *Management Science,* Vol. 49, Nr. 11.

Popper, K. R. 1989: Logik der Forschung. *J. C. B. Mohr,* Tübingen, 9. Verbesserte Auflage 1989; 1. Auflage 1934 *Julius Springer Verlag*, Wien.

Porter, R. H. and Zona, J. D., 1993: Detection of Bid-rigging in Procurement Auctions. In *Journal of Political Economy*, Vol. 101, Nr. 3, S. 518–538.

Porter, R.H. and Zona, J.D., 1999: Ohio School Milk Markets: An Analysis of Bidding. In *Rand Journal of Economics*, Vol. 30, Nr. 2, S. 263–88.

Raiffa, H. 1982: The Art and Science of Negotiation. *The Belknap Press of Harvard University Press,* Cambridge, USA.

Raiffa, H. 1993: Post Settlement-Settlements. In *Negotiation Theory and Practice,* Herausgeber: Breslin, J. W. und Rubin, J. Z.; *Program on Negotiation Books*; Harvard, USA, 1991; 2. Auflage 1993.

Raiffa, H., Richardson, J. und Metcalfe, D. 2002: Negotiation Analysis. *The Belknap Press of Harvard University Press,* Cambridge, USA.

Raimundo, B. A. 1992: Effective Negotiation – A Guide to Dialogue Management and Control. *Quorum Books,* New York, USA.

Reichertz, J. 2000: Zur Gültigkeit von Qualitativer Sozialforschung. In *Forum Qualitative Sozialforschung / Forum: Qualitative Social Research;* Online Journal, Vol. 1, Nr. 2, erhältlich unter: http://www.qualitative-research.net/fqs-texte/2-00/2-00reichertz-d.htm.

Riley, J. G. und Samuelson, W. F. 1981: Optimal Auctions. In *The American Economic Review,* Vol. 71, Nr. 3, S. 381–392.

Robert, J. und Montmarquette, C. 1999: Sequential Auctions with Multi-Unit Demand: Theory Experiments and Simulations. In *Scientific Series – Cirano,* Centre interuniversitaire de recherché e analyse des organizations, erhältlich unter: http://www.cirano.qc.ca/pdf/publication/99s-46.pdf.

Roth, A. E. 1985: Editor's Introduction and Overview. In *Game-Theoretic Models of Bargaining,* Herausgeber: Roth, A.E.; *Cambridge University Press*, Cambridge USA.

Rothkopf, M., Teisberg, T. and Kahn, E. 1990: Why are Vickrey Auctions rare? In *Journal of Political Economy*, Vol. 98, Nr. 1, S. 94–109.

Samuelson, W. 1983: Competitive Bidding for Defense Contracts. In *Auctions, Bidding and Contracting,* Herausgeber: Engelbrecht-Wiggans, R., Shubik, M. and Stark, R. M.; *University Press,* New York, USA.

Samuelson, W. 2001: Auctions in Theory and Pracitce. In *Game Theory and Business Applications,* Herausgeber: Chatterjee, K. und Samuleson, W., *Springer Verlag,* Berlin-Heidelberg.

Schelling, T. C. 1960: The Strategy of Conflict. *Harvard University Press,* Cambridge USA; 2. Auflage.

Schlittgen, R. 1991: Einführung in die Statistik. *R. Oldenbourg Verlag,* München; 3. überarbeitete Auflage.

Schnell, R., Hill, P. B. und Esser, E. 2005: Methoden der empirischen Sozialforschung. *R. Oldenbourg Verlag,* München, 7. überarbeitete Auflage.

Schotter, A. 1976: Auctions and Economic Theory. In *Bidding and Auctioning for Procurement and Allocation,* Herausgeber: Yakov A.; *University Press,* New York, USA.

Schuler, P. 2002: Strafrechtliche und Ordnungswidrigkeitenrechtliche Probleme bei der Bekämpfung von Submissionsabsprachen. Dissertation an der Universität Konstanz, Rechtswissenschaftliche Fakultät.

Schulte, W. 2000: Folgen eines Wechsels von Face-to-Face zu telefonischen Befragungen. In *Neue Erhebungsinstrumente und Methodeneffekte,* Band 15 der Schriftenreihe Spektrum Bundesstatistik, Herausgeber: Statistisches Bundesamt, *Verlag Metzler-Poeschel,* Stuttgart.

Scott, B. 1988: Negotiating – Constructive and Competitive Negotiation. *Paradigm Publishing,* London.

Seifert, S. und Strecker, S. 2003: Mehrattributive Bietverfahren zur Elektronischen Beschaffung. *Vortrag zur 65. Jahrestagung des Verbandes der Hochschullehrer für Betriebswirtschaft (VHB Pfingsttagung 2003).*

Seymour, E. 1976: A Primer on Government Procurement. In *Bidding and Auctioning for Procurement and Allocation,* Herausgeber: Yakov, A.; *University Press,* New York, USA.

Shachat, J. und Swarthout, J.T. 2003: Procurement Auctions for Differentiated Goods. Working Paper, *Economics Working Paper Archive,* erhältlich unter: http://econwpa.wustl.edu/eps/exp/papers/0310/0310004.pdf.

Sheffi, Y. 2004: Combinatorial Auctions in the Procurement of Transportation Services. In *Interfaces,* Vol. 34; Nr. 4, S. 245–252.

Shubik, M. 1983: Auctions, Bidding and Markets: an Historical Sketch. In *Auctions, Bidding and Contracting,* Herausgeber: Engelbrecht-Wiggans, R. Shubik, M. und Stark, R. M.; *University Press,* New York, USA.

Smith, V. 1976: Bidding and Auctioning Institutions: Experimental Results. In *Bidding and Auctioning for Procurement and Allocation,* Herausgeber: Yakov A.; *University Press,* New York, USA.

Spindler, G. und Wiebe, A. 2005: Internet-Auktionen und Elektronische Marktplätze. *Verlag Dr. Otto Schmidt,* 2. Auflage, Köln.

Strache, H. 1993: Einkaufsverhandlungen souverän führen, Gewinn aushandeln. *Wirtschaftsverlag,* Wiesbaden-Heidelberg.

Szeliga, M. 1996: Push und Pull in der Markenpolitik. In *Peter Lang Europäischer Verlag der Wissenschaften,* Frankfurt am Main, erschienen in der Serie Schriften zu Marketing und Management, Nr. 29.

Tagesspiegel 2006: Korruptionsfälle erschüttern den Einzelhandel. In *Tagesspiegel-Online,* erschienen am 28.06.2006, Tagesspiegel-Online, Berlin.

Talluri, S. und Ragatz, G. L. 2004: Multi-Attribute Reverse Auctions in B2B Exchanges: A Framework for Design and Implementation. In *The Journal of Supply Chain Management,* Winter 2004, S. 52–60.

Teich, J. E., Wallenius, H., Wallenius, J. und Koppius, O.R. 2003: Emerging Multiple Issue E-Auctions. *Erasmus Research Institut of Management,* Report Series: ERS-2003-058-LIS.

Thompson, L. L. 2004: The Mind and Hart of the Negotiator. *Prentice Hall,* New Jersey, USA, 3. Auflage.

Thompson, L. L. und Leonardelli, G. J. 2004: Why Negotiation is the most popular business school curse. In *Ivey Business Journal,* Vol. July/August 2004; Richard Ivey School of Business, University of Western Ontario, Kanada.

Trent, R. J. und Moczka, R. M. 2003: International Purchasing and Global Sourcing – What are the Differences? In *Journal of Supply Chain Management,* Herbst 2003.

Trinczek, R. 1995: Experteninterviews mit Managern: Methodische und methodologische Hintergründe. In *Experteninterviews in der Arbeitsmarktforschung,* Herausgeber: Brinkmann, C., Deeke, A. und Völkel, B.; *Institut für Arbeitsmarkt und Berufsforschung der Bundesanstalt für Arbeit Nürnberg, IAB.*

Tversky, A. und Kahnemann, D. 1986: Rational Choice and the Framing of Decisions. In *The Journal of Business,* Vol. 59, Nr. 4, Oktober 1986, S. S/251–S/278.

Van Damme, E. 2002: The Dutch UMTS Auction. *Paper presented on the IFO Conference: "Spectrum Auctions and Competition in Telecommunication",* erhältlich unter: http://center.uvt.nl/staff/vdamme/dutchumts.pdf.

Vickrey, W. 1961: Counterspeculation, Auctions, and Competitive Sealed Tenders. In *The Journal of Finance,* Volume XVI, S. 8–37.

Voicu, C. 2002: The Dynamics of Procurement Auctions. *Thesis Stanford University, Department of Economics,* erhältlich unter: http://www.people.hbs.edu/cvoicu/Research/Auctions.pdf.

Wannenwetsch, H. 2003: Erfolgreiche Verhandlungsführung in Einkauf und Logistik – Praxiserprobte Erfolgstrategien und Wege zur Kostensenkung. *Springer Verlag,* Berlin-Heidelberg.

Weber, R. J. 1983: Multiple-Object Auctions. In *Auctions, Bidding and Contracting,* Herausgeber: Engelbrecht-Wiggans, R. Shubik, M. und Stark, R. M.; *University Press,* New York, USA.

Wise, R. und Morrison, D.: 2000: Beyond the exchange: The future of B2B. In *Harvard Business Review*, Vol. 78, Nr. 6, S. 86–96.

Wilson, R. 1979: Auctions of Shares. In *Quarterly Journal of Economics,* November 1979, S. 675–689.

Wolf, J. R., Arkes, H. R. und Muhanna, W. A. 2005: Is Overbidding in Online Auctions the Result of a Pseudo-Endowment Effect. *Working Paper Ohio State University,* Ohio, USA.

Wolfstetter, E. 2001: The Swiss UMTS Auction Flop: Bad Luck or Bad Design? *CESIfo Working Paper,* Nr. 534.

Wolfstetter, E. 1998: Auktionen und Auschreibungen: Bedeutung und Grenzen des Linkage Prinzips. In *Ökonomische Theorie der Rationierung,* Herausgeber: Tietzel, M., *Vahlen Verlag*, München.